SCHRENCK-NOTZING

DIE NATUR PSYCHO-PHYSIKALISCHER PHÄNOMENE

Der Mediziner **Albert Freiherr von Schrenck-Notzing** (* 18. Mai 1862 in Oldenburg; † 12. Februar 1929 in München) war einer der Gründer der Psychologischen Gesellschaft in München und ein Pionier der Erforschung psycho-physikalischer Phänomene. Seine bis in die zwanziger Jahre des letzten Jahrhunderts durchgeführten Untersuchungen erregten erhebliches Aufsehen. Sogar Thomas Mann, einer der bedeutendsten Erzähler des 20. Jahrhunderts in deutscher Sprache, berichtete darüber (Okkulte Erlebnisse, 1924, in: Essays II 1914-1926).

Dr. A. Freiherrn von Schrenck-Notzing

DIE NATUR PSYCHO-PHYSIKALISCHER PHÄNOMENE

ERFORSCHUNG TELEKINETISCHER VORGÄNGE

Mit 31 Fotos und 33 Zeichnungen im Text

Neu herausgegeben von Klaus-Dieter Sedlacek

Bibliographische Information Der Deutschen Bibliothek:
Die Deutsche Bibliothek verzeichnet diese Publikation in der Deutschen National-
bibliographie; detaillierte
bibliographische Daten sind im Internet über
http://dnb.ddb.de
abrufbar.

Ursprünglicher Titel:
PHYSIKALISCHE PHAENOMENE DES MEDIUMISMUS.
STUDIEN ZUR ERFORSCHUNG DER TELEKINETISCHEN VORGÄNGE
VON
DR. A. FREIHERRN VON SCHRENCK-NOTZING
PRAKT. ARZT IN MÜNCHEN
VERLAG VON ERNST REINHARDT IN MÜNCHEN 1920

Neuausgabe:
Redigierung, Stichwortverzeichnis, Anpassung an die heutige Rechtschreibung,
Neuformatierung und Covergestaltung
© 2009 Klaus-Dieter Sedlacek (Hrsg.)
Internet: www.klaus-sedlacek.de
Herstellung und Verlag: Books on Demand GmbH, Norderstedt
ISBN 978-3-8391-1997-6

Inhaltsverzeichnis

VORWORT

> *„Durch seine Unglaubhaftigkeit entschlüpft das Wahre*
> *dem Bekanntwerden."*
> *(Heraclit.)*

Die vorliegende Schrift beschäftigt sich mit einer bestimmten Klasse physikalischer Phänomene des Mediumismus, nämlich der Fernwirkung auf unberührte leblose Objekte, indem sie ihr tatsächliches Vorkommen untersucht und eine dem naturwissenschaftlichen Denken angepasste hypothetische Erklärung zu finden bestrebt ist.

Ein reichhaltiges Material von Beobachtungen und Experimenten mit ganz verschiedenen voneinander unabhängigen Versuchspersonen, gewonnen in dem Zeitraum mehrerer Jahrzehnte durch namhafte Gelehrte verschiedener Nationalität bot dem Verfasser eine übereinstimmende Ergänzung zu den umfassenden eigenen Erfahrungen auf diesem Gebiet und veranlasste ihn, eine vergleichende Studie über diese Gesamtresultate herauszugeben.

Das Interesse für die parapsychologischen Probleme, der Drang nach fortschreitender Erkenntnis des Irrationalen in der Naturwissenschaft, wie sie in dem geistigen Leben der Gegenwart, namentlich bei der Jugend immer stärker hervortreten, tragen die große Gefahr einer Neigung zu Mystizismus und Aberglauben einer dem klaren philosophischen Denken entfremdeten Neuromantik in sich.

Wenn nun auch von Gelehrten wie Driesch[1] und Dessoir[2] mit Recht versucht worden ist, die Abwege aufzuzeigen, auf welche sich das philosophische und naturwissenschaftliche Denken infolge eines Missverstehens sogenannter „übersinnlicher" und „okkultistischer" Tatsachen begeben kann, so genügt doch diese einseitige Betonung der negativen Seite keineswegs zur Bekämpfung dieser Übelstände. Denn die Anhänger jener Irrlehren stützen sich ja hauptsächlich und nicht mit Unrecht auf mitunter selbstbeobachtete und nicht zu leugnende Tatsachen, deren Realität von den oben genannten Vertretern der Wissenschaft jedoch in Abrede gestellt wird. Das rationalistische Leugnen schafft aber nur Märtyrer der Wahrheit und ebnet der Ausbreitung des Spiritismus die Wege. Somit ist anstelle der ängstlichen und hochmütigen Ablehnung eine sorgfältige Kritik der Berichte zu setzen und die experimentelle Nachprüfung am Versuchsobjekt selbst. Das hierbei anzuwendende Vorgehen muss auf Vereinfachung der beobachteten Tatbestände, Vermeidung vorgefasster Theo-

---

[1] Hans Driesch, Philosophie und positives Wissen in „Der Leuchter". Darmstadt 1919. S. 337.

[2] Max Dessoir, Vom Jenseits der Seele. Stuttgart 1917.

rien pro et contra sowie auf Anwendung der automatischen Registriermethoden bedacht sein.

Bei der Untersuchung selbst hat zunächst das theoretische Interesse ganz zurückzutreten; die konkreten Tatbestände sind, ohne Rücksicht auf ihre philosophische Bedeutung wie jede andere naturwissenschaftliche Erfahrung möglichst genau und unter verschiedenen Bedingungen festzustellen. Das auf diese Weise gewonnene Material muss in größere Zusammenhänge durch Vergleich mit analogen Beobachtungen geordnet und auf gleichmäßige Züge im Geschehen, also auf zu vermutende Gesetzmäßigkeiten untersucht werden. So wird man zu einer Gesamtanschauung gelangen, und wenn die natürlichen Erklärungsmöglichkeiten nicht ausreichen, zu solchen Hypothesen die Zuflucht nehmen können, die den sonstigen biologischen bzw. naturwissenschaftlichen Erfahrungen entsprechen, ohne den Sprung in das Dunkel der Metaphysik und des Geisterreichs tun zu müssen.

Solche Hypothesen sind aber unbedingt erforderlich, um zielbewusste Fragen an die Natur zu richten, und um die — im vorliegenden Fall physikalischen — Veränderungen methodisch untersuchen zu können. Denn die Ursachen jener durch unbekannte Kräfte hervorgerufenen diesseitigen Effekte entziehen sich heute noch unserer Wahrnehmung; sie erscheinen im wahren Sinn des Wortes „okkult". Sie sind für uns „Phänomene", hervorgerufen durch aufbauende, synthetische, formende, oder durch auflösende, zerstörende analytische (für unsere Wahrnehmung) transzendente Kräfte, deren Emission und Absorption durch den medialen Organismus erfolgt. Es liegen also gesetzmäßige Naturerscheinungen vor, die sich nur durch ein selteneres Vorkommen von den häufiger wahrgenommenen Vorgängen unterscheiden, wobei allerdings die Möglichkeit besteht, dass die geläufigen Theorien zur Erklärung dieser Spezialfälle nicht ausreichen.

Die Annehmbarkeit dieser Tatsachen, die man zunächst beschreiben und vergleichen soll, kann aber nicht abhängig gemacht werden von der Art der jeweiligen Naturbetrachtung und der sich aus dieser dem allgemeinen Denkvermögen zunächst ergebenden Theorie. Unsere Kenntnis der Naturkräfte und Gesetze ist äußerst lückenhaft und gestattet uns keineswegs, a priori zu beurteilen, was in der Natur möglich und was unmöglich sei.

Diese Gesichtspunkte waren auch bei Abfassung der vorliegenden Schrift maßgebend. Ohne den Anspruch auf ausschließliche Richtigkeit der darin aufgestellten Hypothesen erheben zu wollen, hat sich der Verfasser jedoch bemüht, dem zukünftigen Forscher auf diesem Gebiet neue Wege zu zeigen, durch deren Beschreitung eine positive experimentelle Untersuchung des telekinetischen Phänomens ermöglicht wird.

Der erste Abschnitt gibt ein kurzes Referat über die in Deutschland noch unbekannten und doch grundlegenden Arbeiten des während des Weltkrieges verstorbenen Warschauer Professors Julian Ochorowicz. Dasselbe bildet die notwendige Einleitung zu den experimentellen Untersuchungen und Nachprüfungen des Verfassers an dem Medium Stanislawa Tomczyk, welche dem polnischen Gelehrten als Versuchsobjekt gedient hat.

Der zweite Abschnitt betrifft analoge Beobachtungen über telekinetische Vorgänge bei Eusapia Paladino durch verschiedene Gelehrte und den Verfasser, die sich ihrer Gleichartigkeit wegen den durch das polnische Medium hervorgerufenen mechanischen Wirkungen an die Seite stellen lassen und offenbar als ein Produkt desselben telenergetischen Prozesses angesprochen werden können.

Diesem Abschnitt sind einige neuere Beobachtungen an anderen Versuchspersonen über den bei Eusapia Paladino beobachteten konforme Phänomene hinzugefügt.

Der vierte Abschnitt des Werkes bildet ein Referat über die experimentellen Untersuchungen des englischen Physikers Prof. Crawford über telekinetische Vorgänge bei einer Irländerin. Die in Deutschland bisher noch unbekannt gebliebenen, 2½ Jahre hindurch fortgesetzten, ihrem Inhalte nach mit den Erfahrungen bei anderen Medien übereinstimmenden Versuche haben ganz neue Gesichtspunkte und Forschungsmethoden hervorgebracht, besonders durch die eingehende Berücksichtigung der ganz erheblichen Unterschiede im Körpergewicht des Mediums während seiner Leistungen. Das Schlusskapitel gibt einen allgemeinen vergleichenden Überblick über den physikalischen Mediumismus bei verschiedenen Versuchspersonen.

Nachdem durch die Ausführungen des Buches gezeigt war, dass telekinetische und teleplastische Vorgänge nur verschiedene Gradstufen desselben (unbekannten) animistischen innerlich zusammenhängenden Prozesses sind, sah sich der Verfasser veranlasst, im Anhang den Bericht des Dr. Gustav Geley[3] (Paris) über die Phänomene der Ideoplastie zu referieren.

Diese 1918 mehrere Monate in einem Pariser Laboratorium mit dem Medium Eva C. — dem im Werk „Materialisationsphänomene" behandelten Versuchsobjekt — ausgeführten Untersuchungen stellen nämlich eine unabhängige Nachprüfung der Beobachtungen des Verfassers dar und bestätigen die Richtigkeit derselben in allen Punkten. Die beigefügten Reproduktionen sind nach von Dr. Geley eingesandten Originalphotographien ausgeführt.

Beim Zustandekommen der mit Stanislawa Tomczyk erzielten photographischen Aufnahmen wurde das in dem Werk „Materialisationsphänomene" geschilderte Verfahren un-

---

[3] Die ins Deutsche übersetzte Originalarbeit des Dr. Geley erschien ungekürzt in dem Maiheft der Psychischen Studien (1920).

ter gleichzeitiger Benutzung mehrerer Kameras (9 x 12, 18 x 24), darunter zweier Stereoskopapparate (9 x 14) angewendet. Die Entwicklung der Platten fand unter der besonderen Kontrolle des Verfassers in dem photochemischen Atelier des Dr. Hauberisser (München) statt. Dort wurden auch nach vorheriger Projektion (wiederum in Gegenwart des Verfassers) die in diesem Werk reproduzierten Vergrößerungen hergestellt. Sämtliche Reproduktionen sind von der graphischen Kunstanstalt Hamböck (München) angefertigt.

Die in diesem Werk behandelten Tatsachen lassen sich leichter den biologischen und naturwissenschaftlichen Erklärungsmöglichkeiten anpassen als das vielumstrittene Materialisationsphänomen, welches in einem klaffenden Gegensatz zu den Ergebnissen der exakten Naturwissenschaft zu stehen scheint.

Die Herausgabe des vorliegenden Buches vor derjenigen der „Materialisationsphänomene" wäre allerdings zweckmäßig gewesen, weil das telekinetische Phänomen den Übergang zum teleplastischen, also denjenigen von der einfacheren zur komplizierteren Erscheinung bildet. Leider war das nicht möglich; denn der größere Teil der den „Physikalischen Phänomenen des Mediumismus" zugrunde gelegten Versuche wurde erst angestellt, als die „Materialisationsphänomene" bereits im Buchhandel erschienen waren.

Nichtsdestoweniger ist zu hoffen, dass das in diesem Werke niedergelegte Material an Beobachtungen und Erklärungsversuchen der zukünftigen Forschung neue Anregungen bieten möge.

München, März 1920.

Der Verfasser.

Die mechanische Wirkung der starren Strahlen.

Untersuchungen des Prof. J. Ochorowicz an Stanislawa Tomczyk.

Die Bedeutung der Forschungen des Prof. Julian Ochorowicz mit dem polnischen Medium Stanislawa Tomczyk besteht hauptsächlich darin, dass es ihm gelungen ist, bestimmte Vorgänge aus dem Gebiet der mediumistischen Telekinese regelmäßig hervorzurufen und mehrere Jahre hindurch methodisch zu untersuchen. Aber auch er konnte sich trotz ehrlichster und eifrigster Bemühungen nicht ganz von dem traditionellen Einfluss der spiritistischen Arbeitsmethode auf seine Versuche freimachen. Die mystische Personifikation der „kleinen Stasia", wahrscheinlich ein Phantasieprodukt des Mediums, hervorgerufen durch frühere spiritistische Einflüsse, tritt als unsichtbarer, mitwirkender, ja ausschlaggebender Faktor überall hervor. Ihre Hilfe muss angerufen, sogar erbeten werden; sonst ist das Medium nicht imstande, stärkere Phänomene zu erzeugen. Im September 1909 trat eine männliche Personifikation „Woytek" anstelle der Stasia oder wirkte mit ihr zusammen. Auch hier handelt es sich nach der Auffassung des Experimentators um eine autosuggestive aus dem unterbewussten Seelenleben entstammende Schöpfung des Mediums.

Leider wird die Lektüre der Studien des polnischen Gelehrten sowie die Klarheit der Darstellung durch die umständlich wiedergegebene Konversation mit diesen imaginären Persönlichkeiten ungemein erschwert, besonders wenn man berücksichtigt, dass die Berichte sich in Form zahlreicher Aufsätze und Einzelarbeiten (26 Teile) durch 4 Jahrgänge der „Annales des sciences psychiques" hinziehen (1909—1912).[4] Deutsche Auszüge daraus veröffentlichte Joseph Peter in der „Übersinnlichen Welt" (1909 bis 1913). Stanislawa Tomczyk wird von O. als eine von Natur wahrhafte Person geschildert, ohne vorgefasste Meinungen, leicht hypnotisierbar. Die Versuche finden bei abgedämpftem Licht in somnambulem Zustande statt. Näheres über den Persönlichkeitswechsel in der Sensitiven findet man in dem Bericht des Verfassers über seine eigenen Versuche mit diesem Medium.

Der systematische Gang der Untersuchungen wurde oftmals durch das Auftreten spontaner, unerwarteter Phänomene (Bewegung von im Zimmer befindlichen Gegenständen, Berührungen, Apporte usw.) unterbrochen, die angeblich von dem „Double" des Mediums, der „kleinen Stasia" herrühren.

Vor jedem Versuch genaue körperliche Untersuchungen der Sensitiven.

Zunächst gelingt es Stanislawa, die Zeiger einer „magischen Uhr" durch Ferneinwirkung ziemlich regelmäßig auf die von dem Versuchsleiter bestimmte Ziffer zu verstellen, ohne körperlichen Kontakt mit dem Mechanismus der Uhr, ferner das im Gang befindliche Pendel einer Wanduhr im Gehäuse auf Wunsch zum Stehen zu bringen, wobei die Tür teilweise geöffnet war.

Am 9. Juni 1909 wurde durch bloße Annäherung ein Metallzeiger (für Uhren) frei in die Luft erhoben in

---

[4] Ochorowicz, Un nouveau phénomène médiumique. Ann. des sc. psych. 1909, S. 1, 45, 65, 97; Les phénomènes lumineux et la Photographie de l'Invisible. Ann. des sc. psych. 1909, S. 193, 235, 275, 298; Les rayons rigides et les rayons X, Ann. des sc. psych. 1910, S. 99, 130, 172, 204, 235, 257; Nouvelle étude expérimentale sur la nature des Rayons rigides et du courant mediumique. Ann. des sc. psych. 1911, S. 161, 199, 230, 276; Radiographie des mains. Ann. des sc. psych. 1911, S. 296, 334 und Jahrg. 1912, S. 1; Les mains fluidiques et la Photographie de la pensée. Ann. des sc. psych. 1912, S. 97, 147, 164, 204, 232.

der Weise, dass die Entfernung desselben von den Händen ca. 30 cm betrug.

Der Versuchsleiter legte eine Reihe kleinerer Gegenstände (aus Metall, Holz, Glas, Leder, Papier) vor das Medium, die durch Annäherung der Hände in Bewegung gesetzt und gehoben wurden (ohne Berührung). Bei der Levitation eines Taschenkalenders bemerkte Ochorowicz am 17. Jan. 1909 zum ersten Mal eine fadenartige Verbindung, die, das Objekt haltend, von Hand zu Hand lief. Der Faden war aber nicht von allen Seiten gleich sichtbar, so z. B. nicht gegen das Licht, sondern mehr von der Seite. Die sofortige Nachkontrolle ergab ein negatives Resultat. Stanislawa hatte weder Haare noch Nähfaden, um etwa damit betrügerisch zu operieren. Die Levitationen sämtlicher Gegenstände machten den Eindruck, als ob eine unsichtbare Verbindung mit den Fingern des Mediums vorhanden wäre. Die Fingerhaltung war zum Teil geschlossen, zum Teil offen. Sie korrespondierte niemals genau mit jener der Gegenstände. Auch bei Unbeweglichkeit der Hände bewegten sich die Gegenstände bald nach rechts, bald nach links, oder sie drehten sich. Die Hände selbst waren kalt und nass, verließen aber bei zahlreichen Versuchen die Tischfläche nicht.

Der Experimentator legte nun seine linke Hand auf den Tisch und verlangte, dass Stanislawa in derselben Weise darauf einwirken solle, wie auf die leblosen Objekte. 0. empfand, sobald die Hände des Mediums in Bereitschaftsstellung sieb befanden, erstens Kälte, zweitens das Gleiten eines sehr feinen Fadens über seine Haut. Je weiter das Medium die Hände entfernte, um so feiner schien der Faden zu sein; bei einer Distanz von 15—20 cm verschwindet die Empfindung völlig. Dasselbe war der Fall bei Berührung anderer Körperstellen (Bart- und Kopfhaar usw.).

Mit Recht macht der Autor darauf aufmerksam, dass hier offenbar durch materielle Ideoplastik für kurze Zeitdauer ein medianimer Faden von bestimmter Konsistenz erzeugt werde, dessen Bildung von einer Kälteempfindung begleitet sei.

Der lebhafte Wunsch, einen Gegenstand aus der Entfernung zu heben, führt zu der Ideenassoziation eines Fadens, mit dem das Experiment ausgeführt werden könne; das objektive Phantom eines Fadens wird durch eine sich materiell realisierende Halluzination zustande gebracht.

Subjektiv entsteht in der Psyche des Mediums zunächst der lebhafte Wunsch des Gelingens, verbunden mit einem Zustand konzentrierter Aufmerksamkeit. Eine Empfindung des Fröstelns, des Eingeschlafenseins, des Prickelns in den Fingerspitzen ist das erste Zeichen, dass die Loslösung irgendeiner Emanation von denselben erfolgt. Diese Fäden können in großer Zahl gebildet werden, sich zu einer Strähne zusammenschließen und netzartig die Finger verbinden. Die Fäden sind elastisch und ziehen sich beim Öffnen der Finger auseinander. Je weiter die Hände voneinander entfernt werden, um so dünner wird der Strom von Hand zu Hand, um dann zu verschwinden. Fremde Berührung und Unterbrechung erzeugt Schmerz. Dieselben Empfindungen schildert bei ähnlichen Phänomenen Eusapia Paladino, nur mit dem Unterschied, dass die Haut ihrer Hände trocken ist, während bei Stanislawa Tomczyk kalter Schweiß auf der Innenfläche der Hand sich befindet.

Wenn die Kraftlinien sich kreuzend vom Daumen der einen zum Zeigefinger der anderen Hand ziehen, ohne durch ein Objekt unterbrochen zu sein, so ist die als einfacher Faden sichtbar werdende Kraftlinie eine doppelte. In der Dunkelheit erscheinen diese Effluvien leuchtend, im Licht dunkel (oder schwarz). Sowohl Eusapia Paladino wie Stanislawa Tomczyk waren imstande, auch mit einer einzigen Hand durch ihre „fluidale Emanation" auf Gegenstände einzuwirken, z. B. eine schwingende Waage zum Stillstand, eine Zelluloidkugel ins Rollen zu bringen.

Somit nehmen unter bestimmten Bedingungen die Kraftlinien nach Ochorowicz die Eigenschaften eines quasi starren Strahlenbündels an, indem sie zwischen der Hand des Mediums und dem Objekt ein medianimes Feld bilden.

Um weitere objektive Beweise dafür zu bekommen, dass kein gewebter Faden, kein Haar im Spiel sei, wählte 0. für die Levitation Gegenstände, die dem Faden keinen Angriffspunkt boten, wie z. B. eine Bussole, eine zylindrische und glatte Glasglocke, eine leichte Kugel mit glatter Oberfläche. Thermometer, Barometer, Hygrometer, welche an der Wand hingen, wurden durch die vorgehaltene Hand des Mediums angezogen.

Zwei nebeneinanderliegende Zündholzschachteln nähern sich einander. Ein sehr interessantes Experiment ist Folgendes:

Ochorowicz sitzt vor Stanislawa und hält ihre beiden Hände; das Medium wendet einem Apparat mit einer kleinen an einem Faden aufgehängten Glocke den Rücken zu; die Entfernung zwischen Rücken und Glocke ist 95 cm. Beleuchtung ziemlich stark. Die Glocke wird unter diesen Bedingungen dreimal geläutet.

Zur Erklärung dieses Phänomens soll angeblich das persönliche Effluvium des Mediums nicht ausreichen; es müsste also noch ein anderer Faktor hinzutreten; nach der Auffassung von Stanislawa soll hier die imaginäre Personifikation der „kleinen Stasia" mit ihren „ätherischen Händen" in Wirkung treten. Das musste erwähnt werden, weil O. sich darauf bezieht.

Um die Levitation objektiv zu konstatieren, fertigte Ochorowicz eine größere Anzahl von Photographien an; bei Beginn dieser Serie wurde gefragt, ob der Strom sichtbar oder unsichtbar sein solle. Ochorowicz entschied sich dafür, zunächst die Verbindung unsichtbar zu lassen.

Das Vorgehen bei diesen Versuchen war Folgendes: Stanislawa nahm auf einem Stuhl oder Diwan Platz. Der betreffende Gegenstand (aus Metall, Holz, Papier usw.) wurde vor ihr auf den Schoß oder auf den Tisch gelegt (selbstverständlich unter Einhaltung genauer Kontrollmaßregeln). Dann breitete sie beide Hände zu beiden Seiten des Objektes aus, ungefähr in einer Entfernung von 5—10 cm und brachte dasselbe zur Levitation, wobei die Augen geschlossen blieben. Die Erhebung einer Schere, einer kleinen weißen Schachtel und eines Zündholzkästchens sind nachfolgend reproduziert (Abb. 1—3). Die Schere steht senkrecht aber einige Zentimeter tiefer als die horizontale Verbindung der Hände. Auf dem vierten Bilde wird ein Bleistift in Schreibstellung auf einem weißen Papierbogen erhoben.

Ochorowicz behauptet nun ferner, dass die Levitation mit gewissen leuchtenden Phänomenen verknüpft sei, die im Allgemeinen für das Auge unsichtbar bleiben,

Abb. 1: Erhebung einer Schere ohne körperliche Berührung durch das Medium Stanislawa Tomczyk (Aufnahme des Prof. Ochorowicz)

jedoch auf guten Diapositiven sichtbar würden. Der Daumen des Mediums soll hier und da mit einem leuchtenden Rand umgeben sein, während leuchtende, durch ganz feine Fäden verbundene Punkte die Spitzen der anderen Finger markieren.

Der Verfasser erhielt von Ochorowicz 20 Glasdiapositive mit fast ebenso vielen dargestellten verschiedenen Levitationen, konnte aber trotz sorgfältigsten Studiums dieses Materials nichts entdecken, was die obige Aufstellung des polnischen Gelehrten bestätigen würde. Allerdings mögen diese Erscheinungen wohl auf stereoskopischen Diapositiven besser hervortreten. Leider sind solche nicht in meinem Besitz.

Alle diese Aufnahmen stimmen aber in dem Punkte überein, dass die Hände nirgends mehr als 5, höchstens 7 cm von dem aufgehobenen Objekt entfernt sind.

Zur Erklärung der vorstehend kurz referierten Beobachtungen hat Ochorowicz nun eine besondere Theorie geschaffen.

Er nennt den Raum zwischen den Händen des Mediums im Moment der Stromentwicklung medianimes

Abb. 2: Levitation einer Streichholzdose (Aufnahme des Prof. Ochorowicz).

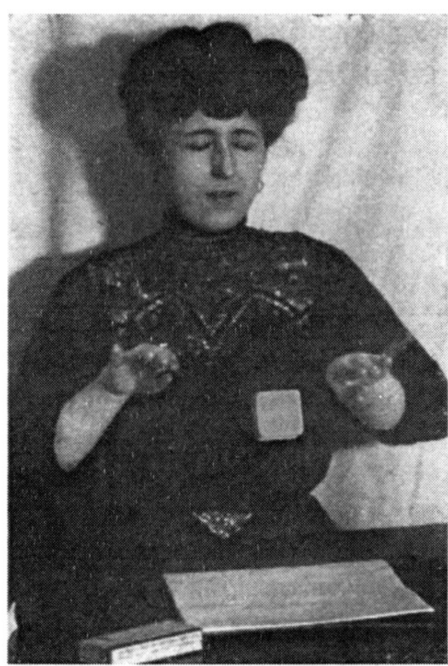

Abb. 3: Aufhebung einer unberührten Papierschachtel (Aufnahme des Prof. Ochorowicz).

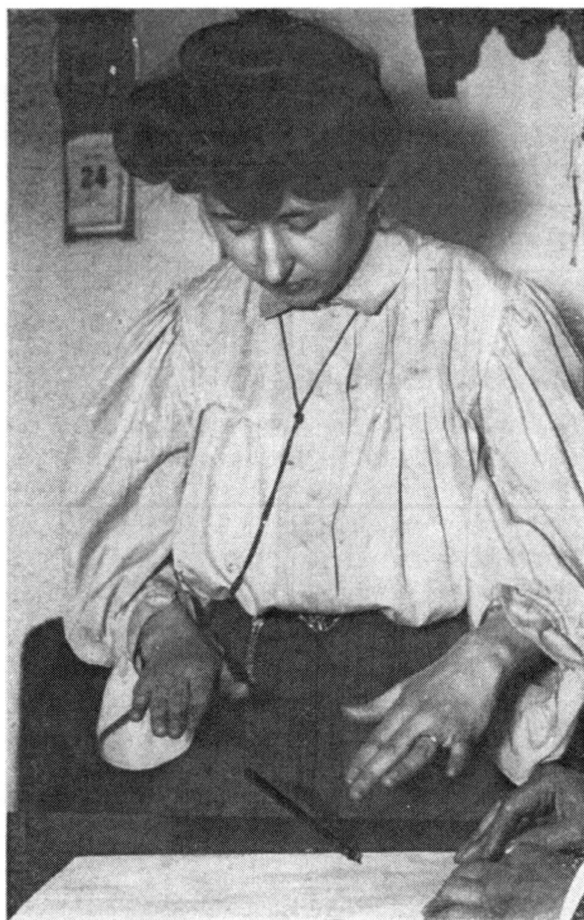

Abb. 4: Erhebung eines mit der Spitze das Papier berührenden Bleistiftes (Aufnahme des Prof. Ochorowicz).

Feld, die Wirkungssphäre einer Hand medianimes Halbfeld. Die aus dem Körper des Mediums tretenden Verlängerungen des Stromes, die angeblich im Organismus des Mediums, in dessen Händen, Armen und im Rücken gebildet wird, nennt er medianime Strahlen. Diese Strahlen sind physikalischer Natur, gradlinig und nicht notwendigerweise an die Finger gebunden. Sie stellen ein anormales, aber kein pathologisches Phänomen dar. Ihr Einfluss wechselt und unterliegt dem Einfluss der unbewussten Ideoplastik. Es handelt sich hier nicht um Manifestationen der Elektrizität oder Radioaktivität; ferner haben sie nichts zu tun mit den odischen Effluvien von Reichenbach oder dem animalischen Magnetismus, den „N"-

Strahlen Blondlots und Charpentiers oder den Strahlen Dargets oder der menschlichen Polarität.

Vielmehr hat diese Strahlengattung mechanische Eigenschaften; deswegen nennt Ochorowicz sie „starre Strahlen". Denn sie sind mehr oder weniger elastische, straffe, fast immer unsichtbare Fäden, welche nicht nur in das medianime Feld geführte Gegenstände in Bewegung setzen, sondern auch in die Luft erheben können. Sie widerstehen der Wirkung des Feuers, können aber nicht den geringsten Schirm (weder flüssig noch fest) durchdringen. Sie werden sichtbar und verschwinden in einem Augenblick, entladen das Elektroskop leicht und haben für sich allein keine aktinische Wirkung.

Neben dieser einen Energieform nimmt Ochorowicz nun noch eine zweite Gattung von Strahlen an, die X^λ-Strahlen, welche keine mechanische, wohl aber eine starke chemische und aktinische Wirkung äußern. Sie besitzen ein die Röntgenstrahlen übertreffendes Durchdringungsvermögen, bleiben stets unsichtbar, wirken auf empfindliche Platten (Photographie) und auch ihre Richtung unterliegt, ebenso wie diejenige der starren Strahlen, dem Einfluss der Gedanken. Ihre Wirkungssphäre erstreckt sich auf mehrere Meter, während die starren Strahlen nicht über einen halben Meter weit Einfluss üben. Für das elektrische und magnetische Feld bleiben sie unempfindlich. Ihr Auftreten ist subjektiv im Medium von Schmerz begleitet, während das Auftreten der starren Strahlen nur eine momentane Erstarrung hervorbringt.

Mit Hilfe dieser vom Medium (besonders den Händen) ausgehenden Strahlungen erhielt Ochorowicz, wenn er in der Dunkelheit oder bei Rotlicht offene photographische Platten oder auch solche in ihren verschlossenen Kassetten oder in schwarzem Papier eingewickelte **vor** dasselbe hinlegte, mannigfache Abdrücke von Kugeln, Handformen, Bilder daraufgelegter Gegenstände usw. An der Tatsächlichkeit dieser Beeinflussbarkeit photographischer Platten durch unbekannte Formen der mediumistischen Kraft ist nach den gründlichen Untersuchungen O.s wohl kaum zu zweifeln. Die Darstellung dieses komplizierten physikalischen Problems bei Ochorowicz ist noch zu unklar, als dass es möglich wäre, darüber ein einwandfreies deutliches Bild zu gewinnen.

Ja, man kann nicht einmal entscheiden, ob nicht doch, im einzelnen Falle" physikalische Fehlerquellen mitgespielt haben. Im Allgemeinen gewinnt man den Eindruck, dass der menschliche Organismus unter bestimmten Umständen Strahlungen aussenden kann, deren Stärke und Art von der jeweiligen Geistesverfassung der Versuchsperson abhängig ist. Nach den äußerst gesuchten theoretischen Darstellungen des Warschauer Gelehrten ist schlechterdings nicht zu verstehen, warum in einem Falle die Radiographien stets kugelförmig auftreten, warum in einem zweiten Fall die radiographierten Handformen flächenhaften wie aus Papier geschnittenen Modellen entsprechen, ein Punkt, der übrigens an die so häufig auftretenden flächenmaterialisierten Handformen erinnert. Die Erklärung wird in einem Fall durch Strahlungen gesucht, die vom Medium ausgehen, in einem zweiten Fall durch ihre fluidischen Hände, in einem dritten Fall soll die Hand als „Double" einer geistartigen Personifikation die Wirkung hervorbringen. Da alle diese Erklärungen sich jedoch als unzureichend erweisen, so endet Ochorowicz diesen ganzen großen Abschnitt mit der Hypothese der photographischen Ideoplastik, d. h., er erkennt die fernwirkende Beeinflussung photographischer Platten durch Vorstellungen des Mediums an, die sich psychogen materialisieren und dann radiographische Wirkung erzielen können. So ungeheuerlich und der Erfahrung widersprechend eine solche Aufstellung auch erscheinen mag, so ist sie doch immerhin wahrscheinlicher, besonders wenn man das vorhandene Beweismaterial über diesen Punkt bei verschiedenen anderen Medien vergleicht, als die künstlichen Theorien von X^λ-Strahlen, Händen des „Double" u. dgl.

Hätte sich der Forscher lediglich mit einer einfachen Darstellung der beobachteten Tatsachen begnügt, anstatt überall umständliche physikalisch-theoretische Erörterungen einzuflechten, deren Besprechung mit dem Medium auf dasselbe suggestiv einwirken musste, und die Versuchsresultate einseitig zugunsten solcher Theorien umzuformen imstande war, so hätte er sicherlich der Wissenschaft einen noch größeren Dienst erwiesen.

So weit nun aber die oben erwähnte Energieform der rein mechanisch wirkenden sogenannten starren

Strahlen in Frage kommt, verdienten die Forschungsergebnisse des Warschauer Professors höchste Anerkennung und eingehende Würdigung, da sie unzweifelhaft eine wichtige Grundlage für die fortschreitende Erkenntnis der telekinetischen Phänomene abgeben.

Sobald Stanislawa Tomczyk im hypnotischen Zustande sich vorbereitet auf die Erzeugung physischer Fernwirkungen, sind Anspannungen ihres Willens, ihrer Erwartung und ihrer Einbildungskraft notwendig. Zunächst tritt die subjektive Empfindung eines „Stromes" ein, erschlaffende Sensationen, Prickeln in den Fingerspitzen, Kältegefühl, leichtes Frösteln und Schaudern. Diese Sensationen vermehren sich bis zur Empfindung von leichten Nadelstichen, begleitet von lokalen klonischen Zuckungen in Händen und Armen, sowie von gesteigerter Herztätigkeit. Mitunter wurden Kongestionen beobachtet, Schwindel, Kopfschmerz, Beschleunigung der Respiration, Gefühl des Unwohlseins, erhöhter Stoffwechsel, Hunger, Durst und Neigung zu Reizmitteln (Nikotin). Die psychische Tätigkeit ist monoideistisch auf die erwarteten Manifestationen eingestellt. Nach Ochorowicz können an den Fingerspitzen leuchtende, zunächst unsichtbare Punkte und Flecke auftreten, die jedoch schon imstande sind, die photographische Platte zu beeinflussen. Dann löst sich nach den Beobachtungen des polnischen Gelehrten ein kleiner nebeliger Fleck von den Fingern los. Aus diesen Anfangserscheinungen entwickeln sich nach Ochorowicz die X^x-Strahlen, aber dieselben begleiten auch das Auftreten der rigiden Strahlen, nur mit dem Unterschied, dass das ganze subjektive Befinden bei Entwicklung der letzteren viel weniger in Mitleidenschaft gezogen wird.

Die ersten Versuche dieser Art wurden mit Eusapia Paladino im Jahre 1893 in Warschau angestellt; das Resultat derselben stimmt Punkt für Punkt mit demjenigen bei Stanislawa Tomczyk überein.

Wie schon erwähnt, entdeckte Ochorowicz während einer Sitzung im Jahre 1909 bei der Levitation zweier Hyazinthen nicht durch optische Beobachtung, sondern erst auf der Photographie unzweifelhafte Spuren eines außerordentlich dünnen Fadens, der auf schwarzem Grunde weiß und auf weißem Grunde schwarz erscheint. Er ist nicht von allen Seiten gut sichtbar; eine Platte 9 x

12 ergab keinen Eindruck. Bei schweren Gegenständen wie Metallglocke, Schere, Schmuckkästchen, Wasserglas usw. ist man genötigt, ein System von Fäden oder wenigstens mehrere Fäden anzunehmen. Die Anbringungsweise dieser Fäden an die Objekte ist rätselhaft. Man muss annehmen, dass sie angeleimt oder von zwei Seiten angeheftet sind. Auf manchen Negativen erkennt man überhaupt nicht die Verbindung der sichtbaren Fäden mit Daumen und Zeigefinger des Mediums.

Ochorowicz zieht nun Schlüsse aus der Levitationsphotographie einer Zelluloidkugel vor einem Spiegel, dessen Diapositiv sich in den Händen des Verfassers befindet. Er will darauf einen von der Hand herabhängenden leuchtenden Faden, leuchtende Punkte an den Fingerspitzen entdeckt haben; die Aufnahme ist aber einerseits nicht scharf, andererseits stören Spiegelreflexe die Klarheit des Bildes; der Verfasser kann daher diese Feststellungen nicht als stichhaltig anerkennen.

Der sogenannte gesunde Menschenverstand würde das Vorhandensein von Verbindungsfäden auf den Photographien wohl stets als betrügerisches Manöver kennzeichnen, aber zur Gültigkeit eines solchen Einwurfs wäre der Nachweis erforderlich, dass die Herkunft des Fadens oder Haars durch Zeichen des Webstuhls oder durch die morphologische Struktur der Haarfaser erbracht wird. Nun ist aber, wie wir weiter sehen werden, das Gegenteil der Fall.

Ochorowicz erhielt radiographische Abdrücke fluidischer Fäden in geschlossenen Kassetten, so dreimal eine solche Aufnahme durch Kassetten von Eisenblech hindurch. Nach der Auffassung des Forschers scheinen bei Vorgängen dieser Art die X^x-Strahlen mitzuwirken. Derartige Fadenabdrücke sind stärker als solche auf der Photographie. Sie bilden gerade Linien und setzen sich aus Fasern sowie aus unregelmäßigen Punkten und Stücken zusammen mit Zwischenräumen, erinnernd an das Alphabet eines Morsetelegraphen. Die an sich nicht radiographisch wirkenden starren Strahlen wirken also hier im Widerspruch mit den früheren Aufstellungen Ochorowicz auf photographische Platten.

Der Vorgang bei diesen Experimenten ist folgender: Das Medium nimmt die geschlossene Kassette in die Hände, setzt die beiden Daumen darauf mit der Absicht, das Bild des Fadens zu erhalten, der die Gegenstände aufhebt. Sobald dann das bekannte Prickeln, verbunden mit Schmerzempfindungen eingesetzt hat, darf man die Einwirkung als realisiert annehmen. Mitunter zeigt die Platte breitere Abdrücke an der Stelle, welche der Daumenlage entspricht. Der silberne Faden zeichnet sich deutlich ab und ist aus zwei Fäden zusammengesetzt, von denen der eine stärker ist. Prüfung mit der Lupe zeigt noch einige feine mehr oder weniger parallel laufende Fäden, deren Zahl sich am Daumenansatz bedeutend vermehrt. Sie sind gekrümmt, gewellt und spiralförmig usw. Die Hauptfäden sind mitunter durch Flecken und Kugeln unterbrochen, die Ochorowicz wegen ihres Aussehens als „Kometen" bezeichnet.

Der Forscher ist sich des Widerspruchs bewusst, der darin hegt, dass die Strahlen, sobald sie auf eine mechanische Wirkung gerichtet sind, keine festen Körper durchdringen können und anderseits doch radiographische Bilder durch die Kassettendeckel hindurch erzeugen.

Bei dem radiographischen Versuch sind gleichzeitig mechanische Wirkungen zu vermeiden; vielleicht handelt es sich um Überführung mechanischer Eigenschaften in chemische durch ideoplastischen Einfluss. Immerhin ist eine wirkliche Erklärung für diesen Widerspruch nicht gefunden.

Ferner wird darauf hingewiesen, dass die fluidischen Fäden bei ihrer außerordentlichen Feinheit durch die geringsten Spalten und Öffnungen hindurchzudringen imstande sind. So erklärt sich die Bewegung von Gegenständen im geschlossenen Raum. Bei hermetischem Abschluss hört die Wirkung auf. So kann z. B. die geringste Spalte oder Ritze eines nicht ganz schließenden Deckels eines Kastens (Türe einer Wanduhr) durch diese Fasern passiert jedoch schon imstande sind, die photographische Platte zu beeinflussen. Dann löst sich nach den Beobachtungen des polnischen Gelehrten ein kleiner nebeliger Fleck von den Fingern los. Aus diesen Anfangserscheinungen entwickeln sich nach Ochorowicz die Xx-Strahlen, aber dieselben begleiten auch das Auftreten der rigiden Strahlen, nur mit dem Unterschied, dass das ganze subjektive Befinden bei Entwicklung der letzteren viel weniger in Mitleidenschaft gezogen wird.

Die ersten Versuche dieser Art wurden mit Eusapia Paladino im Jahre 1893 in Warschau angestellt; das Resultat derselben stimmt Punkt für Punkt mit demjenigen bei Stanislawa Tomczyk überein.

Wie schon erwähnt, entdeckte Ochorowicz während einer Sitzung im Jahre 1909 bei der Levitation zweier Hyazinthen nicht durch optische Beobachtung, sondern erst auf der Photographie unzweifelhafte Spuren eines außerordentlich dünnen Fadens, der auf schwarzem Grunde weiß und auf weißem Grunde schwarz erscheint. Er ist nicht von allen Seiten gut sichtbar; eine Platte 9 x 12 ergab keinen Eindruck. Bei schweren Gegenständen wie Metallglocke, Schere, Schmuckkästchen, Wasserglas usw. ist man genötigt, ein System von Fäden oder wenigstens mehrere Fäden anzunehmen. Die Anbringungsweise dieser Fäden an die Objekte ist rätselhaft. Man muss annehmen, dass sie angeleimt oder von zwei Seiten angeheftet sind. Auf manchen Negativen erkennt man überhaupt nicht die Verbindung der sichtbaren Fäden mit Daumen und Zeigefinger des Mediums.

Ochorowicz zieht nun Schlüsse aus der Levitationsphotographie einer Zelluloidkugel vor einem Spiegel, dessen Diapositiv sich in den Händen des Verfassers befindet. Er will darauf einen von der Hand herabhängenden leuchtenden Faden, leuchtende Punkte an den Fingerspitzen entdeckt haben; die Aufnahme ist aber einerseits nicht scharf, andererseits stören Spiegelreflexe die Klarheit des Bildes; der Verfasser kann daher diese Feststellungen nicht als stichhaltig anerkennen.

Der sogenannte gesunde Menschenverstand würde das Vorhandensein von Verbindungsfäden auf den Photographien wohl stets als betrügerisches Manöver kennzeichnen, aber zur Gültigkeit eines solchen Einwurfs wäre der Nachweis erforderlich, dass die Herkunft des Fadens oder Haars durch Zeichen des Webstuhls oder durch die morphologische Struktur der Haarfaser erbracht wird. Nun ist aber, wie wir weiter sehen werden, das Gegenteil der Fall.

Ochorowicz erhielt radiographische Abdrücke fluidischer Fäden in geschlossenen Kassetten, so dreimal eine solche Aufnahme durch Kassetten von Eisenblech hindurch. Nach der Auffassung des Forschers scheinen bei Vorgängen dieser Art die Xx-Strahlen mitzuwirken. Derartige Fadenabdrücke sind stärker als solche auf der Photographie. Sie bilden gerade Linien und setzen sich aus Fasern sowie aus unregelmäßigen Punkten und Stücken zusammen mit Zwischenräumen, erinnernd an das Alphabet eines Morsetelegraphen. Die an sich nicht radiographisch wirkenden starren Strahlen wirken also hier im Widerspruch mit den früheren Aufstellungen Ochorowicz auf photographische Platten.

Der Vorgang bei diesen Experimenten ist folgender: Das Medium nimmt die geschlossene Kassette in die Hände, setzt die beiden Daumen darauf mit der Absicht, das Bild des Fadens zu erhalten, der die Gegenstände aufhebt. Sobald dann das bekannte Prickeln, verbunden mit Schmerzempfindungen eingesetzt hat, darf man die Einwirkung als realisiert annehmen. Mitunter zeigt die Platte breitere Abdrücke an der Stelle, welche der Daumenlage entspricht. Der silberne Faden zeichnet sich deutlich ab und ist aus zwei Fäden zusammengesetzt, von denen der eine stärker ist. Prüfung mit der Lupe zeigt noch einige feine mehr oder weniger parallel laufende Fäden, deren Zahl sich am Daumenansatz bedeutend vermehrt. Sie sind gekrümmt, gewellt und spiralförmig usw. Die Hauptfäden sind mitunter durch Flecken und Kugeln unterbrochen, die Ochorowicz wegen ihres Aussehens als „Kometen" bezeichnet.

Der Forscher ist sich des Widerspruchs bewusst, der darin liegt, dass die Strahlen, sobald sie auf eine mechanische Wirkung gerichtet sind, keine festen Körper durchdringen können und anderseits doch radiographische Bilder durch die Kassettendeckel hindurch erzeugen.

Bei dem radiographischen Versuch sind gleichzeitig mechanische Wirkungen zu vermeiden; vielleicht handelt es sich um Überführung mechanischer Eigenschaften in chemische durch ideoplastischen Einfluss. Immerhin ist eine wirkliche Erklärung für diesen Widerspruch nicht gefunden.

Ferner wird darauf hingewiesen, dass die fluidischen Fäden bei ihrer außerordentlichen Feinheit durch die geringsten Spalten und Öffnungen hindurchzudringen imstande sind. So erklärt sich die Bewegung von Gegenständen im geschlossenen Raum. Bei hermetischem Abschluss hört die Wirkung auf. So kann z. B. die geringste Spalte oder Ritze eines nicht ganz schließenden Deckels eines Kastens (Türe einer Wanduhr) durch diese Fasern passiert werden. Das setzt natürlich Krümmung und Beweglichkeit der Fäden voraus, die erst wieder jenseits des Hindernisses die Rigidität zurückerlangen. Jedenfalls zeigt schon diese etwas gekünstelte theoretische Auslassung des Warschauer Forschers, wie unrichtig es im Grunde ist, diese Effluvien oder Effloreszenzen als „Strahlen" zu bezeichnen, da ihnen doch jedwedes Merkmal dieses Begriffes fehlt. Es handelt sich um Fasern, um Fäden, um feine Prolongationen, die wohl in der Regel bei großer Verdichtung geradlinig erstarren mögen, ohne dass aber diese Eigenschaft als Conditio sine qua non anzusehen wäre.

Im Übrigen klingt es doch auch sehr unwahrscheinlich, dass diese „Strahlen" durch die Ritzen des Kassettenverschlusses eindringen und nun chemisch wirken, besonders da doch auch Daumenabdrücke mit erhalten werden.

Vielmehr zeigen die bisherigen Erfahrungen, dass Effluvien oder Effloreszenzen, die aus dem medialen Organismus austreten, je nach der gestellten Aufgabe mechanisch oder radiographisch zu wirken imstande sind, dass sie als feine Fasern Biegungen und Krümmungen zu vollziehen vermögen, wiederum je nach Erfordernis der zu erfüllenden Zwecke und dass die geradlinige rigide Gestalt eine vielleicht häufig vorkommende Ausdrucksform dieser Energie darstellt.

Überhaupt dürfte sich auch — rein physikalisch gedacht — diese strenge von Ochorowicz durchgeführte Trennung der radiographischen und mechanischen Eigenschaften derselben (starre Strahlen und Xx-Strahlen) praktisch und theoretisch kaum durchführen lassen.

Die zwei Hauptfäden, von welchen die Rede war, sind nun auch noch ihrerseits verbunden durch Segmente und Querlinien, sie laufen, wie schon erwähnt, nicht ununterbrochen, sondern setzen sich aus Punkten und Stücken zusammen.

Da die Materialität der Fäden nach Ochorowicz nicht genügend durch radiographische Abdrücke erwiesen worden war — denn es könnte sich hierbei um Gedankenphotographie, um Ideoplastik handeln — so erzielte er verschiedene Fadenabdrücke auf geschwärzten Glasplatten, auf Mehlschichten usw.

Eine auf der aufliegenden unteren Fläche geschwärzte Glasplatte wurde auf einer Seite gehoben und zeigte an den Angriffspunkten zwei parallele kurze Fadenlinien, die zum Teil aus Punkten zusammengesetzt waren und stellenweise ganz verschwanden. Eine Verwischung der schwarzen Partikel hat nirgends stattgefunden. Ferner scheint es, dass die starren Strahlen sich an der Oberfläche der Gegenstände anleimen oder ansaugen, um für die beabsichtigte Ortsveränderung den nötigen Halt zu haben. Ohne eine solche Adhäsionskraft wäre es nicht denkbar, dass Stanislawa aus einer mit Zündhölzern gefüllten Schachtel ein einziges Streichholz heraushob und es wieder hineinlegte. Es scheint, dass die fluidischen Fasern durch elastische Kontraktion sich an den Gegenstand fixieren.

Man kann jederzeit den Faden durchschneiden, wenn man dazwischen fährt; dann hört jede Wirkung auf; dasselbe ist der Fall, wenn das Medium die Hände weit voneinander entfernt. Sobald sie dieselben aber in Stellung bringt, tritt auch sofort der Rapport wieder ein.

Um die Feuerfestigkeit der fluidischen Fäden zu prüfen, ließ O. das Medium einen innerhalb der Flammen befindlichen Gegenstand umwerfen, was ohne Beschädigung des Fadens gelang, während umgekehrt verschiedene der bekannten Fadenarten bei demselben Experiment sofort durch die Flamme verzehrt wurden. Ochorowicz bediente sich dabei eines Methylfeuerzeugs mit Platin. Später wiederholte Experimente bestätigten das Resultat und zeigten, dass die Flammen durch die Strahlen sichtlich zurückgestoßen wurden.

Die subjektiven Nachwirkungen dieser Versuche bestanden in Übelkeiten, Erschöpfungsgefühl, Herzklopfen, Schwindel und Schmerz an der rechten Schläfe.

Experimente, dieselben Wirkungen unter Wasser zu erzielen, gelangen nicht. Dasselbe war der Fall, wenn Flüssigkeiten verschiedener Art, wie Öl, Glyzerin, angewendet wurden. Dagegen waren die unangenehmen Rückwirkungen auf das Befinden Stanislawas dieselben.

Durch Eintauchen viereckiger und runder Rahmen in präparierte Flüssigkeiten erhielt Ochorowicz sogenannte flüssige Schirme, deren Flächen aus feinen Membranen dieser Lösungen bestanden. Wenn dieselben senkrecht aufgestellt wurden, gelang es nicht, die Membranen zu durchdringen bei Annäherung der Fingerspitzen von der Vorder- und Rückseite. Sobald aber nur mit einer Hand operiert wurde, schob sich der ganze beweglich stehende Schirm, wie gestoßen durch die rigide Prolongation ruckweise zurück und bauchte sich an den Berührungsstellen nach rückwärts auf. Hierbei konnte die Hand unbeweglich bleiben und doch rückte der Schirm, was nur so zu erklären ist, dass die starren Strahlen die Fähigkeit haben, sich zu verlängern. Hierzu muss das Medium allerdings seine ganze Aufmerksamkeit auf den Berührungspunkt konzentrieren. Sobald die Hand zurückgezogen wurde, ging die Membran in ihre normale Lage zurück.

War der Stoß zu heftig, so riss die Membran durch. Im Allgemeinen wirkt also der Stoß der rigiden Strahlen in gerader Linie, obwohl die Kraftlinien sich starr und gleichzeitig elastisch verhalten. (Warum dann der Ausdruck „Starre Strahlen"!)

Ochorowicz nimmt aufgrund seiner Versuche an, dass die materiellen Fäden sich in Fasern spalten, die eine Adhäsionsfähigkeit zeigen, wie Pseudopodien, und sich an den Flächen ansetzen, ja kleine Gegenstände ganz umwickeln. Der Strom scheint ein doppelter zu sein, je von der einen Hand zur andern laufend, so dass die Fäden sich kreuzen und auf der Photographie doppelt erscheinen.

Die mechanische Wirkung der starren Strahlen wird auch durch folgendes Experiment illustriert. Zwei mobile, sich nicht berührende elektrische Kontakte, getrennt nebeneinander stehend, werden durch Annäherung der Hände von beiden Seiten so gegeneinander geschoben, bis der elektrische Kontakt ohne Berührung der Flächen ausgelöst wurde und das Ertönen einer Klingel zur Folge hatte.

Um die Richtung der von Hand zu Hand gehenden Strahlen zu erforschen, stellte Ochorowicz folgenden sinnreichen Versuch an. Auf einem weißen Karton wurden drei Tropfen von drei verschiedenen Lösungen nebeneinandergelegt. Wenn man nun mit einer Nadel eine Linie von rechts nach links zog, so färbte sich diese Linie rot, sie färbte sich aber blau, wenn man sie von links nach rechts führte. Das Experiment gelang.

Der am linken Daumen liegende Tropfen enthielt gelbes Blutlaugensalz (A), der mittlere Eisenchlorid (B) und derjenige am rechten Daumen Rhodanammonium (C). Der Austritt erfolgt nun aus dem linken Daumen, der Strahl erzeugt beim Eintritt in den Tropfen A eine Einbuchtung nach innen und beim Austritt eine solche nach außen. Seinen weiteren Weg zu dem Tropfen B markiert er durch einen gelben geradlinigen Strich; sobald er den Tropfen B erreicht, tritt starke Blaufärbung ein. Die blaue Linie verliert sich in C, dem dritten Tropfen. Beim Austreten aus demselben erfolgt eine neue Ausbuchtung nach außen in die Richtung auf den rechten Daumen zu. Schließlich teilt er sich in mehrere rote Linien und erreicht den rechten Daumen. Somit können die starren Strahlen eine Flüssigkeit (wenigstens soweit es sich um kleine Mengen handelt) durchdringen. Der nach links gehende Strom ist nicht markiert, soll sich aber nach Ochorowicz durch eine Ausbuchtung auf dem Tropfen der dem rechten Daumen abgekehrten Seite nach außen verraten haben. Teilchen der Flüssigkeit werden demnach durch den Faden transportiert. Außerdem üben diese starren Strahlen eine mechanische Wirkung auf Flüssigkeiten aus. Dieselben können nicht reflektiert, gebrochen oder paralysiert werden, was wieder dafür spricht, dass der Ausdruck „Strahl" für diese Effloreszenz eigentlich nicht die richtige Bezeichnung ist.

Der Flüssigkeitsversuch wurde vom Experimentator später dahin abgeändert, dass er auf einer gereinigten Glasplatte mit zwei verschiedenfarbigen Flüssigkeiten 2 —8 parallele Linien zog, welche durch die starren Strahlen beim Ansetzen der Daumen auf beiden Glasseiten durchquert wurden. Dieser Versuch bestätigt das Tropfenexperiment und zeigt deutlich die Richtung und Intensität der beiden entgegengesetzten Ströme, außerdem zeigt er noch „vagabundierende" starre Strahlen neben den Hauptfäden.

Obwohl Gegenstände von glattem Metall und entsprechendem Gewicht bewegt werden können, ist es unmöglich, einen Tropfen Quecksilber zu beeinflussen. In diesem Fall scheint der Faden auf der glatten Fläche keinen Angriffspunkt zu finden und abzugleiten. Beim Durchdringen von Gasen verlieren die starren Strahlen keineswegs die mechanischen Eigenschaften, wohl aber schwächt starkes Licht die Intensität der Fäden ab.

Bei den Versuchen auf trocknen Glastafeln konnte festgestellt werden, dass die starren Strahlen feucht waren. Nach der Meinung von Ochorowicz stammt diese Feuchtigkeit aus der umgebenden Luft und nicht von den Händen des Mediums. Hierdurch erklärt sich möglicherweise die leimartige Adhäsion derselben an feste Körper und der Wechsel in ihrer Sichtbarkeit.

Ferner steht Dr. Ochorowicz auf dem Standpunkt, dass die starren Strahlen, sobald sie auf ein genügend starkes Hindernis stoßen, Wärme erzeugen. Um das nachzuweisen, bediente er sich eines Thermoskops, d. h. einer Röhre mit einer Kugel, die mit rot gefärbtem Schwefeläther gefüllt ist. Die geringste Berührung dieses Apparates mit der warmen Hand erzeugt ein Steigen der Säule. Die Wirkung der warmen Hände auf das Instrument beginnt erst bei einer Annäherung auf 2 cm. Sobald das Medium aber in den auf 3 cm angenäherten Händen ein Prickeln fühlte, stieg die Flüssigkeitssäule im Thermoskop um mehrere Millimeter — und zwar ganz regelmäßig bei jeder Wiederholung.

Um zu sehen, ob die fluidischen Fäden einen galvanischen Strom zu leiten imstande seien, befestigte O. an einem Tischrand zwei kleine Elektroden, deren Flächen 4 mm voneinander entfernt waren. In dem Stromkreis waren ein Galvanometer und als Widerstand zwei mit Wasser gefüllte Gläser eingeschaltet. Die unbeweglichen Silberblättchen ragten am Tischrand in die Luft und auch bei Erschütterung des Tisches erfolgte kein Ausschlag des Galvanometers.

Das Medium näherte seine Fingerspitzen den Elektroden in einer Entfernung von 15 mm. Sobald die Fäden sich gebildet hatten und eine Reibung an den Blättchen verursachten, war ein besonderer Ton zu vernehmen, wenn man das Ohr annäherte. Als der mediumistische Strom sich verstärkte, rückte der Zeiger auf 3°, dann auf 4°. Nach Verminderung des eingeschalteten Widerstandes zeigte der Zeiger bei einer Annäherung der Hände von 12 mm 5°, bei einer Entfernung derselben von 15 mm 5°, von 30 mm 18°. Die galvanische Leitungsfähigkeit tritt aber nur bei einem gewissen Intensitätsgrad des mediumistischen Stromes auf. Der Klangeffekt des Tones ist unabhängig von der elektrischen Wirkung.

Diese interessanten, nicht weiter fortgesetzten Versuche bedürfen der Nachprüfung, da man aus der Beschreibung allein nicht die etwaige Mitwirkung von Fehlerquellen erkennen kann. Ein schwieriger Faktor bei all diesen Phänomenen ist die Inkonstanz des mediumistischen Stroms, den wir noch nicht zu messen imstande sind.

Der letzte große Abschnitt der Untersuchungen des Forschers betrifft die radiographischen Phänomene, d. h. Einwirkungen auf photographische Platten. Da er zahlreiche Wirkungen dieser Art nicht zu erklären imstande war, so griff er für diesen Teil der Phänomene zur Hypothese fluidischer, vom Medium oder dessen Doppelgänger ausgehender Hände, die alle möglichen Formen (klein, groß, flach usw.) annehmen können und auf den Negativen Abdrücke hervorzurufen imstande sind, auch wenn dieselben in verschlossenen Kassetten sich befinden.

Stanislawa konnte auf verschiedenen eingewickelten Platten durch lebhafte Vorstellung das Bild des Mondes in verschiedenen Formen und Größen erzeugen. Aber Ochorowicz rechnet auch gewisse Handabdrücke in geschlossenen photographischen Kassetten zur Ideoplastie.

Die hierüber publizierten photographischen Aufnahmen erwecken nicht den Eindruck wirklicher Hände, sondern von vorgestellten Handformen, die oft flach wirken und eine Reihe von Fehlern in Zeichnung und äußerer Form aufweisen, wie sie die lebende Hand nicht hat.

Ochorowicz endet mit der ihm durch den Gang seiner Beobachtungen aufgedrängten Überzeugung einer bei manchen Medien bestehenden photographischen Ideoplastik oder, besser gesagt, einer Gedankenphotographie, die ebenso wie die Materialisationsphänomene ein wichtiges Glied bildet in der Kette der Exteriorisationen, welche man aber außerdem als neue Form der organischen Radioaktivität anderen radioaktiven Manifestationen wird an die Seite stellen können. Probleme der Psychologie vereinigen sich auf diesem unerforschten Gebiet mit solchen der Chemie und Physik und man darf von dem Zusammenwirken dieser Wissenszweige einen großen Fortschritt in der Erkenntnis der mediumistischen Telekinese erwarten.

Bewegung und Aufhebung kleiner unberührter Objekte.

Beobachtungen des Verfassers.

Einleitung.

Ein polnisches Mädchen, Frl. Stanislawa Tomczyk, geriet während der Warschauer Unruhen in eine vom Militär umzingelte Volksmenge und wurde unschuldig verhaftet. Der 10-tägige Aufenthalt im Gefängnis übte auf das Nervensystem der damals kaum Zwanzigjährigen einen derartigen heftigen psychischen Schock aus, dass hysterische Symptome, besonders Störungen der Motilität und Sensibilität auftraten, mit denen merkwürdigerweise unwillkürliche Fernwirkungen auf leblose Gegenstände verknüpft waren. Wenn z B. der Arzt ihr ein Rezept aufschrieb, setzte sich das Tintenfass in Bewegung[5], Möbel wurden gerückt und Klopftöne ließen sich hören. Die Umgebung erblickte in diesen unerklärlichen Vorgängen das Walten von Geistern. Damit war die mediale Begabung von Stanislawa T. entdeckt, die nunmehr in das Geheimnis spiritistischer Sitzungen eingeweiht wurde. Ihre auffallenden Leistungen zogen die Aufmerksamkeit des vor mehreren Jahren verstorbenen einstmaligen Philosophieprofessors Dr. Julian Ochorowicz auf sich, dem es gelang, das junge Mädchen im Jahre 1909 für eine mehrjährige wissenschaftliche Untersuchung zu gewinnen, die teilweise in Warschau selbst, teilweise auf seinem Gute oder auch in Paris stattfand.

Durch das freundliche Entgegenkommen des polnischen Gelehrten wurde der Verfasser in Paris Zeuge einiger höchst eindrucksvoller, methodisch angestellter und überzeugender Experimente der Telekinese mit Frl. Stanislawa Tomczyk.

Mehrere Jahre nach Abschluss der Studien des Prof. Ochorowicz benützte der Verfasser einen Aufenthalt in Warschau (Dezember 1913), um die Leistungen des Frl.

Tomczyk in drei Sitzungen durch eigene Prüfung näher kennenzulernen. Im Januar 1914 kam das Medium, einer Einladung des Verfassers folgend, nach München und gab ihm dort im Januar, Februar und März 1914 elf weitere Sitzungen.

Die Phänomene traten bei Frl. Tomczyk, wenigstens soweit die Erfahrung des Verfassers reicht, ausschließlich während des künstlich hervorgerufenen aktiven Somnambulismus auf. In dem „zweiten Zustand" stellt die Versuchsperson eine neue psychische Existenz dar, nämlich ihre eigene Person auf der geistigen Stufe eines 10- oder 12 jährigen Kindes. Diese autosuggerierte Bolle wurde nun schauspielerisch eindrucksvoll durchgeführt, in der kindlichen Vorstellungsweise, in Schrift und Sprache, in der Neigung zu kindlichen Spielen und Näschereien, in der leichten Affekterregbarkeit und Hemmungslosigkeit (Ausgelassenheit, Weinszenen usw.) sowie in der Ausstattung der Bolle mit allerlei typischen Erinnerungsbildern aus jener Altersstufe. Und doch erweckt diese ganze dramatische Darstellung den Eindruck der Affektation und hysterischen Übertreibung auf dem psychischen Untergrunde des Charakterbildes eines erwachsenen reifen Menschen. Begleitet ist der traumhafte oft 5—6 Stunden ununterbrochen anhaltende Zustand von zahlreichen launischen Einfällen, hysterischen Ornamenten und Störungen der Motilität und Sensibilität (leichten klonischen und tonischen Krämpfen bis zum Opisthotonus, Hypersensibilität mit ausgesprochener Lichtscheu, Analgesie bestimmter Hautbezirke, Tachykardie usw.). Stanislawas kapriziöser, schon im wachen Normalzustand wenig suggestibler, etwas eigenwilliger Charakter erfordert vom Experimentator behutsames und taktvolles Vorgehen. Dies gilt besonders auch für die Bewusstseinsstufe des hysterischen aktiven Somnambulismus. Will man das Medium zur Demonstration telekinetischer Vor-

---

[5]   Erzählung der Beteiligten.

gänge veranlassen, so setzt das zunächst ein verständnisvolles Eingehen auf den spielerischen Charakter der kindlichen Ichpersönlichkeit voraus, analog der ärztlichen Anpassung an die Wahnbildungen eines Psychopathen. Während der kindlichen Spiele und Scherze, die sie bei guter Stimmung erhalten, macht der Versuchsleiter plötzlich den Vorschlag, nunmehr ein Spiel auf dem Tisch zu probieren, das darin bestehen soll, kleine Gegenstände ohne körperliche Berührung in Bewegung zu bringen. Auf diese Aufforderung hin setzt sich Stanislawa an Tisch. Nun tritt ein merkwürdiger Umschwung in ihrem Wesen ein. Zwar bleibt die kindliche Sprech- und Denkweise auch jetzt noch erhalten, aber das bisherige, etwas läppische, zusammenhanglose und ausgelassene Verhalten hat einer ernsten Stimmung und einem nicht mit der kindlichen Vorstellungsweise vereinbaren reifen Verständnis für die Notwendigkeit genauer Versuchsbedingungen und für die Wichtigkeit des Gegenstandes Platz gemacht. Ein seltsames Gemisch von erwachsener und kindlicher Psyche!

Das Medium lebt in dem Glauben, dass nicht es selbst, sondern sein zweites Ich, sein Doppelgänger, also ein von seiner augenblicklichen Ich-Persönlichkeit getrenntes unsichtbares Wesen die Phänomene, meistens allerdings (soweit es sich nicht um spontan auftretende Erscheinungen handelt) auf seinen Wunsch und seine Bitte vollbringe. Demnach ergeben sich drei Persönlichkeitstypen für das Medium: 1. die Stanislawa des normalen Wachzustandes, 2. die Stanislawa oder abgekürzt „Stascha" als zehnjähriges Kind im hysterohypnotischen Somnambulismus, 3. der Doppelgänger, der „Double" der Stanislawa II, genannt „die kleine Stascha".

Die Erzeugung der Phänomene setzt also einen etwas umständlichen psychologischen Prozess voraus, der zwar als suggestives Erziehungsprodukt (durch fremden Einfluss mit eigenen Vorstellungen) aufzufassen, aber beim Experimentieren nicht zu umgehen ist und infolgedessen während der sämtlichen vom Verfasser veranstalteten 14 Sitzungen eingehalten werden musste (sowohl in Warschau wie in München).

Versuche in Warschau.

Sitzung am 29. Dezember 1913.

Ort: Wohnung eines österreichischen Konsularbeamten. Negativer Verlauf.

Sitzung am 31. Dezember 1913.

Ort: Wohnung des Gutsdirektors B. in Warschau, bei welchem Stanislawa Tomczyk als Gast weilte.

Anwesend: Herr Sch., österreichischer Konsularbeamter, Herr B. und dessen Schwester Frl. B., Ingenieur Lebiedjinsky (Warschau), Herr Feilding (London), der zum Zwecke des Studiums mediumistischer Phänomene nach Warschau gereist war, und der Verfasser.

Beleuchtung: Das Licht, eine elektrische mit, grünem Schirm bedeckte Lampe, ist durch Anbringung mehrerer Papierbogen stark abgedämpft und fällt, wie nebenstehende Skizze zeigt, von rückwärts über die Schulter Stanislawas auf den Tisch.

Vorkontrolle: Frl. T. wird in einem anderen Zimmer von Herrn B. hypnotisiert und betritt, im Zustande des aktiven Somnambulismus als Stanislawa II das Sitzungszimmer, nimmt an der Schmalseite des Tisches zwischen dem englischen Gelehrten und der Verfasser ihren Platz ein, während die übrigen Anwesenden in einem anderen Teil des Zimmers sich aufhalten. Das Medium verlangt nun selbst vor Beginn der Versuche genaueste Körperkontrolle. Auf dem mit einer gestrickten Jacke bekleideten Oberkörper ist nirgends ein Faden oder ein Haar versteckt; die ganze Kleidfläche, die nackten Arme bis über den Ellbogen werden abgetastet nach Zurückschiebung der ebenfalls kontrollierten Ärmel. Sorgfältigste Untersuchung der Handoberflächen, wobei mit einer Schere unter jeden einzelnen Nagel gefahren wird, um etwa verborgene Fadenknäuel zu erkennen. Resultat negativ.

Ebenso wird zuvor die dunkel gebeizte Tischfläche aus Natur-Holz kontrolliert und abgewischt.

Nach Beendigung der Kontrolle dürfen die Hände sich nicht mehr von dem sichtbaren Teil über der Tisch-

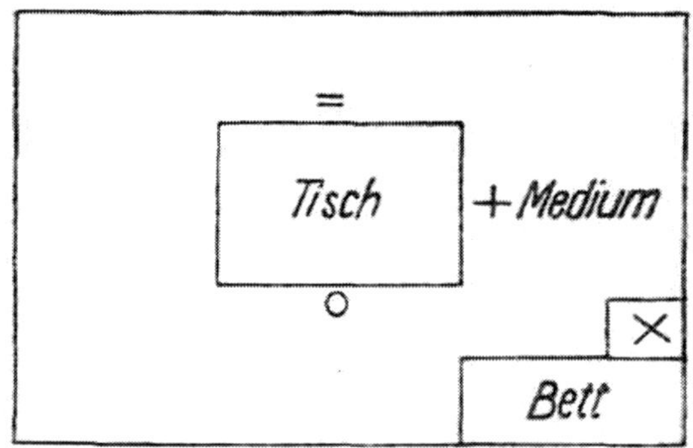

Sitzungsraum in Warschau (Dez. 1913 u. Jan. 1914)

X elektrische Lampe

+ Platz des Mediums

= Platz des Herrn Feilding

O Platz des Verfassers

fläche entfernen. Berührung des Oberkörpers und Kopfes nicht mehr gestattet. Jede Bewegung der Finger und Hände wird bis zum Schluss der Sitzung scharf beobachtet. Unser Augenmerk ist auch besonders darauf gerichtet, ob eine Hand die andere während der Sitzung berührt.

Beginn der Versuche: 8 Uhr 20 Min. Stanislawa hält die Hände ca. 15 cm voneinander entfernt, so dass sich die Finger bei aufgestützten Handgelenken in gestreckter Haltung gegenüberstehen (Bereitschaftsstellung) und erwartet, ob eine Empfindung von Prickeln als Vorbote für die erwartete psychophysische Emanation eintritt. Auf ihren Wunsch nimmt der Verfasser von den auf der entgegengesetzten Tischseite bereitliegenden Gegenständen eine kleine leere Aluminiumschachtel (Länge 4 cm, Breite 3½ cm, Höhe 1 cm) mit abgerundeten Ecken und platziert sie auf die Tischfläche vor das Medium.

I.   8 Uhr 25 beginnt die Versuchsperson mit den parallel stehenden Händen kleine mesmerische Striche über die Schachtel zu machen, in einer Entfernung von etwa 2 cm, ohne jedoch dieselbe zu berühren, angeblich um die Verbindung herzustellen. Hierauf gehen die Hände in die oben beschriebene Stellung auf beiden Schmalseiten der Schachtel zurück, wobei die Fingerspitzen sich auf ca. 6—8 cm Entfernung wiederum gegenüberstehen, so etwa, wie wenn in den Fingerspitzen entstehende

Ausstrahlungen auf das kleine Objekt übertragen werden sollten. Man hat den Eindruck, dass nunmehr die sich durch subjektive Empfindung von Prickeln ankündigende, unsichtbare Verbindung hergestellt ist. Die ca. 2 cm von der Schachteloberfläche entfernten Finger fangen an, sich gleichmäßig parallel der Tischfläche hin und her zu bewegen. Nach einigen vergeblichen Bemühungen beginnt die Schachtel plötzlich eine Drehung um ihre eigene Achse zu machen, mit der linken Seite nach innen, der rechten nach außen. Dann versucht die Dose sich auf der langen Schmalseite zu erheben, bleibt einen Augenblick in halber Höhe und fällt wieder in die alte Lage zurück.

Stanislawa ruht erschöpft von der offenbar starken Willensanstrengung einen Augenblick aus, ohne dass aber irgendeine Änderung in Haltung und Kontrolle der Hände eintritt.

Um zu zeigen, dass keine Verbindung durch Faden oder Haar zwischen den Händen besteht, werden jetzt die Arme in der Luft erhoben, so dass die Hände über einen Meter voneinander entfernt sind, worauf die alte Stellung bei aufgelegten Handgelenken wieder eingenommen wird (Fingerentfernung 6—8 cm).

II.   8 Uhr 30 legt der Verfasser eine Zelluloidkugel von 5 cm Durchmesser vor das Medium auf den Tisch. Wiederum leichte kurze mesmerische Striche und Bereitschaftsstellung der sich auf 8 cm gegenüberstehenden, auf die Kugel zielenden Fingerspitzen. Dieses Experiment geht leichter und schneller vonstatten. Die Kugel beginnt von dem Medium weg langsam zu rollen, wie wenn sie durch einen die Hände verbindenden unsichtbaren Faden geschoben würde (Stellung I). Hierauf werden die Hände nebeneinandergelegt, so dass die Richtung derselben nach vorn ein spitzes Dreieck bildet, in dessen Schnittlinie sich die Kugel befindet, ohne gegenseitige würde (Stellung I). Hierauf werden die Hände nebeneinandergelegt, so dass die Richtung derselben nach vorn ein spitzes Dreieck bildet, in dessen Schnittlinie

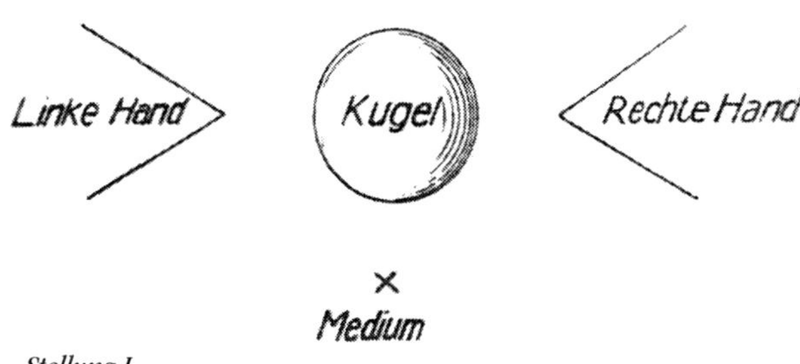

Stellung I

sich die Kugel befindet, ohne gegenseitige Berührung der Finger (Stellung II). Die Kugel liegt ca. 3 cm vor den Fingerspitzen und beginnt nun, wie von unsichtbaren Prolongationen der Finger gestoßen, langsam vom Medium

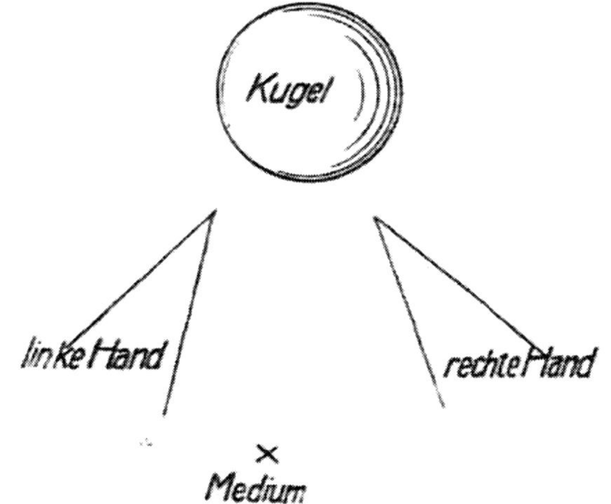

Stellung II

weg auf dem Tisch zu rollen. Man könnte bei diesem Versuch einwenden, das Medium habe durch Anblasen die Kugel bewegt, obwohl unsererseits auf die Lippenbewegung geachtet wurde. Aber dieser Einwand wird durch den nächsten in Stellung III skizzierten Versuch hinfällig.

8 Uhr 37 erfolgte die Handstellung von außen nach innen, so dass die Fingerspitzen auf den Körper des Mediums zu im spitzen Winkel gerichtet waren; wiederum setzt sich die Kugel wie durch eine starre Ausstrahlung der Finger angetrieben, schon in einer Entfernung von einigen Zentimetern vor den Fingerspitzen in Bewegung und legt den in der Stellung III skizzierten halbkreisförmigen Weg zurück.

III.   8 Uhr 45 erhebt sich das Medium und nähert die Hände an eine über den Tisch aufgehäng-

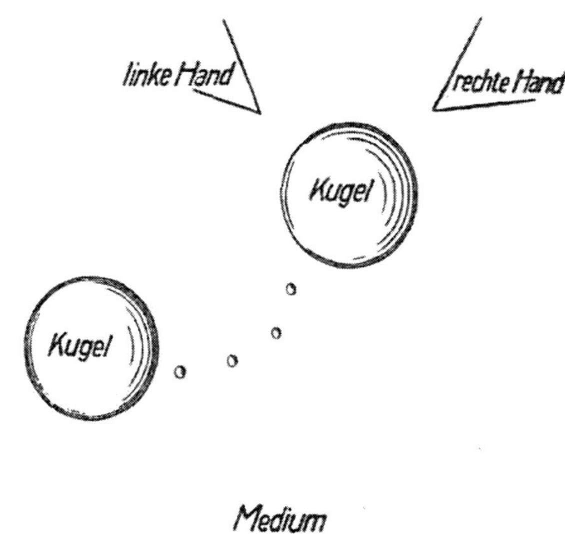

Stellung III

te Glocke von zwei Seiten an, so dass die Finger etwa je 5 cm von der Metallhülse entfernt blieben. Die Glocke läutet und wird hin- und hergeschleudert, wie von einer Hand ergriffen, bei synchronen Bewegungen der Hände. Aus dieser Stellung heraus werden die Unterarme wieder weit auseinandergezogen, um zu zeigen, dass keine Fadenverbindung zwischen den Händen bestehe.

IV.   8 Uhr 55. Ein Wasserglas von 9 cm Höhe und 6 cm Durchmesser, mit einem darin stehenden Kaffeelöffel, wird vor das Medium gestellt. Mesmerische Striche wie beim ersten Experiment. Dann Bereitschaftsstellung der beiden Hände von zwei Seiten, wie oben geschildert. Bei ruhig stehendem Glase wird der Löffel von einer Seite auf die andere geworfen und geschüttelt, an die Glaswand anschlagend. Schließlich wirft St. bei Annäherung der Fingerspitzen auf 2 cm von beiden Seiten und Mitbewegung der Hände das Glas um, und zwar in der Richtung von ihrem Körper nach außen.

8 Uhr 57. Stanislawa hat Durst. Man reicht ihr ein Glas Wasser; sie trinkt, ohne dass die Hände das Glas berühren oder die Tischfläche verlassen.

V.   9 Uhr. Der Versuch, eine 17 cm lange vor Stanislawa gelegte Schere in Bewegung zu setzen, misslingt, worauf eine Schere von kleinerem Format, 11 cm lang, gewählt wird, die bei Annäherung der Hände in liegender Stellung um einige Zentimeter gedreht wird.

9 Uhr 15. Schluss der Sitzung wegen Ermüdung der Versuchsperson. Puls 128. Hände feucht und kühl. Stanislawa wird ins Bett gebracht. Partielle Kontrakturen. Augäpfel nach aufwärts gerollt. Analgesie auf Nadelstiche. Suggestive und mesmerische Behandlung durch B. führt den hysterohypnotischen Zustand in tiefen normalen Schlaf über.

Aus Rücksicht auf die Klarheit der Darstellung ist in vorstehendem Bericht nicht Bezug genommen auf die subjektiven Äußerungen des Mediums während der Versuche. Die oben erwähnte, einem 12jährigen Kinde entsprechende Vorstellungs- und Ausdrucksweise beherrschte ihre Konversation. Die vorgelegten Objekte behandelte sie wie lebendige Wesen, sprach ihnen zu, bat sie, sich zu bewegen, und äußerte kindliche Freude über jedes gelungene Experiment.

Schließlich möge noch hervorgehoben werden, dass nach hergestelltem Rapport zwischen den Fingern der beiden Hände einerseits, den Händen und dem zu bewegenden Objekt andererseits die als Ursache angenommenen Kraftlinien nicht mehr durch ein Dazwischenfahren der Experimentatoren zerschnitten werden dürfen. Das Gelingen der Versuche hängt von der unbedingten Einhaltung dieser Regel ab.

Sitzung am 4. Januar 1914.

Ort: Wohnung des österreichischen Konsularbeamten Sch. in Warschau.

Anwesend: Herr Sch., Herr B. mit Schwester, Herr L. und Frau, Frl. J., Herr Lebiedjinsky, Herr Feilding und der Verfasser.

Beleuchtung: Stark abgedämpft, hinter dem Rücken des Mediums.

Versuchsanordnung und Vorkontrolle: wie in der Sitzung am 31. Dezember 1913.

Hypnotisierung des Mediums durch Herrn B.

V. 10 Uhr 50. Wiederholung des Schachtelexperiments vom 31. Dezember 1913. Heute erkennt der Verfasser eine weißliche, schwach selbstleuchtende fadenar-

tige Verbindung zwischen Zeigefinger und Daumen beider Hände. Offenbar werden durch mechanische Benutzung dieses materiellen Hilfsmittels die Bewegungen und das Umwerfen der Schachtel zustande gebracht. Betrügerische Benutzung feiner Fäden oder eines Haares ist sowohl durch die Versuchsanordnung (Kontrolle) sowie durch den Charakter bestimmter damit nicht erklärbarer Experimente ausgeschlossen.

Der Versuch, von drei unter eine Glasglocke gelegten Kugeln eine zu bewegen, misslang, ebenso wurde die am 31. Dezember gelungene Aufgabe der mechanischen Einflussnahme auf eine einzelne freiliegende Zelluloidkugel nicht erfüllt.

VI. 11 Uhr 55. Ein leichter vor Stanislawa gelegter Aluminiumteelöffel wird in der üblichen Weise (mesmerische Striche, Zusprechen usw.) schließlich ohne Berührung unter Einhaltung aller in der letzten Sitzung geschilderten Versuchsbedingungen in Bewegung gesetzt und frei in die Luft erhoben, wobei die Finger beider Hände mehrere Zentimeter vom Objekt entfernt waren. Der Löffel verharrte einen Augenblick schwebend zwischen den sich gegenüberstehenden Fingerspitzen und fiel dann auf den Tisch herunter.

12 Uhr. Versuche mit einem aufgehängten Pendel sowie mit der gestreiften Zelluloidkugel misslangen.

12 Uhr 15. Eine von Feilding vor Stanislawa hingelegte Zigarette wird schließlich von links nach rechts ins Rollen gebracht, wobei die Fingerspitzen einen 2 cm betragenden Abstand von der Zigarette einhielten.

Schluss der Sitzung wegen Ermüdung des Mediums.

Negative Nachkontrolle.

Sitzungen in München

Mitte Januar 1914 traf Stanislawa Tomczyk behufs Fortsetzung der in Warschau begonnenen Versuche in München ein, um sich im März 1914 von dort nach London zu begeben. Da sie der deutschen Sprache nicht mächtig war, so hatte ein polnischer Maler, Herr von Kaiser, in entgegenkommender Weise sich für die Versuche als Dolmetscher zur Verfügung gestellt.

Das Medium wurde regelmäßig vom Verfasser in einem besonderen Zimmer, also nicht in Gegenwart der übrigen Teilnehmer in den hypnotischen Zustand versetzt (mesmerische Striche und Auflegen der Hand auf die Stirn). In wenigen Minuten trat tiefer Somnambulismus ein, der meist passiv blieb. Erst wenn sich die Ich-Persönlichkeit dieses Bewusstseinszustandes „Stanislawa II", das 12-jährige Kind, durch weinerliche Äußerungen oder durch Weinen selbst meldete, ging die Passivität in Aktivität über und man konnte das fingierte Kind in das Zimmer zu den Teilnehmern führen, woselbst zunächst der Rapport der einzelnen Personen mit der sich fürchtenden „Stascha II" hergestellt werden musste. Das Vertrauen derselben zu gewinnen war nicht immer leicht. Allerlei kindliche Spiele und Späße — eine allerdings für einen Wissenschaftler strenger Observanz ungewöhnliche Zumutung — bildeten die regelmäßige Einleitung zu dem ernsteren und interessanteren Teil der Sitzung. Während der Versuche selbst, in denen Stanislawa sich stets würdig und der Sache angemessen benahm, ließ sich das Medium wiederholt Wasser oder eine bereits brennende Zigarette durch irgendeinen Anwesenden reichen. Niemals bediente sie sich dabei ihrer auf dem Tisch ruhenden Hände; man musste ihr vielmehr Glas und Zigarette an die Lippen halten.

Die Zimmer waren nach dem Warschauer Vorbild entsprechend verdunkelt, so dass die Lichtquelle sich hinter dem Rücken des Mediums befand. Indessen reichte die rote Beleuchtung vollkommen aus für die tatsächlichen und notwendigen Feststellungen.

Sitzung am 14. Januar 1914.

Ort: Wohnung des Verfassers.

Anwesend: Oberst J. Peter, Herr v. Kaiser, Dr. Dürig, Arzt, Frl. P. (das im Werk des Verfassers „Materialisationsphänomene" erwähnte polnische Medium, eine Freundin von Frl. Tomczyk) und der Verfasser.

Vorkontrolle: Besichtigung des gesamten Oberkörpers. Während der Versuche bleiben die Ärmel bis über die Ellbogen zurückgestreift. Die Hautflächen der Arme,

Hände und Finger werden mit einer Lupe untersucht, die sämtlichen Nägel durch eine Schere ausgestreift. Peinliche Reinigung der Tischplatte.

Sitzungsdauer von 10 Uhr 32 bis 12 Uhr.

Stanislawa sitzt zwischen dem Verfasser und Herrn v. Kaiser, der später mit Dr. Dürig den Platz wechselt.

VII. Experiment mit der Zelluloidkugel[6] verläuft wie derselbe Versuch in der Warschauer Sitzung. Mesmerische Striche, Fingerannäherung auf 2—3 cm. Die Kugel rollt zuerst vom Medium weg und nimmt dann, wie gestoßen durch unsichtbare rigide Fingerverlängerungen ihren Weg auf Stanislawa zu.

VIII. Experiment mit einer leichten Schachtel aus Aluminium. Dieselbe wurde ohne Berührung gedreht, weggeschoben, aufgestellt und umgeworfen. Gewicht der Schachtel 10 g. Länge 4 cm, Breite 3 cm, Höhe 1½ cm.

IX. Experiment mit einer Briefwaage (für Gewichte bis zu 250 g). a) Die Hände stehen nicht auf der Höhe der Platte, sondern je seitlich 3—4 cm höher als das Niveau derselben; ihre Entfernung von der Plattenoberfläche beträgt 5—6 cm. Die Waage bewegt sich deutlich und zeigt einen Druck von 40—50 g an. Nach Maßgabe der Handstellung hätte dieses Resultat mit einem die Hände verbindenden Faden nicht erreicht werden können.

b) Die Hände werden mit nach unten gerichteten Fingern senkrecht über die Plattform in einer Entfernung von ca. 4 cm über derselben gehalten. Die Waage geht korrespondierend mit einer stoßenden Bewegung der Finger nach unten, einem unsichtbaren Druck weichend mit Schwankungen des Quadranten bis auf 50.

X. Experiment mit einer kleinen Doppelwaage. Durch das Gewicht von 5 hineingelegten Zelluloidkugeln wird die linke Waagschale heruntergedrückt, so dass die Höhendifferenz ca. 5 cm beträgt. Bei Annäherung der Fingerspitzen auf beiden Seiten der Schalen bis auf mehrere Zentimeter gelingt es, die leere Waagschale herunterzuziehen, bis sie mit der gefüllten linken Schale ins Gleichgewicht kommt. Auf dieselbe Weise werden bei gleichzeitiger Mitbewegung der Hände beliebige Schwankungen erzeugt. Dieser Versuch ist wegen des möglichen

---

[6]   Die benutzten Gegenstände sind in Abb. 7 reproduziert.

Einwandes des sogenannten Multiplikationsverfahrens nicht beweisend.

XI. Experiment mit einem Teelöffel aus Blech von 12 cm Länge, der, in einem Wasserglas stehend, vor dem Medium auf den Tisch gestellt wird. Mesmerische Striche, Annäherung der Fingerspitzen an den aus dem Glase herausragenden Löffelstiel bis auf 2 cm. Plötzlich wird der Löffel aus dem Glase heraus mit einem Ruck durch Aufheben der Hände etwa 25 cm hoch in die Luft erhoben, bleibt einen Augenblick in frei schwebender Stellung und fällt dann auf den Tisch zurück.

Schluss der Sitzung.

Bei den sämtlichen vorstehend geschilderten Experimenten wurde seitens der Beobachter genau darauf geachtet, dass die Finger der beiden Hände weder sich gegenseitig, noch Kopf oder Oberkörper des Mediums berührten.

Außerdem entfernte Stanislawa einige Male vor Beginn der einzelnen Versuche die Vorderarme ca. 1 m weit voneinander, um sie dann wieder in die Bereitschaftsstellung auf den Tisch zurückzulegen.

Eine Möglichkeit zu betrügerischen Manövern besteht zufolge der strengen Kontrolle und Versuchsanordnung nicht.

Die Versuchsperson sank nach dem Erfolg des letzten Experiments ohnmächtig von ihrem Stuhl, musste in ein anderes Zimmer getragen und auf eine Chaiselongue gebettet werden.

Aussetzen der Respiration, Puls 116, Opisthotonus. Stanislawa kam langsam wieder zu sich; Fortbestehen des aktiven Somnambulismus mit dem dramatisierten Kindertyp. Durch mesmerische Striche wird nunmehr zuerst der passive Somnambulismus, einem ruhigen Schlaf gleichend, herbeigeführt.

Nachdem sie eine Zeitlang ausgeruht hatte, führte der Verfasser durch Erwecken das normale Wachbewusstsein herbei. Stanislawa I, ein liebenswürdiges und bescheidenes junges Mädchen mit guten Umgangsformen, besitzt keinerlei Erinnerung an das, was sich kurz zuvor in ihrer Psyche abgespielt hat. Der Gegensatz zwischen der mehrere Stunden hindurch vollendet durchgeführten Kinderrolle und dem geistigen Status der wa-

chenden Persönlichkeit ist zu stark, um nicht bei den Beobachtern einen tiefen Eindruck zu hinterlassen.

Sitzung am 21. Januar 1914.

Raum und Bedingungen der Versuche wie in der letzten Sitzung.

Anwesend: Prof. Dr. Specht, Oberst Peter, Dr. Dürig, Herr v. Kaiser, Frl. P., Verfasser.

Vorkontrolle der Hände, Arme, des Kleides, der Tischfläche wie am 17. Januar.

Stanislawa sitzt zwischen Prof. Specht und der Verfasser. Das Medium hält die vom Schweiß feuchten Hände geschlossen auf dem Tisch und scheint sich zu konzentrieren.

9 Uhr 20. Versuch, die größere, vor Stanislawa hingelegte Zelluloidkugel in Bewegung zu setzen, gelingt nicht, ebenso wenig kann sie kleinere weiße Zelluloidkugeln ins Rollen bringen.

9 Uhr 30. Erneuter Versuch mit der großen Kugel.

9 Uhr 35. Dieselbe beginnt auf einige Zentimeter nach außen zu rollen, während Daumen und Zeigefinger beiderseits in gespreizter Stellung auf die Kugel gerichtet sind, ohne jedoch dieselbe zu berühren.

XII. 9 Uhr 40. Wiederholung des Versuchs mit der Aluminiumschachtel vom 17. Januar 1914. Dieselbe springt auf, dreht sich und legt sich auf die andere Seite (ohne Berührung unter den bei den früheren Versuchen geschilderten Bedingungen).

Zigarettenversuch. Eine vor Stanislawa hingelegte Zigarette kommt durch mesmerische Striche in Bewegung und rollt von ihrer rechten Hand aus auf die linke zu, bis sie die Fingerspitzen berührt.

XIII. Versuch mit der kleinen auf einen Untersatz gestellten Doppelwaage. In der linken Schale befinden sich 5 Zelluloidkugeln, wodurch dieselbe einen tieferen Stand bekommt als die rechte leere Schale. Die normale Entfernung der im Flächendurchmesser 7 cm großen Schalen von der Tischfläche beträgt 7½ cm. Stanislawa schiebt nun vorsichtig auf der Tischfläche je einige Finger der rechten und linken Hand (mit aufwärts gekehrter Palmarfläche) unter die beiden Waagschalen, so dass bei der tiefer stehenden Schale immer noch ein Mindestraum von 3 cm zwischen dem Boden des Gefäßes und den Fingerspitzen besteht. Die Waage beginnt wie durch unmittelbaren Druck bei ruhig stehenden Fingern zu schwanken und sich mehrmals auf und nieder zu bewegen.

Prof. Dr. Specht leuchtet mit einer roten Handlaterne unter den Tisch und findet nichts Verdächtiges.

Der Versuch mit der Doppelwaage wird jetzt in der Weise fortgesetzt, dass die Hände seitlich von rechts und links an die Schalen angenähert werden (ohne Berührung), bis dieselben auf- und niedersteigen (bei einer maximalen Höhendifferenz von 4—6 cm), korrespondierend mit den entsprechenden Bewegungen der Hände (vgl. Kritik des Versuches XX).

Nunmehr wird derselbe Versuch dahin variiert, dass beide Hände senkrecht rechts und links über den Schalen gehalten werden, so dass der Abstand der Hände von dem oberen Teil der Waage ca. 5 cm, von dem Boden der Schale dagegen ca. 23 cm beträgt. Von neuem treten entsprechend den fernwirkenden synchronen Druckbewegungen der Hände Schwankungen in der Waage ein, bis zu einer Differenz von mehreren Zentimetern (Multiplikationsverfahren in dieser Stellung ganz unwirksam). Die verschiedenen Modifikationen dieses Versuchs sind sehr lehrreich.

9 Uhr 45. Pause.

XIV. 9 Uhr 55. Versuche mit zwei weißen Zelluloidkugeln, welche vor das Medium gelegt werden. Mesmerische Striche. Annäherung der Fingerspitzen von beiden Seiten mit auf dem Tisch liegenden Händen. Stanislawa zieht nun seitlich langsam die linke

Hand nach außen zurück; die linke Kugel setzt sich in Bewegung und folgt der Hand, wie angezogen durch eine unsichtbare Kraft.

Stanislawa bringt schließlich ihre Fingerspitzen beiderseits in die Nähe der Schläfen von Prof. Specht (bis auf 5 cm Entfernung von denselben). Derselbe gibt an, an beiden Schläfen deutliche Berührungsempfindungen zu verspüren.

10 Uhr 5 M. Schluss der Sitzung.

Nachkontrolle negativ.

Sitzung am 25. Januar 1914.

Raum und Versuchsbedingungen wie in den bisherigen Sitzungen.

Anwesend: Dr. Raoul France, Direktor des Biologischen Instituts, Dr. Dürig, Oberst J. Peter, Herr v. Kaiser, Frl. P., Verfasser.

Die Vorkontrolle wurde von Dr. France in derselben Weise vorgenommen, wie in den bisherigen Sitzungen.

Die gedämpfte Rotlichtbeleuchtung ist heute heller wie in den früheren Sitzungen.

XV. Aluminiumschachtelversuch, gelingt wie am 17. Januar 1914.

XVI. Versuch mit der Doppelwaage (ohne Belastung einer Schale). Wie am 21. Januar werden die beiden Hände zuerst unter die Schalen geschoben. In dieser Lage (die linke Hand unter der linken, die rechte Hand über der rechten Waagschale) beginnen Schwankungen einzutreten. Die Waage setzt sich in Bewegung, bis zu einer Höhendifferenz der Schalen von 5 cm. Schließlich zieht sie die Hände zurück und geht mit denselben seitlich auf und nieder (wie in der letzten Sitzung geschildert), wodurch sich die Ausschläge verstärken (Fehlerquelle des Multiplikationsverfahrens).

XVII. Versuch mit Zelluloidkugeln unter einer Glasglocke. Unter eine auf den Tisch gestellte flache Glasglocke werden 11 weiße Zelluloidkugeln gelegt.

Bei Annäherung der Hände von beiden Seiten beginnen zwei in der Mitte liegende Kugeln zu oszillieren und drehende Bewegungen auszuführen.

Dr. France nimmt jetzt den Platz gegenüber dem Medium ein.

XVIII. Löffelversuch. Den zwischen ihre Hände gelegten Löffel (Schale nach unten) dreht das Medium in der Weise, dass die Schaufel nach oben kommt (keinerlei Berührung). Dann wird die letztere mehrere Zentimeter hoch vom Tisch erhoben, während der Stiel des Löffels den Tisch berührt. Eine materielle fadenartige Verbindung von Hand zu Hand wird zeitweise aufglänzend in der früher geschilderten Weise sichtbar, verschwindet aber wieder.

XIX.　　　Versuche mit dem Apparat von Alruz[7]. Das Medium hält seine Hände in einer Höhe von 5 cm über die für das Auflegen der Hände bestimmte Holzplatte. Das am Gewicht aufgehängte äußere Ende des Hebelarms geht herunter, der Zeiger meldet einen Druck von 130 g. Diejenige Stellung des Bretts hinter dem Träger, auf welcher ein Druck überhaupt erst wirksam wird, ist von der Mitte der Handscheibe 30 cm entfernt, also in vorliegendem Fall von den Händen des Mediums mindestens 32 cm. Mit anderen Worten: Die Druckwirkung erfolgte durch unsichtbare Vermittlung auf mindestens 30 cm Entfernung von oben.

Dasselbe Experiment wird wiederholt. Jetzt zeigt die Skala 250 g Druckwirkung, d. h. das Maximum der möglichen Leistung. Wahrscheinlich war der ausgeübte Druck noch stärker als 250 g.

XX.　　　Wiederholung des Kugelexperiments, wie es in der Warschauer Sitzung vom 31. Dezember 1913 geschildert wurde.

XXI.　　　Heben von kleineren Gewichten. Ein Kasten mit kleinen, für die Doppelwaage bestimmten Gewichten wird vor das Medium gestellt. Durch Annäherung ihrer Hände gelingt es, zwei Gewichte (von zusammen 15 g) nacheinander herauszuheben und auf den Tisch zu legen.

----

[7]　　Der Apparat von Alruz stellt eine Waage dar, deren einarmiger Hebel in einem Brett von 78 cm Länge und 17 cm Breite besteht. Eine Mittelschneide teilt dasselbe in zwei ungleiche Hälften, deren längerer Teil (von 40 cm Länge) durch ein Gegengewicht in labilem Gleichgewicht erhalten wird und mit einer Ziffernscheibe verbunden ist, so daß jeder Druck auf diesen längeren Teil des Arms bis zu 250 Gramm durch den Zeiger angegeben wird. Der kürzere Arm liegt fest auf, läßt sich nicht weiter herunterdrücken, wohl aber emporziehen und trägt eine bewegliche Scheibe zum Auflegen der Hände. Dieser Apparat ist ähnlichen Konstruktionen von Hare u A Crookes nachgebildet und dient zur Messung psychophysiologischer Phänomene. Beschreibungen des Apparats findet sich in den Bulletins de l'Institut psychologique 1910 S. 92 und in den Annales des sciences psych. 1910 S. 107.

XXII. Weiterhin wird ein kleines Kinderspielzeug, genannt „Stehauf", vorgelegt. Dasselbe ist durch eine innere Gewichtsverschiebung so eingerichtet, dass es sich von selbst immer wieder aufrichtet, sobald man den Kopf des „Männchens" herunterdrückt.

Der Stehauf wird bei angenäherten, ruhig stehenden Händen niedergelegt, d. h. eine Zeitlang niedergedrückt. Bei dem Versuch mit dem Löffel im Glase gelingen nur Bewegungen des Löffels, ohne dass derselbe herausgehoben wird. Medium erschöpft. Schluss der Sitzung. Nachkontrolle durch Dr. France negativ.

Sitzung am 28. Januar 1914.

Ort. Beleuchtung und sonstige Versuchsbedingungen wie in der letzten Sitzung.

Anwesend: Nervenarzt Dr. Aub, Dr. Dürig, Herr Feilding, Frl. P., Verfasser.

Vorkontrolle wie sonst, heute durch Dr. Aub ausgeführt. Stanislawa sitzt zwischen Feilding und dem Verfasser. Dr. Aub gegenüber.

XXIII.　　　Das Kugelexperiment unter den bereits geschilderten Bedingungen ausgeführt, gelingt nur teilweise, indem die große Zelluloidkugel lediglich von links nach rechts einige Zentimeter weit bewegt wird. Versuch später wieder aufgenommen. Die Kugel läuft von rechts nach links und umgekehrt von einer Hand zur anderen und vom Medium weg.

XXIV. Versuche mit der Doppelwaage. Beide Zeigefinger werden kurze Zeit in einer Höhe von 10 cm über beide Schalen gehalten. Schwankungen der Waage bis zu 2 cm Differenz lassen sich erzielen. Das in voriger Sitzung geschilderte Verfahren seitlicher Beeinflussung hat heute nur leichte oszillierende Schwankungen zur Folge.

Deutliche Ermüdungssymptome erschweren den Erfolg.

Bei Wiederaufnahme dieses Experiments legt der Verfasser die große Zelluloidkugel in die rechte Waagschale, die um mehrere Zentimeter tiefer steht. Annäherung der Fingerspitzen beider Hände von oben an die leere Schale bis auf einige Zentimeter erzeugt leichte Schwankungen. Nunmehr werden die beiden Hände unter die mit der Kugel beschwerte Schale gehalten; dann Annäherung der Finger von der Seite an diese Schale, die jetzt. Schwankungen bis zu 3 cm ausführt. Das Vorgehen bei diesem Versuch deutet offenbar darauf hin, dass durch Vereinigung der Finger zunächst eine fadenartige Verbindung hergestellt wurde, mit deren Hilfe es gelang, die Waage emporzuziehen.

XXV. Experiment mit der Aluminiumschachtel. Dieselbe hebt sich im rechten Winkel nach oben und dreht sich, sodass schließlich die untere Seite oben liegt.

XXVI. Der „Stehauf" wird ungefähr 4 Sekunden in liegender Stellung erhalten.

XXVII. Experimente mit zwei weißen Zelluloidkugeln, die zwischen ihren auf dem Tisch liegenden Händen, deren Fingerspitzen ca. 10 cm voneinander entfernt sind, platziert werden. Mesmerische Striche. Dann Zurückgehen in die geschilderte Bereitschaftslage. Nunmehr setzt sich bei völligem Ruhigbleiben der rechten Hand und rechten Kugel die linke Kugel in Bewegung und läuft auf die linke Hand zu, wie angezogen von derselben. Bei diesem Versuch drehte Stanislawa ihren Oberkörper seitwärts, so dass der Vorgang sich nicht mehr im Schatten, sondern in voller Beleuchtung abspielte. Während der Experimente wurden die Hände mehrfach auf mehr als 1 m voneinander entfernt.

Versuch mit dem Alruzschen Apparat misslingt Nachkontrolle durch Dr. Aub negativ. Nach einstündiger Dauer Schluss der Sitzung.

Sitzung vom 1. Februar 1914.

Versuchsbedingungen und Beleuchtung wie in den früheren Sitzungen.

Anwesend: Prof. Dr. G. (Physiker), Dr. Aub, Prof. von Keller, Frl. P., Verfasser.

Vorkontrolle von Prof. G. in der üblichen Weise vorgenommen. Die Nägel werden gegen das Licht gehalten, Arme und Beine durch ein Elektroskop geprüft.

Prof. G. setzt sich links, der Verfasser rechts vom Medium.

XXVIII. Versuche mit der Doppelwaage. Beide Hände werden nach Ausführung mesmerischer Stri-

che über die rechte Waagschale gehalten. Leichte Schwankungen. Darauf erfolgen zu beiden Seiten der Waage auf- und niedergehende Handbewegungen. Annäherung der Handflächen. Leichte, undeutliche Schwankungen.

XXIX. Experiment mit der Aluminiumschachtel wird in der früher beschriebenen Axt ausgeführt. Zuerst erfolgt eine Drehung des Gegenstandes nach rechts, dann nach links, die sich mehrfach wiederholte. Hebung der Schachtel auf einer Seite in der Höhe von 1 cm.

XXX. Versuch mit der größeren Zelluloidkugel, der zuerst nicht gelingt. Dann wird die Kugel nach außen geschoben und macht drehende Bewegungen.

XXXI. Bei ruhig liegenden, in zugespitzter Stellung gehaltenen Händen Niederlegen des Stehaufs, der mehrmals sich auf und niederbewegt.

XXXII. Eine flache Glasglocke mit fünf darunterliegenden Zelluloidkugeln, die vorher noch von Prof. G. kontrolliert werden, wird vor sie auf den Tisch gestellt. Bei Annäherung der Hände von rechts und links setzen sich zwei der eingeschlossenen Kugeln auf der Tischfläche in Bewegung, während die übrigen drei ruhig bleiben. Auf Wunsch wird nun eine von Prof. G. bezeichnete Kugel gerollt. Dann nochmalige Bewegung von zwei auf der entgegengesetzten Seite liegenden Kugeln.

XXXIII. Wiederholung des in voriger Sitzung angestellten Experimentes mit zwei weißen, vor das Medium auf den Tisch gelegten Zelluloidkugeln. Die links liegende Kugel wird durch Annäherung der linken Hand bei Ruhigstellung der rechten ins Rollen gebracht. Der Versuch mit dem Apparat von Alruz misslingt.

Bei der Nachkontrolle der Finger findet Prof. G. unter dem Nagel des linken Daumens einen kleinen Splitter, der zur mikroskopischen Untersuchung vom Verfasser aufgehoben wird. Nachkontrolle negativ.

Schluss der Sitzung.

Nach der am folgenden Tage angestellten mikroskopischen Untersuchung handelte es sich bei dem Splitter um ein Stückchen von der Schale einer als Vogelfutter dienenden Körnerfrucht. — Stanislawa hatte vor der Sitzung am 1. Februar Kanarienvögel gefüttert.

Sitzung am 12. Februar 1914.

Versuchsbedingungen wie in den früheren Sitzungen.

Anwesend: Prof. Dr. Specht, Dr. Frhr. von Gebsattel (Mediziner), Dr. Mittenzwey (Psychologe), Nervenarzt Dr. Aub, Herr von Kaiser Frl. P. und Verfasser.

Die Vorkontrolle wird von Dr. Mittenzwey vorgenommen.

Sitzungsdauer: von 9 Uhr 40 bis 11 Uhr.

Dr. Mittenzwey sitzt links, der Verfasser rechts vom Medium.

XXXIV.   Versuch mit der großen Zelluloidkugel und der Doppelwaage misslingen zuerst.

Als sie von neuem beginnt, auf die große Kugel in der bekannten Weise einzuwirken, hält der Verfasser ihr, sobald das Oszillieren derselben bemerkbar wird, eine Glasscheibe vor den Mund (um dem möglichen Einwand eines Blasens zu begegnen). Die Kugel setzt sich in Bewegung und rollt nach außen aus dem Bereich ihrer Hände heraus.

XXXV.   Versuch mit der Aluminiumschachtel gelingt in der früher beschriebenen Weise. Während die Hände bis auf 6 cm angenähert sind und scheinbar ruhig stehen, beginnt die Schachtel sich zu drehen und legt sich auf die Rückseite. Der Stehauf wird niedergelegt und neigt sich mehrmals nach dem Medium zu.

XXXVI.   Um das Experiment mit den fünf Kugeln unter der Glasglocke zu komplizieren, war heute eine Glasscheibe untergelegt, auf welcher eine Glasglocke von größerer Form (von 20 cm Durchmesser und 3½ cm Höhe) als die am 1. Februar verwendete gestellt war. Da die untergelegte Scheibe als Ursache für das Misslingen dieses Versuches angesehen wurde, so entfernte man dieselbe und stellte den Glasbehälter direkt auf die Tischplatte. Eine rot gefärbte Kugel macht nun bei Annäherung der Hände an das Glas deutliche Bewegungen und kommt ins Rollen, während die anderen vier weißen Kugeln in Ruhe verharren. Der Versuch wird mehrmals mit Erfolg wiederholt.

Auf Wunsch kommt dann auch Bewegung in die weißen Kugeln und schließlich werden mehrmals ein-zeln von den Beobachtern vorher bezeichnete Kugeln ins Rollen gebracht bei Ruhigstellung der anderen. Es versteht sich von selbst, dass die Glasglocke keinen Augenblick von Stanislawa während dieses Experiments berührt wurde und dass auch der Tisch absolut ruhig stand.

XXXVII.   Versuch mit der Doppelwaage. Die rechte Schale wird durch vier Zelluloidkugeln beschwert und steht um ca. 3½ cm tiefer als die linke. Sofort bei Annäherung der ruhig gehaltenen Hände von beiden Seiten erhebt sich die beschwerte Schale und bleibt auf derselben Höhe wie die linke nicht belastete stehen. Dann steigt die belastete Schale noch mehr in die Höhe.

XXXVIII.   Die Einwirkung auf den Alruzschen Apparat wird nun in der Weise kontrolliert, dass Dr. Freiherr von Gebsattel die Ziffernscheibe mit dem Zeiger beobachtet, während Dr. Mittenzwey auf den Fußboden hinkniend dafür Sorge trägt, dass die Hände des Mediums nicht den Hebelarm berühren.

Schon bei der ersten Annäherung der Hände, die von dem Brett mehr als 5 cm entfernt bleiben, findet ein Zeigerausschlag von 50° und bei der zweiten Annäherung ein solcher von 120° statt (bei einer Gradeinteilung von 250).

Nachkontrolle negativ.

Schluss der Sitzung.

Sitzung am 15. Februar 1914.

Versuchsbedingungen wie bekannt.

Anwesend: Oberst Peter, Freiherr von Gleichen-Rußwurm (Schriftsteller), Herr v. Kaiser, Frl. P. Verfasser mit Frau und Sohn.

9 Uhr 35 bis 10 Uhr. Versuche mit der Kugel und Doppelwaage gelingen nicht.

XXXIX.   10 Uhr 10. Drehung und Bewegung der Aluminiumschachtel, die auf einen Augenblick frei in die Luft erhoben wird.

XL.   Die große Zelluloidkugel rollt bei ruhig stehenden Händen und gegeneinandergestellten Fingern auf einem Zwischenraum von 15 cm von der linken zur rechten Hand und umgekehrt (ohne berührt zu werden) und läuft dann wie in der Warschauer Sitzung am 31. Dezember 1913 (Stellung III) vor den angenäherten Fingerspitzen des Mediums auf den Körper desselben zu. Es folgen die bekannten Manöver mit dem Stehauf, die wie regelmäßig auch heute gelingen.

XLI. Wie in der Sitzung vom 25. Januar 1914 werden mehrere kleinere Gewichte aus Lagern ihres Behälters lediglich durch seitliche Annäherung der gegenüberstehenden Hände herausbefördert. Bei diesem Experiment hatten Frhr. v. Gleichen und Oberst Peter Gelegenheit, das schwache Aufleuchten eines weißlichen Fadens zu bemerken, der sich von Daumen zu Daumen zog und offenbar die Ursache dieser Phänomene bildet. Schließlich gelingt es der Somnambule, mit einer gewaltigen Willensanstrengung den hölzernen Behälter mit den Gewichten frei etwa 15 cm hoch in die Luft zu heben. Derselbe ist 13 cm lang, 6 cm breit, 2 cm dick und bietet Lager für insgesamt 18 Gewichte, die zusammen 100 g umfassen. Gesamtgewicht des gefüllten Behälters 200 g. Der Kasten fiel dann auf den Tisch herunter. Das Medium aber wurde ohnmächtig und musste ins andere Zimmer gebracht werden, wo sie sich bei sachgemäßer Behandlung allmählich erholte.

Schluss der Sitzung 11 Uhr.

Nachkontrolle negativ.

Sitzung am 19. Februar 1914.

Versuchsbedingungen wie bekannt.

Anwesend: Dr. Aub, Oberst Peter, Verlagsbuchhändler Bernhardt, Herr Deinhard, Herr v. Kaiser, Frl. P. und Verfasser.

Vorkontrolle wird von Dr. Aub ausgeführt.

9 Uhr 40. Versuch mit der großen Zelluloidkugel misslingt.

Erst 9 Uhr 50 entwickelt sich ihre Kraft.

XLII. Experiment mit der Aluminiumschachtel gelingt unter den bekannten Bedingungen. Als die Schachtel anfängt, drehende Bewegungen zu machen, zieht Stanislawa die rechte Hand zurück, dieselbe in der Richtung auf ihren gegenübersitzenden Nachbarn in der Luft haltend, so dass nur mehr die Fingerspitzen der linken Hand auf die Schachtel gerichtet sind.

Die Schachtelbewegungen nehmen trotzdem ihren Fortgang. Das Objekt hebt sich auf der einen Seite vom Tisch auf und fällt wieder zurück.

XLIII. Experiment mit der Zelluloidkugel gelingt in der bekannten Weise, während ihr vom Verfasser eine Glasplatte vor den Mund gehalten wird. Schließlich nimmt die Kugel den Weg auf das Medium zu.

XLIV. Eine nach oben offene Glasschale mit 5 Zelluloidkugeln, deren Durchmesser größer ist als die Höhe des Glasrandes, wird vor sie hingestellt. Durch Annäherung der Fingerspitzen von zwei gegenüberliegenden Seiten kommen sämtliche Kugeln wie beim Billardspiel in Bewegung. Wieder wird die rechte Hand hoch in die Luft erhoben und einzelne Kugeln werden lediglich durch Annäherung der linken Hand zum Rollen gebracht.

XLV. Man legt darauf eine dieser Kugeln vor das Medium auf den Tisch. Nach Annäherung der beiden Hände (mit zugespitzter Fingerstellung) von rechts und links auf je 4 cm wird die Kugel durch Aufheben der Hände unter genauer Einhaltung der beschriebenen Stellung ca. 12 cm hoch in die Luft erhoben.

XLVI. Dann folgt ein gelungener Versuch mit einer Zigarette, die in ihrer ganzen Länge gedreht, gerollt, halb in die Luft gehoben und von der senkrechten in die waagrechte Lage gebracht wird (bei ruhig gehaltenen Händen in Bereitschaftsstellung).

XLVII. Dann wird eine 30 cm hohe Briefwaage frei etwa 10 cm hoch in die Luft erhoben. Dieselbe fällt herunter. Dieser Versuch scheint besondere Anstrengungen zu erfordern. Lebhafte Pulsbeschleunigung und Erregung.

XLVIII. Das Löffelexperiment wird wiederholt. Der Teelöffel wird umgedreht, so dass die Schale nach oben zu liegen kommt. Halbe Elevation.

IL. Während des nun folgenden Experiments mit der Doppelwaage liegt die große Zelluloidkugel in der rechten Waagschale, die infolgedessen tiefer steht, als die linke. Stanislawas linke Hand bleibt vor der Mitte der Waage ruhig auf dem Tisch liegen. Die Rechte dagegen nähert sich der beschwerten Schale und wirkt so lange auf sie ein, bis dieselbe sich hebt und eine deutliche Aufwärtsbewegung vollzieht.

Schluss der Sitzung 11 Uhr. Puls 136, Ohnmacht, Bulbi nach innen und oben gekehrt.

Nachkontrolle durch Dr. Aub negativ.

Sitzung am 22. Februar 1914.

Anwesend: Herr v. Kaiser, Frl. P., Verfasser.

Heute wird Stanislawa in das für Materialisationssitzungen bestimmte Kabinett gesetzt, um eine photographische Aufnahme vorzubereiten. Beleuchtung und Vorkontrolle wie in den früheren Sitzungen. Der Kugelversuch gelingt nur unvollkommen, Experimente mit der Schachtel und einer Tischglocke misslingen; dagegen werden leise Klopflaute im Tisch hörbar, wie von einem Fingernagel hervorgerufen.

Der Versuch wird abgebrochen. Wir begeben uns in ein anderes Zimmer, um eine neue Klasse von Phänomenen kennenzulernen.

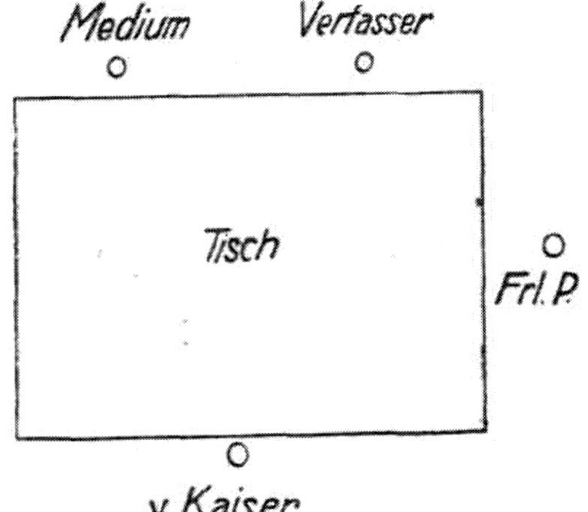

An einem Tisch, dessen Platte 1,20 m lang und 68 cm breit ist, mit Schublade und Querleiste von 15 cm Dicke (vgl. den Situationsplan) nimmt das Medium derart Platz, dass sie den Tischrand nur mit der rechten Seite berührt und dem neben ihr sitzenden Verfasser ihre Vorderseite zuwendet. Derselbe nimmt ihre Knie und Füße

zwischen die seinigen[8], hält ihre linke Hand, während die Rechte des Mediums auf den Tisch gelegt wird. Die Plätze der übrigen Teilnehmer sind aus der Zeichnung ersichtlich. Frl. Tomczyk nimmt nun bei stark abgedämpftem Rotlicht eine einfache Tischglocke (Klingel) mit der rechten Hand und hält sie von sich aus nach seitwärts über den Tischrand (der Schmalseite, an welcher niemand saß), so dass das Handgelenk den Tischrand berührte. Unter diesen Kontrollbedingungen, die ihren ganzen Körper mit Ausnahme der rechten sichtbaren Hand von jeder Mitwirkung ausschalteten, verschwindet plötzlich die über den rückwärtigen Tischrand gehaltene Tischglocke. Die rechte Hand des Mediums wird leer zurückgezogen. Ich zähle laut bis sieben (= 7 Sekunden); plötzlich hört man die Glocke unter dem Tisch auf den Fußboden herunterfallen. Starke Pulsbeschleunigung Stanislawas zeigt die mit dem Versuch verknüpften Anstrengungen. Dass in meiner eigenen Wohnung nicht irgendwelche Vorbereitungen getroffen sein konnten für Taschenspielerei irgendwelcher Art, versteht sich von selbst.

Ein Versuch, den zum Schweben gebrachten Löffel zu photographieren, misslingt, weil das Blitzlicht erst aufleuchtete, als der Löffel schon heruntergefallen war.

Einstündige Sitzungsdauer.

Nachkontrolle negativ.

Sitzung am 28. Februar 1914.

Versuchsbedingungen wie bekannt.

Anwesend: Dr. Dürig, Oberst Peter, v. Kaiser, Frl. P. und Verfasser.

Frl. Tomczyk nimmt, nachdem sie sich im hypnotischen Zustand an kindlichen Spielen ergötzt hat, im Kabinett Platz. Verfasser sitzt neben ihr.

LI.   Experiment mit der großen Zelluloidkugel. Dieselbe zeigt alsbald bei Annäherung der Hände Erschütterungen, wie wenn sie durch eine unsichtbare Kraft ergriffen würde. Mehrmaliges leichtes Aufschlagen auf die Tischplatte, ohne den Platz zu verändern. Dann läuft sie in oszillierenden Schwankungen er-

---

[8]   Die Beine des Mediums befinden sich also während des Versuches nicht unter dem Tisch.

zitternd von Hand zu Hand. Die Finger sind spitzwinklig gegeneinandergestellt in einer Entfernung von etwa 15 cm. Hände auf die Tischplatte aufgestützt. Bei scheinbar ruhig stehenden Händen ändert die Kugel mehrmals ihre Bewegungsrichtung.

LII. Versuch mit dem im Glas stehenden Löffel. Zuerst erfolgen auch bei diesem Objekt nur bei genauer Beobachtung-wahrnehmbare leichte, durch Anschlagen an das Glas hörbar werdende Bewegungen. Dann wird der Löffel halb an dem Glas erhoben, indem die Hände gleichzeitig nach aufwärts streben. Aber er fällt in das Glas zurück. Der Löffel wird auf den Tisch gelegt, mit der Schaufel in die Höhe gehoben, während der Stiel noch den Tisch berührt. Er fällt wieder zurück.

Nach mehreren Versuchen wird schließlich der Löffel, wie von einer unsichtbaren Kraft ergriffen, frei in die Luft erhoben. In diesem Augenblick entzündet der Verfasser durch elektrischen Kontakt das Blitzlicht. Schluss des photographischen Apparats. Plattenwechsel (vgl. Abb. 5 u. 6).

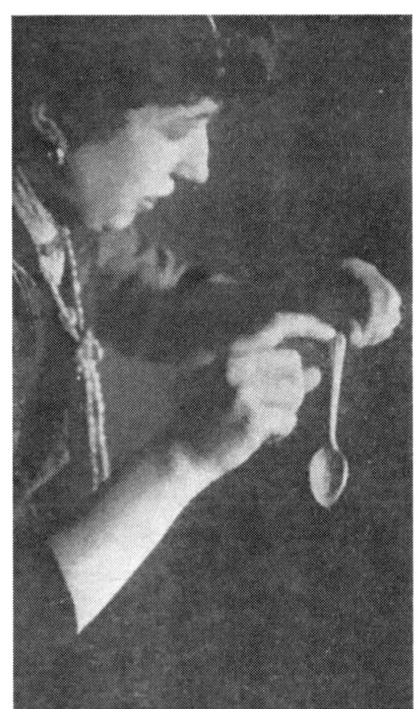

Abb. 5: Seitliche Aufnahme des Vorgangs (Aufnahme des Verfassers)

Abb. 6: Völliges Emporheben eines Löffels (Schiefe Stellung während des Schwebens).

LIII. Wiederholung des Kugelversuchs. Wiederum derselbe Vorgang. Erschütterung der Kugel, die seitlich von Hand zu Hand rollt, während Daumen und Zeigefinger beider Hände in gespreizter Bereitschaftsstellung gehalten werden. Zuerst erfolgen ganz geringe Erhebungen von der Tischplatte. Plötzlich schlägt die Kugel leicht auf die Tischplatte und wird ganz in die Luft erhoben, wobei die Hände mit in die Höhe gehen. Blitzlichtaufnahme dieser Levitation (Abb. 8 u. 9). Erschöpfung des Mediums. Ohnmacht. Transport auf eine Chaiselongue und langsame Erholung.

Nachkontrolle negativ.

Schluss der Sitzung nach einstündiger Dauer.

Sitzung am 3. März 1914.

Versuchsbedingungen wie in den früheren Sitzungen.

Anwesend: Oberst Peter, Dr. Dürig, v. Kaiser, Frl. P. und Verfasser.

LIV. Stanislawa sucht stehend die Doppelwaage durch seitliche Annäherung der Hände in Bewegung zu versetzen, was erst gelingt, als ihr vom Verfas-

Abb. 7: Übersicht über die für die telekinetischen Versuche des Verfassers benutzten Gegenstände

Abb. 8: Levitation einer Zelluloidkugel.

Abb. 9: Derselbe Vorgang von der Seite und stereoskopisch betrachtet (Aufnahme des Verfassers)

Abb. 10: Vergrößerung aus der Abb. 8, zeigt zwei fadenartige Verbindungen der Hände, welche die Kugel tragen.

Abb. 11: Seitliche Ansicht des Vorgangs (Aufn. des Verfassers)

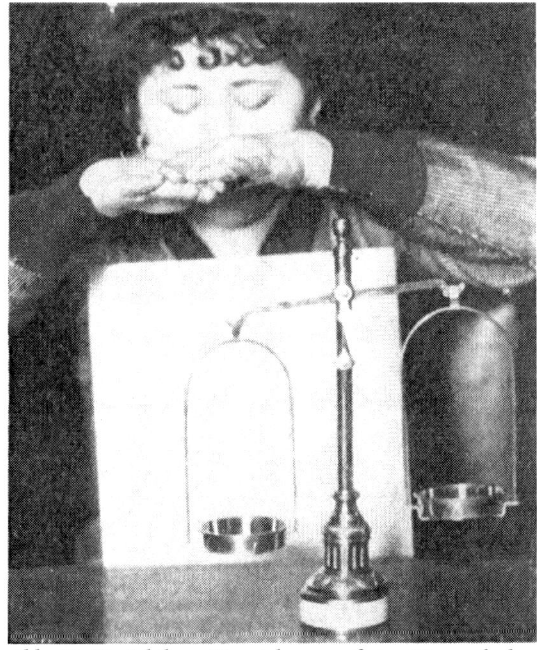

Abb. 12: Unsichtbare Einwirkung auf eine Waagschale von oben. (Aufn. des Verfassers)

Abb. 13: Seitliche Ansicht des Vorgangs (Aufn. des Verfassers).

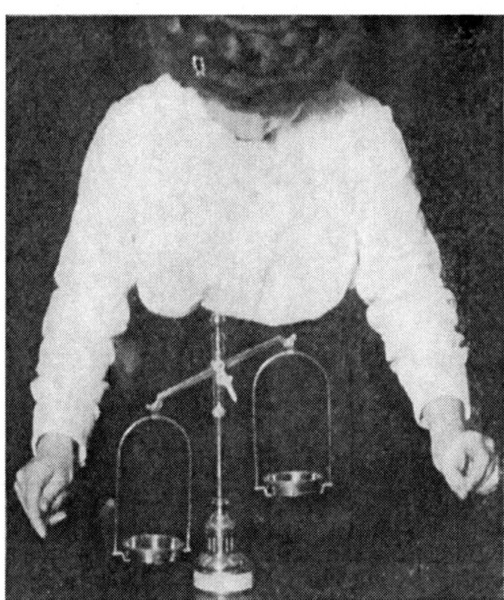

Abb. 14: Einwirkung auf die Schalen einer Doppelwaage durch seitliche Annäherung der Hände.

Abb. 15: Vergrößerung aus Abb. 14 zeigt die fadenartige Verbindung der Hände (Aufnahme des Verfassers).

ser die Hände auf den Kopf gelegt werden. Erste Aufnahme (Abb. 14).

Da die Handbewegungen imstande sind, einen Luftstrom zu erzeugen, der die Waagschalen in Schwankungen versetzen kann, so wurde Frl. Tomczyk veranlasst, die vereinigten Hände mit spitzer Fingerstellung in der Mitte über die Waage zu halten. Sobald die Waage in Bewegung kommt, zweite Blitzlichtaufnahme, die, wie die nachträgliche Besichtigung der Kopien ergibt, im unrichtigen Moment bei Gleichstellung der Waagschalen erfolgte.

Gelungene Wiederholung des Kugelexperiments.

LV.   Versuche mit der kleinen Aluminiumschachtel, die sich in Bewegung setzt, werden heute in der Weise variiert, dass Stanislawa ihre linke Hand zurückzieht. Nun folgt die Schachtel der rechten Hand, wie angezogen durch die Fingerspitzen derselben, auf einer Entfernung von ca. 6 cm. Man könnte einen unsichtbaren, zwischen Schachtel und Finger befestigten Faden zur Erklärung annehmen für die Drehungen und das Aufheben der Schachtel.

LVI.   Ein kleines weißes Stück Musselin wird ihr vorgelegt, das ebenfalls in Bewegung gesetzt und auf der einen Seite in die Höhe gehoben wird.

Schluss der Sitzung, die von 9 Uhr 40 bis 11 Uhr dauerte.

Nachkontrolle negativ.

Sitzung am 5. März 1914.

Bedingungen wie in den früheren Sitzungen.

Anwesend: Dr. Aub, v. Kaiser, Frl. P., Verfasser.

LVII.   Photographischer Versuch mit der Doppelwaage. Nach einigen einleitenden Operationen mit der Kugel wird auf Stanislawas Schoß ein bis zum Hals reichender großer weißer Kartonbogen gestellt. Die Finger der rechten Hand werden über diejenigen der linken Hand in gestreckter Stellung gelegt und die vereinigten Hände in Kopfhöhe waagerecht über die linke Waagschale gehalten, um den Einwand des Multiplikationsverfahren auszuschalten. Die Waage setzt sich ohne vorherige Schwankungen in Bewegung und die rechte Schale

wird durch die unsichtbare Einwirkung heruntergedrückt. Blitzlichtaufnahme (Abb. 12). Die etwaige Vermutung, Stanislawa hätte durch Blasen die Waagschalen in Bewegung gesetzt, erweist sich nicht als stichhaltig. Hierbei ist zunächst die Stellung der Waage zu berücksichtigen. Der oberste Knopf des Trägers, also das obere Ende der Waage steht, wie die Aufnahme zeigt, etwa in der Höhe des linken Schlüsselbeinknochens. Die Entfernung des Mundes von der rechten Waagschale beträgt 37 cm. Eine Nachprüfung zeigt, dass es ganz unmöglich ist, auch wenn man mit vollen Backen unter Anspannung aller Muskeln, also mit voller Kraft bläst, auf diese Entfernung schon beim ersten Versuch die Waagschale herunterzuziehen. Man muss den Versuch mehrmals mit aller Kraft erneuern, um überhaupt Schwankungen in der Waage zustande zu bringen. Ein derartiges Vorgehen hätte nicht unbemerkt bleiben können und erfordert, wie gesagt, die volle Anspannung aller dafür in Betracht kommenden Gesichtsmuskeln.

Leider bedeckt bei der Aufnahme von vorn die Handstellung den Mund. Aber sowohl die gleichzeitig gewonnenen Seitenaufnahmen aus dem Kabinett (Abb. 11 u. 13) wie auch die stereoskopischen Diapositive zeigen deutlich, dass der Mund halbgeschlossen in ruhiger Stellung sich befindet. Weder sind die Lippen gespitzt noch die Backen aufgeblasen. Durch ein einfaches Anhauchen bei entsprechen- der Gesichtsmuskulatur ist aber, wie die Nachprüfung ergibt, auch nicht das geringste Heruntergehen der Waage zu erzielen.

Dieser Einwand ist also hinfällig. Vielmehr muss dieses Resultat einer von den Händen ausgehenden Kraftwirkung zugeschrieben werden.

Sitzung am 7. März 1914.

Anwesend: Oberst Peter, Dr. Dürig, v. Kaiser, Fr. P. und Verfasser.

Negative Sitzung wegen Unwohlseins des Mediums.

Einige Tage später erfolgte Abreise von Frl. Tomczyk nach London.

Ergebnis der Beobachtungen.

Die von Julian Ochorowicz durch eingehende Untersuchungen bei Stanislawa Tomczyk festgestellte Tatsache, dass dieses Medium imstande ist, kleinere Gegenstände ohne körperliche Berührung in Bewegung zu setzen, konnte vom Verfasser durch seine Experimente an derselben Versuchsperson im vollen Umfang bestätigt werden.

Zu den bewegten Gegenständen, welche vom Verfasser vorgelegt wurden (Abb. 7), gehörte eine kleine Aluminiumschachtel (Versuch I, V, VIII, XII, XV, XXV, XXIX, XXXV, XXXIX, XLII, LVI), eine Zelluloidkugel von 2½ cm Durchmesser (Versuch II, VII, XX, XXIII, XXXI, XXXIV, XLI, LI), eine aufgehängte Glocke (III), ein im Glase stehender oder auf dem Tisch liegender Löffel (IV, XLVI), eine Zigarette (XLIV), ein Stück Musselin (LVI), ein Stehauf (XXII, XXVI). Annäherung der Fingerspitzen an diese Gegenstände erfolgte von beiden Seiten auf 2—3 cm. Durch die Vorkontrolle und Versuchsanordnung war die Verwendung von Näh- oder Kokonfaden, von Seide, Haar, eines feinen Drahtes u. dgl. ausgeschlossen.

Die Bewegungen kamen in der Art zustande, wie wenn der betreffende Gegenstand durch eine unsichtbare, aber doch materielle Verbindung von Hand zu Hand verschoben würde. Großenteils folgten sie der Bewegungsrichtung der Fingerspitzen, so dass die Stellung derselben im Verhältnis zum Objekt während der Bewegung dieselbe blieb. Der Einwand des Blasens ist hinfällig, weil diese Gegenstände mitunter auch die Sichtung auf den Körper des Mediums einhielten oder auch seitliche Verschiebungen zeigten.

Denselben Eindruck einer solchen unsichtbaren Verbindung beider Hände machte eine Reihe anderer Versuche, z. B. das Herunter-drücken der Briefwaagenscheibe (IX), endlich die Mehrzahl der Experimente mit der Doppelwaage (X, XIII, XIV, XXIV, XXVIII, XXXVII, LIV). Das Anziehen und Abstoßen kleiner Gegenstände mit einer Hand (beim Zurückziehen der anderen vom Tisch) wäre bei Verwendung von Haar oder Faden nicht möglich, besonders nicht das Abstoßen, wie es bei der Zelluloidkugel beobachtet wurde. Nimmt man eine materielle

Fingerprolongation an, so müsste dieselbe einen gewissen Grad von Steifheit besitzen, um Stöße ausführen zu können (vgl. Versuch XIV, XXVII, XXXIII, XLIV).

Das gilt auch von jenen Versuchen mit der Doppelwaage, bei welchen nur eine Hand auf die Waagschale einwirkte und die Stellung derselben veränderte.

Noch auffallender sind die drehenden Bewegungen kleiner Gegenstände bei scheinbar ruhig liegenden Händen (XVIII, XXXIX). Am deutlichsten und regelmäßigsten war dieser Vorgang bei der Einwirkung auf die Aluminiumschachtel zu beobachten.

Vielleicht haben diese zur Erklärung angenommenen rigiden Prolongationen eine gliedartige psychisch geleitete Beweglichkeit, so dass sie ähnlich dem Muskelspiel durch Willensimpulse beeinflusst werden können. Möglicherweise aber ist diese Erscheinung das Produkt kleiner Verschiebungen, welche nacheinander durch die unmittelbare fadenartige Verbindung der Finger hervorgerufen werden.

Die absolut einwandfrei konstatierten zahlreichen Levitationen von verschiedenen Gegenständen (Zelluloidkugel, Löffel, Briefwaage, Gewichte, Behälter der Letzteren usw.) sind überhaupt nur begreiflich durch Annahme eines Komplexes (oder Netzes) von unsichtbaren Fäden, da z. B. die stereoskopisch aufgenommene, in Abb. 6 reproduzierte Schiefstellung eines schwebenden Löffels gar nicht anders zu verstehen wäre (Levitationsversuche VI, XI, XXI, XLII, XLVII, LII, LIII).

Außerdem ist man genötigt, ein Haften der Prolongationsspitzen an den Gegenständen anzunehmen. Stärke der hypothetisch vorausgesetzten Fäden und Adhäsionskraft derselben dürfen immerhin als erheblich eingeschätzt werden, wenn man das Gewicht der Gegenstände (Briefwaage von Metall, ein 200 g schwerer Gewichtsbehälter mit Inhalt usw.) in Rechnung zieht.

Das Bewegen einer bestimmten Zelluloidkugel von 5 verschiedenen unter einer Glasglocke, lässt sich, rein mechanisch betrachtet, nur durch Eindringen eines rigiden Fadens, dessen Richtung nicht immer geradlinig zu sein braucht, in das Innere der Glocke, und zwar an der Berührungsstelle zwischen Tisch und Glasrand verstehen. Jedenfalls ist der Abschluss an dieser Stelle kein so vollkommener, dass z. B. ein ganz feiner Draht sich nicht durchschieben ließe. Allerdings setzt die Tätigkeit des Fadens im Innern der Glasglocke, das Auffinden der ausgewählten Kugel ohne Berührung der anderen, wiederum eine Art selbständiger Bewegungsfreiheit unter psychischer Leitung voraus, wie sie z. B. auch bei den schnurartigen Materialisationsprodukten der Medien vom Verfasser beobachtet werden konnten.

Für die Lösung des Problems spricht auch der Umstand, dass ein dichter Verschluss z. B., beim Unterlegen einer Glasscheibe, das Experiment unmöglich macht.

Viel leichter ist es für die mediale Kraft, von mehreren Kugeln in einer nach oben offenen Glasschale eine bestimmte in Bewegung zu bringen. Die rigide Fingereffloreszenz berührt, obwohl für das Auge nicht erkennbar, von oben das gewünschte Objekt. Ja es hat den Anschein, als ob sich die von Ochorowicz sogenannten „starren Strahlen" beider Hände, wenn diese, nebeneinanderstehend, spitz auf dasselbe Objekt zielen, im Winkel zusammentreffend, zu einer Gesamtwirkung vereinigen könnten, um dadurch Stärke zu gewinnen. Dasselbe ist der Fall beim Zusammenschließen der Hände mit der Zielrichtung auf einen Gegenstand, wie es z. B. bei der Einwirkung auf eine der beiden Waagschalen von oben, sowie auf das lange Hebelbrett des Alruzschen Apparates beobachtet wurde.

Die Zug- und Druckkräfte dieser organischen Kraftlinien, ausgehend von dem medialen Organismus, dirigiert von der Psyche des Mediums würden also für die in unseren Versuchen geschilderten mechanischen Wirkungen (motio in distans) ein Erklärungsprinzip bedeuten und eine brauchbare Arbeitshypothese für die wissenschaftliche Untersuchung abgeben können. Die auf den ersten Blick wunderbaren Phänomene, wie z. B. das Schweben einer Kugel oder eines Löffels, erscheinen relativ einfach, sobald sie unter dem Gesichtspunkt vom Medium produzierter fadenartiger Kraftlinien betrachtet werden; damit würden sich wenigstens die sämtlichen vom Verfasser bei Frl. Tomezyk beobachteten ungewöhnlichen Leistungen erklären lassen, auch selbst das Experiment L mit der Tischglocke, die durch eine vom Medium gebildete gliedartige Prolongation aus der Hand der

Versuchsperson genommen und nach einigen Sekunden unter den Tisch geworfen sein könnte.

Es fragt sich also: Existieren solche organische Kraftlinien oder vom Medium zum Zwecke der Fernwirkung gebildete meist nicht sichtbare Pseudopodien, also das, was Ochorowicz unter „starren Strahlen" verstanden wissen wollte?

Bietet die Versuchsreihe des Verfassers Anhaltspunkte, welche diese Auffassung zu stützen imstande sind? Diese Frage kann, soweit man aus dem verhältnismäßig geringen Versuchsmaterial Schlüsse zu ziehen berechtigt ist, mit Ja beantwortet werden.

Zunächst deutet schon, wenn man die photographischen Aufnahmen des Verfassers betrachtet, die geschlossene oder halboffene Handstellung auf eine solche Verbindung.

Bei der aufgehobenen Kugel befinden sich die Hände in halb flektierter Haltung, die Spitzen der Finger sind aneinander und übereinander gedrückt (Abb. 8). Die linke Hand nimmt genau die Stellung ein, als ob sie einen Faden festhielte. Bei der Levitation des Löffels ist dasselbe der Fall; nur der Zeigefinger der rechten Hand wird gehoben, wie wenn von ihm aus eine Verbindung zum Daumen und Zeigefinger der Linken hergestellt wäre; diese Verbindung könnte dazu bestimmt sein, den Löffelstiel zu fixieren; aber die der Schwerkraft widerstrebende Schiefstellung des Löffels könnte auch nur durch die Annahme aufgeklärt werden, dass weitere organische Verbindungsfäden von den drei letzten Fingern beider Hände gehalten würden, die an Schale und Hals des Löffels festsitzend, diesen auf die Seite zögen.

Im Gegensatz zu meinen photographischen Aufnahmen zeigen die sämtlichen mir zugänglichen Diapositive des Prof. Ochorowicz, soweit sie Levitationsversuche betreffen, gespreizte offene gestreckte Fingerstellung (Abb. 1—4).

Unvereinbar mit der für die beiden erörterten Beobachtungen herangezogenen Theorie von den unsichtbaren organischen Fäden ist jenes photographierte Experiment mit der Doppelwaage (LVII), in welchem die Hände in gestreckter Stellung ca. 37 cm über die Doppelwaage, und zwar aufeinanderliegend gehalten, die rechte Schale herunterdrücken. Hier ist die Annahme einer rigiden, senkrecht von den Händen zur Schale niedersteigenden Kraftlinie (eines „starren Strahles" nach Ochorowicz) notwendig, welche die Waagschale herunterdrückt (Abb. 12), ganz analog jenen Phänomenen, bei welchen Gegenstände durch Annäherung einer oder beider schräg parallel stehender Hände verschoben werden. Nur in einem Punkt besteht ein Unterschied. Die Entwicklung der unsichtbaren Prolongationen ist eine andere, da man eben den Eindruck bekommt, dass dieselbe von den Handtellern ausgeht, anstatt von den Fingerspitzen.

Wohl das interessanteste Bild bietet Experiment LIV, Handstellung Stanislawas geschlossen, wie einen Faden haltend (Abb. 14).

Die rechte Schale ist erheblich in die Höhe gezogen. Das stereoskopische Diapositiv sowie die Platte (18 x 24) zeigen deutlich eine schwach sichtbare gerade Linie, die links vom zusammengedrückten Daumen und Zeigefinger ausgeht und rechts einmündet an der Berührungsstelle des flektierten dritten Fingers mit der Daumenwurzel (Abb. 15).

Es steht also über jeden Zweifel fest, dass ein von beiden Händen gehaltener Faden die Waagschale in die Höhe zieht. Für den oberflächlich urteilenden sogenannten gesunden Menschenverstand wäre das Medium überführt, mit Hilfe eines Fadens Phänomene vorgetäuscht zu haben.

Allerdings macht auch in diesem Fall die streng ausgeübte Vor-und Nachkontrolle die Verwendung solcher Hilfsmittel unmöglich. Der Verfasser ließ eine Vergrößerung dieser fadenartigen Verbindung herstellen mit einem Querdurchschnitt von fast 5 mm (Abb. 17 A u. B). Die sich nun offenbarenden Einzelheiten entsprechen überraschenderweise ganz genau den Darstellungen desselben Phänomens durch Ochorowicz und treten ganz besonders deutlich in der Nähe der linken Hand heraus. Wir sehen hier nicht, wie man erwarten könnte, einen einzigen Faden mit der technischen Struktur des Webstuhls, vielmehr zwei parallel laufende, relativ dicke teigige Linien mit unscharfen, unregelmäßigen, verschwimmenden Bändern, die mehrfach unterbrochen, aber teilweise durch Zusammenfließen miteinander verbunden sind. Ihre Konsistenz ist ganz inkonstant; an einigen Stellen verschwindet sie fast vollkommen, um an anderen nebelartig hervorzutreten. An einigen Punkten sind kugelartige, weißliche Verdickungen eingelagert. Allerdings konnte nicht konstatiert werden, dass der eine der beiden Strahlen dicker sei als der andere. Beim Vergleich der Resultate ist jedoch in Rechnung zu ziehen, dass die Aufnahmen von Ochorowicz viel schärfer und deutlicher waren (Abb. 18 A u. B), weil dieser Forscher nur zum Zweck der photographischen Fixierung diese Experimente anstellte, während der Verfasser bei einem Levitationsversuch als zufälliges Nebenprodukt die Verbindungslinien auffand und wegen der unmittelbar darauf erfolgenden Abreise des Mediums keine Gelegenheit mehr hatte, diese Frage besonders nachzuprüfen.

Trotzdem aber ist das zustande gekommene Bild ausreichend, um prinzipiell die Richtigkeit der Ochorowiczschen Beobachtungen hierüber zuzugeben — und andererseits um den etwaigen Einwurf des Betruges zu widerlegen.

Um den Ansatz der Fäden an der rechten Hand zu studieren, wurden nach vorausgegangener Projektion (100- bis 200 fache Vergrößerung) und mikroskopischer Untersuchung des Negativs (am besten zu sehen mit Objektiv II Okular III enger Blende, schwacher Beleuchtung bei abgedrehtem Planspiegel und 45-facher Vergrößerung im Mikroskop E. Leitz) mehrere ca. 150-fach vergrößerte photographische Abzüge hergestellt, auf welchen zur größten Überraschung des Verfassers nicht nur der Ansatz des beschriebenen Fadens deutlich hervortrat, sondern auch die Tatsache, dass mehrere (mindestens zwei) derartige Effloreszenzen von derselben Hand in der Richtung auf die Waage zu ausgingen (Abb. 16).

Der Hauptfaden läuft vom äußeren Nagel des eingebogenen Mittelfingers der rechten Hand aus und nimmt seine Richtung schnurgerade zum Daumen der linken Hand, wo er hinter dem Nagelansatz desselben auf seiner äußeren Seite verschwindet, d. h. unsichtbar wird.

Die Faser macht einen gespannten Eindruck und berührt den unteren Teil der linken Waagschale, dieselbe hochhebend. Der nebelartig aussehende Ansatz des organischen Fadens auf der äußeren Nagelfläche des Mittelfingers der rechten Hand in der Gegend der Wurzel des Nagels erfolgt mit breiter, fast das ganze sichtbare Profil

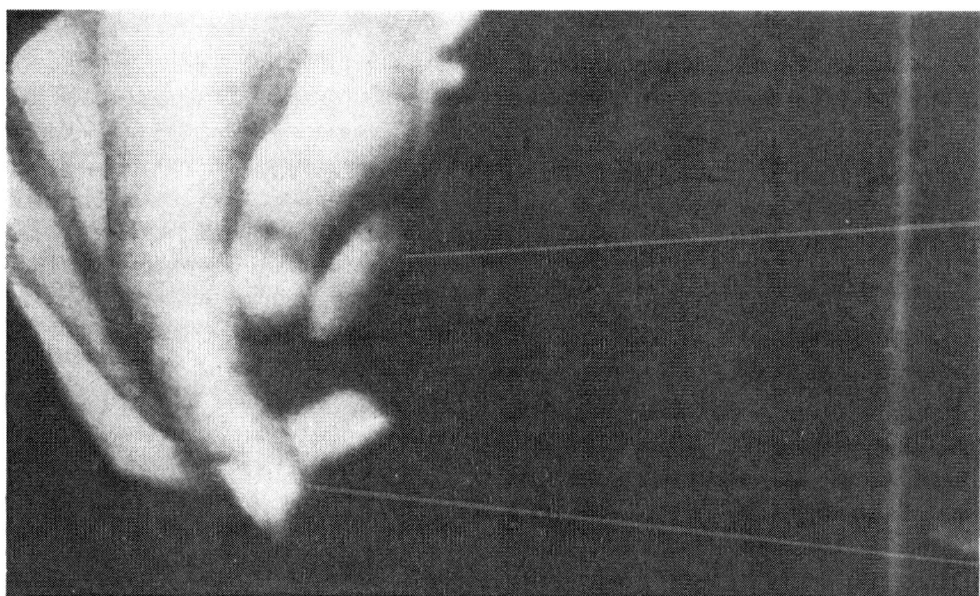

Abb. 16: Vergrößerung der rechten Hand (aus Abb. 14) lässt zwei fadenartige, von den Fingern ausgehende Effloreszenzen erkennen, von denen die obere die linke Waagschale emporhebt, während die untere mit der rechten Waagschale verbunden ist.

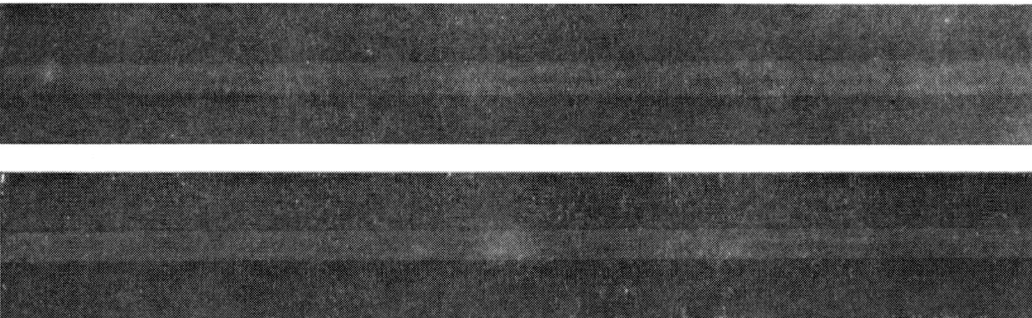

Abb. 17: A und B (links). Vergrößerung der fadenartigen die Hände verbindenden Kraftlinie (aus Abb. 15).

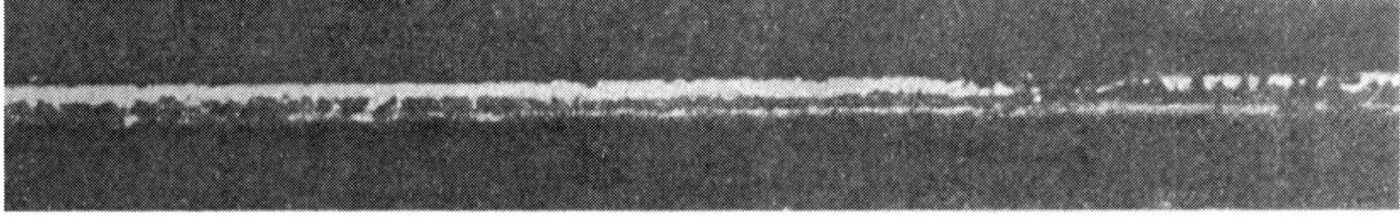

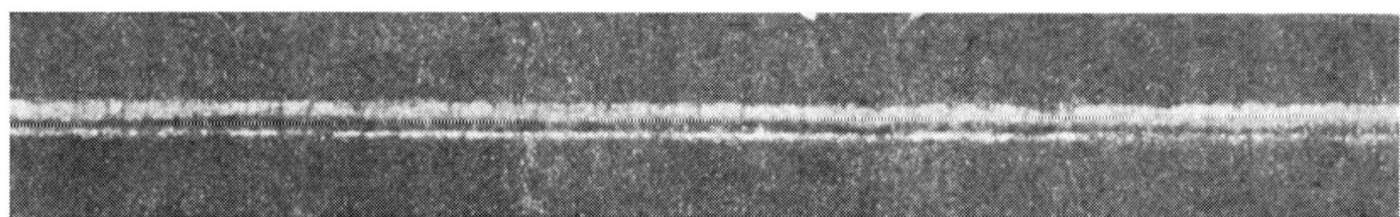

Abb. 18: A und B. Radiographische Darstellung der „starren Strahlen" (Versuch und Aufnahme von Prof. Ochorowicz).

der Nagelfläche einnehmender Basis, und scheint aus mehreren fluidalen Fäden zu bestehen (mindestens 3), die sich in einem spitzen Winkel zu dem verhältnismäßig dicken Faden vereinigen.

Ein zweiter deutlicher Fadenansatz nimmt seinen Ursprung von der Weichteilspitze des rechten Zeigefingers an dem äußeren stumpfen Winkel der Berührungsstelle desselben, mit dem ihn überkreuzenden kleinen Finger. Unmittelbar darunter erblickt man deutlich den verschwommenen Ansatz eines zweitens Fadens, der sich in der Richtung auf die tiefstehende rechte Waagschale weiter verfolgen lässt, ebenso wie das obere Fadenstück. Die beiden Ausläufer verschwinden dann optisch bis zur Hälfte der Wegstrecke auf die Waagschale zu, um dann wiederum als ein deutlicher langgezogener, wenn auch verschwommen aussehender heller Streifen zum oberen Rand des rechten Metalleinsatzes weiterzuziehen[9]. Die Adhäsion an den Rand desselben ist nicht deutlich zu erkennen.

Der hier geschilderte Tatbestand steht über jeden Zweifel fest und tritt trotz der durch die erhebliche Vergrößerung sowie durch das Korn der Platte etwas verwischten Zeichnung doch deutlich genug hervor. Weniger sicher dagegen ist die mit guten Augen allerdings nur als leicht nebelartig wahrnehmbare Ausstrahlung aus dem unteren Teil der Nagelspitze des rechten Zeigefingers, welche übrigens alsbald wieder verschwindet. Das vergröbernde Korn der Negativplatte verhindert die einwandfreie optische Deutlichkeit dieses äußerst delikaten Emanationsprozesses und kann leicht zu Täuschungen Veranlassung bieten.

Offenbar sind die beiden rigiden Effloreszenzen im entgegengesetzten Sinn tätig. Während die fadenartige Prolongation des Mittelfingers die linke Waagschale in die Höhe hebt, ist die fluidale Verlängerung des rechten Zeigefingers bestrebt, die rechte Waagschale herunterzudrücken bzw. in ihrer gesenkten Stellung festzuhalten. Sie wirken also antagonistisch, wie die verschiedenen Muskelgruppen der Finger, je nach Innervation und Zweck. Da ein Hinausgehen des unteren fluidalen Fa-

dens über die rechte Waagschale nicht wahrnehmbar ist und auch für die zu lösende Aufgabe zwecklos wäre, so setzt die Funktion des Herunterdrückens bzw. Fixierens der Waagschale eine drahtartige Rigidität in dem Verlauf dieses sichtbaren Fadens voraus; denn eine lockere Kommunikationslinie hätte hier gar keinen Sinn. Dieser Umstand spricht auch an sich schon gegen die von etwaigen Gegnern vermutete Verwendung eines technisch hergestellten Textilproduktes. Außerdem sind zum Vergleich unter denselben photographischen Versuchsbedingungen aufgenommene Proben von einem weißen Zwirn-, einem weißen Seiden-und Kokonfaden, sowie von einem Haar auf den Negativen mikroskopisch untersucht worden (Abb. 19). Ein Vergleich dieser auf den Vergrößerungen aufdringlich hervortretenden, nirgends in ihrem Verlauf unterbrochenen Produkte mit der optisch kaum wahrnehmbaren fluidalen Faser zeigt auf den ersten Blick, dass solche Hilfsmittel nicht verwendet sein können, ganz abgesehen von den sonstigen Gegengründen (in der Versuchsanordnung usw.).

Die Entdeckung der Faseransätze an den Fingern, welche sich in den Aufnahmen von Ochorowicz nicht vorfinden, ist ein weiteres wichtiges Beweismoment für die Hypothese, dass die Aufhebung kleiner unberührter Objekte nicht durch einen einzigen Faden, sondern durch mehrere derselben, nötigenfalls durch ein ganzes System oder Netz von emanierten Fäden zustande kommt. Die Auffassung des Professors Ochorowicz, dass der genetische Prozess in der Regel sich von der linken Hand des Mediums aus entwickle, ist jedenfalls nicht allgemeingültig. In unserem Fall nahm die Entwicklung von der rechten Hand Stanislawas ihren Ursprung und es scheint, dass dieser Prozess je nach der Art der zu lösenden Aufgabe und nach Maßgabe der augenblicklichen körperlichen Disposition bald von der rechten, bald von der linken Hand seinen Ausgang nimmt.

Nachdem der Mechanismus des Waageversuchs in der vorstehend beschriebenen Weise aufgeklärt worden war, wurde aufgrund dieser Erfahrung eine weitere mikroskopische Untersuchung der übrigen mit Stanislawa T. erzielten Negativabdrücke vorgenommen.

Da zeigte sich nun bei dem Kugelversuch von neuem, dass, wenigstens für dieses Experiment die Ochoro-

---

[9] Um überhaupt in der Reproduktion sichtbar zu sein, wurde der untere Faden auf dem Autotypienegativ verstärkt und mit Ausfüllung der Lücke durchgeführt.

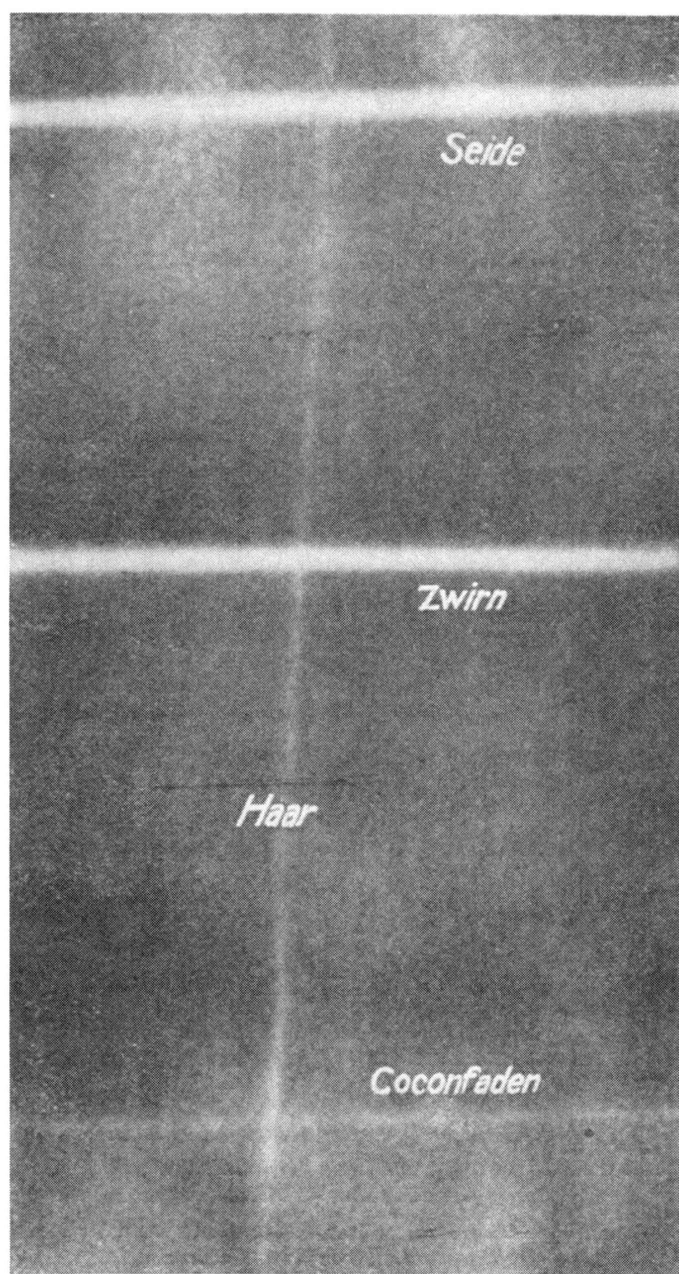

Abb. 19: Kontrollaufnahmen von einem feinen Seidenfaden, von Zwirn, weißem Frauenhaar und von einem Coconfaden durch den Verfasser.

(Abb. 10) ergibt das folgende merkwürdige Resultat: Aus der linken in geschlossener Stellung befindlichen Hand entspringen zwei Fäden. Die obere, weniger deutlich sichtbare Faser, geht von dem nach innen gerichteten Daumennagel der linken Hand aus und verschwindet in der Sichtung auf den Zeigefinger der rechten Hand hinter der Kugel, wahrscheinlich vereinigt sie sich im spitzen Winkel auf der entgegengesetzten Kugelseite mit dem zweiten von den Weichteilen der linken Daumenspitze ausgehenden und in gerader Richtung auf den Nagel des rechten Zeigefingers zulaufenden und dort verschwindenden Faden. Der letztere ist in seinem ganzen Verlauf zum Teil noch auf den dunklen Teilen der äußeren Kugelfläche sichtbar, verschwindet aber für das Auge auf dem weißen Segment der Kugelfläche, um dann wiederum als helle sichtbare Linie das schwarzweiß gestreifte Muster der Jacke des Mediums zu überqueren. Diese Anordnung gespannter Fäden bildet offenbar ein allerdings ziemlich spitzes nach unten offenes Dreieck, in welchem die Kugel eingelagert erscheint. Dafür spricht auch der Umstand, dass ein Teil der Kugelwölbung nach unten über die Fadenstellung hinaus sichtbar wird. Der allgemeine Eindruck bestätigt offenbar diese Art der mechanischen Lösung des Kugelexperiments.

Allerdings sind unsere heutigen Messmethoden nicht fein und die chemische Beeinflussung der Negative durch derartige äußerst subtile Vorgänge nicht stark genug, um diesen Prozess noch weiter zu verfolgen und aufzuklären. Immerhin wäre auch eine Adhäsion wenigstens des oberen hinten verlaufenden Fadens an der Kugel nicht ausgeschlossen. Die Fäden selbst müssen trotz ihrer optischen Unwahrnehmbarkeit immerhin einen bestimmten Grad von Widerstands- und Spannungsfähigkeit besitzen, um das Gewicht der wenn auch ziemlich leichten Zelluloidkugel zu tragen. Damit ist wohl das

wiczsche Hypothese einer Adhäsion der Fadenenden an der glatten Oberfläche der Zelluloidkugel nicht zutrifft. Die stark vergrößerte Photographie des Kugelversuchs Zustandekommen zweier vom Verfasser angestellter Levitationsversuche bei Stanislawa T. im Prinzip aufgeklärt.

Derselbe Mechanismus muss logischerweise auch auf das Löffelexperiment und die Beeinflussung der Waagschale von oben, wie für alle derartigen Versuche Anwendung finden. Die mikroskopische Untersuchung (bis zur 320fachen Vergrößerung) sowie das stark vergrößert projizierte Lichtbild der zu diesen beiden Versuchen gehörigen Negative liefern in der Hauptsache ein negatives Resultat. Das stark vergrößerte Bild des schräg schwebenden Löffels gibt allerdings die schwache Andeutung einer vom ersten Glied des rechten Zeigefingers ausgehenden schräg abwärts auf den Knoten der Halskette Stanislawas zu gerichteten helleren Linie, die wieder deutlich das gestreifte Muster des Oberkleides durchschneidet. Dieselbe steht allerdings höher als der obere Rand des Löffelstiels, auf dem sich in Form eines helleren Flecks (auf dem Negativ) eine kleine nebelige Wolke auflagert. Ob es sich hier um einen Lichtreflex oder um diffuse an dem Stiel fixierte Substanz im Stadium der beginnenden optischen Wahrnehmbarkeit handelt, lässt sich schwer entscheiden. Zum Verständnis der Schiefstellung des schwebenden Löffels muss angenommen werden, dass derselbe durch eine Reihe unsichtbarer, von den Händen emanierter organischer Substanzfäden gehalten wird.

Völlig negativ blieb die mikroskopische Untersuchung der Negative für das Experiment der von oben beeinflussten Waagschale. Zur Erklärung wird man, wie bereits oben bemerkt wurde, eine versteifte (drahtartige) Verbindungslinie von der rechten unten liegenden Hand mit dem rechten Teil des Waagebalkens oder mit dem oberen Bügel der Waagschale annehmen müssen, durch welche der rechte Teil der Waage nach unten gepresst wird. Seinem Wesen nach ist dieser Versuch nicht anders zu verstehen, wie z. B. die Bewegung der Kugel auf dem Tisch durch Annäherung einer Hand. In beiden Fällen müsste die Kommunikation zwischen Fingerspitzen und Objekt starr und widerstandsfähig sein zur Hervorbringung eines solchen Resultats. Auch aus den letzten beiden Versuchen mit ihrem negativen mikroskopischen Befund geht ganz klar die Unmöglichkeit hervor, dass bei dieser Versuchsklasse etwa mit bekannten Fadenstrukturen oder Haaren betrügerisch operiert worden sei.

Die Münchener Versuche bestätigen also die Hypothese, dass Bewegungen und Aufhebungen kleiner Ge-

genstände und auch sonstige Erscheinungen der motio in distans sich auf das Vorhandensein fluidischer Fäden zurückführen lassen, die vom Medium ideoplastisch produziert während ihres Stadiums der Unsichtbarkeit sich infolge einer besonderen Adhäsionsfähigkeit entweder an die Gegenstände fixieren, oder dieselben netzartig umspannen und einlagern, um mit Hilfe dieser materiellen Hilfsmittel die gewünschten Ortsveränderungen mechanisch hervorzubringen.

In Wirklichkeit haben diese Emanationen nicht die Eigenschaften von Strahlen; anstatt der von Ochorowicz vorgeschlagenen Bezeichnung „starre Strahlen" ist, wie bereits früher erwähnt, besser der Ausdruck „rigide Effloreszenzen" zu wählen. Diese fluidalen Fäden sind offenbar elastisch, wirken nicht ausschließlich geradlinig, sondern passen sich den jeweiligen Situationen an. Um geradlinige Druckwirkungen hervorzurufen, wie z. B. beim Bewegen des Hebelarms am Apparat von Alruz muss ein erheblicher Grad von Erstarrung und Verhärtung vorausgesetzt werden.

Diese Emanationen oder Effluvien sind also in ihrer Konsistenz, in ihrer Eigenbeweglichkeit anpassungsfähig nach Maßgabe der weiteren zu lösenden Aufgaben. Sie stehen immer unter psychischem Einfluss, verschwinden, sobald die Aufmerksamkeit des Mediums abgelenkt wird. Zu ihrer Entwicklung ist eine bestimmte psychische Einstellung im somnambulen Zustand notwendig; dieselbe wird begleitet von subjektiven Empfindungen des Prickeln in den Fingerspitzen.

Die beschriebenen Effluvien sind nun offenbar nicht nur an die Fingerspitzen gebunden; sie können geradeso von den Handflächen und auch von anderen Teilen des Organismus ausgehen (z. B. nach rückwärts wirken). Die Weiterführung und Bestätigung der Ochorowiczschen Untersuchungen, die über jeden Zweifel festgestellte Tatsache, dass wir es in diesen faserartigen Effloreszenzen aus dem menschlichen Organismus mit außerordentlich feinen Vorgängen biologischer Natur an der Grenze der durch optische Instrumente erweiterten menschlichen Wahrnehmungsfähigkeit zu tun haben, eröffnet der zukünftigen Forschung neue Perspektiven. Die gewonnenen Resultate zeigen aber gleichzeitig die zu wählende Richtung und Methode der Forschung, um die heute noch vorhandenen Rätsel der organischen Komposition der morphologischen Struktur, sowie der biophysiologischen Funktion dieser Gebilde zu entschleiern.

Die Tatsächlichkeit dieses fluidalen Phänomens kann nach den eingehenden Beobachtungen des Prof. Ochorowicz und des Verfassers wohl nicht mehr bezweifelt werden, besonders weil eine Reihe analoger Feststellungen bei anderen Medien, z. B. Eusapia Paladino", vorliegen. Ochorowicz wurde überhaupt erst durch diese Versuchsperson 1893 auf die Existenz eines fluidalen Fadens hingewiesen und stellte mit ihr eine ganze Reihe diesbezüglicher Versuche an, aus denen einwandfrei hervorging, dass es sich nicht, wie man glaubt, bei der Neapolitanerin um ein betrügerisch verwendetes Haar, sondern um eine fluidale Faser handelte. Auch M. E. Bozzano stellte wohl zwanzigmal in seinen Genfer Sitzungen 1903 diese Erscheinung bei Eusapia fest, die besonders nach gelungenen Sitzungen auf schwarzem Hintergrunde im Schatten bei normaler Abendbeleuchtung auftraten. Wenn das Medium unter diesen Umständen die leicht geöffneten Finger auf 10 cm gegeneinander annäherte, so erblickte man nach kurzer Zeit vier sehr dünne fluidische Fasern von weißlicher Farbe, welche die einzelnen Fingerspitzen beider Hände verbanden. Auch Maxwell[10] und die Gelehrten der französischen Kommission, welche 1905 ihre Untersuchungen an Eusapia im Institut General psychologique (Paris) anstellten, wissen von solchen weißlichen Fäden an den Händen Eusapias zu berichten, die auch den Eindruck eines leuchtenden Strahls machen konnten. Ebenso hat der Verfasser selbst bei seinen Sitzungen mit dem italienischen Medium wiederholt derartige Fäden beobachtet[11].

Als der Warschauer Forscher seine Experimente mit Stanislawa Tomczyk begann, beschäftigte er sich, angeregt durch seine früheren Resultate mit E. P. begreiflicherweise besonders eingehend mit diesem Problem. Bei der ungemein gesteigerten Impressionalität solcher hystero-somnambuler Versuchspersonen muss jedenfalls mit der Möglichkeit gerechnet werden, dass der unbewusste suggestive Einfluss des für eine bestimmte Theorie eingenommenen Experimentators auf das Medium Stanislawa T. und ihre Phänomene mitbestimmend gewirkt hat. Denn das Wesen dieser ganzen Vorgänge besteht in einer Realisierung von Wunschvorstellungen und Willensimpulsen, in einer ideoplastischen Realisierung derselben durch die automatische Auslösung heute noch unbekannter, aber für das Medium eigentümlicher biopsychischer Kräfte. Mit Recht darf deswegen die Frage aufgeworfen werden, ob es sich bei den Einwirkungen auf leblose Gegenstände durch nachweisbare materielle fluidale Emanationen wirklich nur, wie Ochorowicz annimmt, um eine spezielle Gattung von Strahlungen (starre oder Xx-Strahlen) handelt, oder ob dieses ganze Phänomen nur einen durch einseitige autosuggestive Vorstellungsrichtung geschaffenen Spezialfall des Materialisationsprozesses darstellt, und zwar in einem Vorstadium desselben, solange die Emanationen optisch nicht wahrnehmbar sind.

Denn auch auf der elementaren Stufe der teleplastischen Evolution sind Spinngewebe, netzartige häutige Schleier beobachtet worden, ebenso mit Regelmäßigkeit stärkere parallele Fäden, Streifen und Schnüre, die durch kleine Querfasern verbunden sind und ein ziemlich unregelmäßiges Aussehen zeigen (vgl. das Werk des Verfassers „Materialisationsphänomene" S. 499). Der faserige Aufbau der teleplastischen Erzeugnisse zeigt eine

---

[10]   Maxwell, Neuland der Seele. Stuttgart. S. 100.

[11]   Vor Beginn einer Sitzung am 5. April 1894 (in Rom) beim Maler Prof. Simieradsky stellte Prof. Danilewski (Petersburg) eine kleine Wachsstreichholzdose vor das am Tisch sitzende Medium auf. Eusapia näherte ihre Hand von beiden Seiten ca. 2 cm an und wirft mit einer synchronen Fingerbewegung diesen Gegenstand um, ohne ihn berührt zu haben. Der Verfasser, der die Versuchsperson vor und während des Phänomens genau beobachtet hatte, ergriff sofort zur Nachkontrolle ihre Hände, ohne das vermutete Haar zu finden.

Am 10. April 1894 stellte der Verfasser während der Sitzung im Hause des Prof. Simieradsky eine eingeknickte Visitenkarte vor das Medium auf die unbedeckte Holzplatte des Tisches auf. Die Hände Eusapias waren vorher auf Vorhandensein von Haar und Faden untersucht worden. Um ein Blasen zu vermeiden, hielt sie mit den Zähnen ein Taschentuch. Durch Annäherung der linken Hand auf ca. 5 cm :wurde die Visitenkarte um ca. 1—2 cm von ihrem Platz verschoben Beobachtung des Mediums durch Prof. Ch. Richet,

zu auffallende Übereinstimmung mit der faserigen Struktur der für die Telekinese in Betracht kommenden fadenartigen Effloreszenzen oder Pseudopodien, als dasss hier nicht ein einheitliches biologisches Prinzip für das Hervorbringen derartiger Gebilde — die ja auch in beiden Fällen denselben psycho-physischen Gesetzmäßigkeiten in Bezug auf ihre Motilität und Reaktionsweise zu folgen scheinen — vermutet werden dürfte.

Wie der Prozess der psychophysischen Energieemanation, so ist auch in beiden Fällen die Psychogenese der telekinetischen und der teleplastischen Leistung des Mediums der gleiche. Die einmal erfasste Idee eines Phänomens, gleichgültig, ob es sich um psychische Fernwirkung oder um die Erzeugung sichtbarer Formen, ob es sich um Realisierung eigener Phantasieprodukte oder um vom Experimentator oder anderen Anwesenden suggerierte Vorstellungen handelt, muss im Unterbewusstsein des mehr oder minder somnambulen Mediums verarbeitet sein.

Eine vorläufige hypothetische Annahme eines solchen einheitlichen Zusammenhanges dieser beiden Hauptklassen mediumistischer Phänomene könnte fruchtbare Richtlinien für weitere Untersuchungen abgeben und würde dazu beitragen, diese seltenen und auffälligen Vorgänge immer mehr aus dem Reich des Wunderbaren in das Gebiet des gesetzmäßigen Naturgeschehens zu versetzen.

Einwirkung auf leblose Gegenstände ohne körperliche Berührung durch Eusapia Paladino.

Tisch-Erhebungen mit und ohne Berührung.

Beobachtungen des Verfassers.

Die Tischelevation ist eines der am häufigsten beobachteten Phänomene bei dem neapolitanischen Medium Eusapia Paladino[12]. Nachstehend sind einige Beobachtungen des Verfassers mitgeteilt, die derselbe seinen während der Sitzungen protokollierten Aufzeichnungen entnommen hat.

Sitzung am 5. April 1894 im Hause des verstorbenen Malers Prof. Simieradsky in Rom.

Gedämpfte Zimmerbeleuchtung. Zeit: Abends 9—12 Uhr. Ein Licht steht neben dem mittelgroßen Sitzungstisch[13] auf dem Fußboden, so dass der Unterkörper des Mediums voll beleuchtet wurde.

Professor Charles Richet, Pariser Physiologe, hielt beide Füße Eusapias mit seinen vom Schuhwerk befreiten Füßen, hatte außerdem mit seiner linken Hand die rechte Eusapias erfasst, während seine Rechte auf ihren Knien lag. Professor Cesare Lombroso (Turin) umspannte ihre linke Hand mit seiner rechten. Während des Versuches beobachtete der Verfasser beide Füße und Knie des Mediums. Eusapia berührte nur mit ihrer von Richet kontrollierten Hand die Tischplatte. Unter diesen Bedingungen erhob sich der Tisch mit allen 4 Beinen ca. 30 cm hoch in die Luft, verharrte einige Sekunden schwebend und fiel dann herunter. Darauf ergriff sie meine rechte Hand mit ihrer rechten am Gelenk und ließ mich in dieser Weise den Tisch berühren. Neue völlige Levitation des Tisches mit seinen 4 Beinen in derselben Höhe, ohne dass Eusapia in irgendeinem direkten körperlichen Kontakt mit dem Tisch stand. Während der Levitation wurde ein energisch auf die Tischplatte geübter Druck durch starken Widerstand von unten ausgeglichen, was den Eindruck erweckte, dass der Tisch durch eine von unten ansetzende Kraft in die Höhe gehoben sei. Sie wiederholte dieses Phänomen in verschiedenen Variationen mit dem Aufwand erheblicher Willensanspannung, wobei

---

[12] Eusapia Paladino war im Jahre 1894 36 Jahre alt. Sie verlor ihre Eltern frühzeitig. Ihr Vater wurde durch Banditen getötet. Als Kind mit 9 Jahren kam sie zu einer Dame, die ihr eine sehr strenge Erziehung zuteil werden ließ. Sie blieb aber gegen pädagogische Bemühungen refraktär und lernte niemals Lesen und Sehreiben. Schon als Kind traten bei ihr Symptome des Mediumismus auf. Ein Engländer namens Damiani begann mit dem 12 jährigen Kinde zuerst spiritistische Versuche anzustellen und auf seinen Einfluß ist die in allen späteren Sitzungen Eusapias so wichtig gewordene Personifikation „John King" zurückzuführen. Denn „John King" betrachtete Damiani als eine Art Schutzgeist, der ihn von England nach Italien begleitete und auf diese Weise Eingang in die Sitzungen des Kindes Eusapia fand. Ein liebenswürdiger vornehmer Italiener Ercole Chiaja, dem ich diese Daten verdanke, übernahm die Ausbildung Eusapias zum Medium für wissenschaftliche Zwecke in ihrem 24. Lebensjahre und stand ihr noch als Beschützer treu zur Seite, als der Verfasser im Jahre 1902 mit dem Medium in Neapel experimentierte. Eusapia Paladino, welche neben Eva C. mit Recht als das hervorragendste physikalische Medium der letzten Jahrzehnte bezeichnet werden darf, und das Verdienst hat, eine große Zahl bedeutender Gelehrter der Gegenwart von der Echtheit ihrer Leistungen überzeugt zu haben, starb im Sommer 1918 in ihrer Vaterstadt Neapel.

[13] Tisch ohne überstehende Tischkante. Fläche 1 m zu 53 cm. Höhe 81 cm.

stets ihr Unterkörper von jedem Kontakt mit dem Tisch isoliert blieb, wohl ein dutzendmal unter den argwöhnischen Augen von 7 aufmerksamen Beobachtern. Mehrfach erhoben sich die Tischfüße über Kniehöhe des Mediums. Außer den Genannten nahmen an der Sitzung teil: Prof. Danilewski (Physiologe in Petersburg), Dr. Boris Chapiroff, ein russischer und Dr. Dobrzyki, ein polnischer Arzt.

Sitzung am 11. April 1894, wiederum in der Wohnung Simieradskys (Rom).

Rotlicht und Kerzenbeleuchtung (wie am 5. April). 10—20 volle Tischlevitationen unter stets wechselnden Versuchsbedingungen. Einmal hielt Professor Richet ihre beiden Füße, indem er dieselben mit den Händen an den Gelenken umspannte; ein anderes Mal hielt sie der Verfasser. Beide Knie werden mit der einen Hand zusammengefasst, während die andere Eusapias Hände und Unterarme kontrolliert. Es ist ganz gleichgültig, welche Art von Kontrolle angewendet wird. Berührung der Tischfläche mit einigen Fingerspitzen Eusapias genügt, um die volle Levitation zustande zu bringen. Einmal blieb der Tisch 15 Sekunden lang in der Luft schwankend und schaukelnd wie ein Schiff (Sekundenkontrolle durch Richet). Mehrfach legte sie Richets oder des Verfassers Hand unter die ihrige, so dass, wie schon in der Sitzung vom 5. April, keinerlei körperliche Berührung des Mediums mit dem Tische stattfand; oder unsere Hände lagen nur an der Tischkante auf. Mehrmals entfernten sich die Tischfüße 50—70 cm vom Boden. Bei der Kontrolle der Unterschenkel wurden kräftige synchrone Muskelkontraktionen beobachtet, welche regelmäßig die Einwirkung auf den Tisch begleiteten.

Sitzung am 12. April 1894 im Palazzo Lovati (Rom).

Während eines großen Teils der Versuche blieb der Verfasser mit Eusapia allein im Zimmer. Ein mittelgroßer, ziemlich leichter Tisch, dessen Fläche 80 cm lang und 50 cm breit ist, diente zu dem Versuche. Sah jedem Experiment wurde bei Kerzenlicht das Protokoll aufge-

zeichnet. Volle Tischelevation bei Licht, während Eusapia in jeder nur beliebigen Weise kontrolliert und vom Kontakt mit dem Tisch abgeschlossen war. In der Regel hielt der Verfasser ihre Füße mit seinen Beinen, ihre Hände mit den seinigen. Nur die Platte wird von den Fingerspitzen einer oder beider Hände des Mediums berührt oder durch diejenigen des Verfassers, sobald Eusapia ihre Hände darauf legt. Dauer der Elevation (mit allen 4 Beinen) bis zu 10 Sekunden. Wiederum drängt sich der Eindruck auf, dass eine Kraft die Tischfläche von unten in die Höhe treibt. Ein unsichtbares, vom Medium ausgehendes Glied könnte alles erklären. Die Phänomene wirken durchaus überzeugend. Keine Versuche mechanischer Nachhilfe. Eine im Dunkeln zustande kommende Tischelevation dauerte 20 Sekunden, wie überhaupt alle Phänomene bei Eusapia in der Dunkelheit an Kraft zunehmen.

Sitzung am 27. August 1894, auf dem Schloss des Professors Charles Richet in Carqueranne (Südfrankreich).

10 Uhr 54 abends. Prof. Charles Richet und Prof. Julian Ochorowicz überwachen, nachdem die normale Beleuchtung auf ein Viertel der Lichtstärke herabgesetzt ist, links und rechts von Eusapia, deren Füße, Knie und Hände, Oberkörper gut sichtbar bleibend. Der Verfasser sitzt auf der linken Seite des Mediums neben Prof. Ochorowicz.

Während Eusapia ihre beiden Hände auf die rechte Schulter von O. legt, erfolgt eine 4 Sekunden dauernde vollständige Erhebung des Tisches (ca. 30 cm hoch).

11 Uhr. Richet und Ochorowicz treten ihre Plätze ab an Madame Sidgwick, welche sich links neben das Medium setzt und an Professor (der Physik) Oliver Lodge. Wiederholung der Levitation unter denselben Versuchsbedingungen.

11 Uhr 2 Minuten. Dieselbe Kontrolle. Eusapia streckt ihre Hände in die Luft, volle Levitation des Tisches.

11 Uhr 11 Minuten. Wieder volle Levitation bei gut sichtbarem Oberkörper in derselben Kontrolle. O. Lodge hält außerdem ihre beiden Knie.

Sitzung am 5. Juni 1898 in der Wohnung des Verfassers in München.

Anwesend der Verfasser mit seiner Gattin und Eusapia Paladino. Um die Fußgelenke des Mediums sind mit Bindfaden Fesseln gelegt, deren Ende der Verfasser an den Stuhlbeinen festsiegelt. Außerdem werden zwei große weiße bis auf den Fußboden reichende Papierbogen auf beiden Seiten an das Kleid Eusapias geheftet, um eine Berührung der Tischfüße mit Eusapias unteren Extremitäten zu vermeiden; denn wie Probeversuche zeigten, müsste das Papier zerreißen, sobald ein Tischfuß darauf gestützt würde. Besonders angefertigter Tisch[14] aus Naturholz, ohne überstehende Kanten der Tischplatte. Länge 69 cm, Breite 47 cm, Tischhöhe 82 cm. Eusapia saß immer an der Schmalseite, so dass die Tischfüße rechts und links von ihren Beinen standen. Außerdem wurde das Medium vor jeder Münchener Sitzung von zwei Damen entkleidet und von Kopf bis zu Fuß untersucht. Die obige Versuchsanordnung war notwendig geworden, weil Eusapia mehrfach versucht hatte, ihren linken Unterschenkel oder den linken Fuß als Stützpunkt für das danebenstehende Tischbein zu benutzen, wobei mit den Händen Gegendruck von oben geübt wurde.

Der Verfasser saß links, seine Gattin rechts vom Medium. Hände beiderseits gehalten. Oberkörper gut sichtbar. Beleuchtung durch eine große Stehlampe mit Doppelbrenner und durch Laternenlicht der Straße, das durch die geöffnete Balkontüre ins Zimmer strömte. Es erfolgten nun bei leichter Berührung der Tischplatte mehrere volle Tischelevationen, wobei das links neben dem Medium stehende Tischbein stets zuletzt in die Höhe ging. Keinerlei Mitwirkung der Füße oder Unterschenkel oder etwa des Oberschenkels (als Stützpunkt). Papierbogen nach dem Versuch ohne Zerknitterungen

und Zerreißungen. An zwei Stellen leichte Streifen, die einer unwillkürlichen seitlichen Berührung mit den Tischbeinen entsprachen. Dieses Experiment erschien dem Verfasser einwandfrei.

Sitzung am 6. Juni 1898 in der Wohnung des Verfassers in München.

Beleuchtung durch zwei Lampen auf dem Flügel und eine dritte auf einem niedrigen Hocker. Wiederum verhindern angesteckte weiße Papierbogen wie am 5. Juni den unmittelbaren Kontakt der Tischbeine mit den Unterschenkeln und Füßen des Mediums.

Rechts kontrolliert Dr. Schäueffelen, links Dr. Albrecht (Arzt) das Medium. Füße angefesselt.

10 Uhr 37. Es erfolgen verschiedene Tischelevationen, wobei in der Regel die dem Medium entgegengesetzte Seite zuerst erhoben wird, dann die ihm zunächst stehende.

Die Tischecke bei Dr. A. ist die tiefste; aber auch hier verlässt der Tischfuß den Boden. Das Medium hebt abwechslungsweise die eine oder andere Hand von der Tischfläche, stets aber bleiben ein oder zwei Finger in Berührung mit der Platte. Beim Versuch, den Tisch von oben herunterzudrücken, glaubt Dr. Albrecht einen Widerstand zu fühlen. Dr. Schäueffelen wechselt 10 Uhr 44 den Platz mit Prof. G. Beide Herren erklären bei der nächsten Elevation, dass Hände und Füße des Mediums nicht beteiligt sind.

Bei zwei weiteren Elevationen unter denselben Bedingungen erhebt sich zuerst die Schmalseite des Tisches bei Eusapia. Knie und Füße durch Hände und Füße der nebensitzenden Herren kontrolliert (zum Teil durch Auflegen der Hände auf ihre Knie).

Die nächste Elevation begann damit, dass sich die dem Medium gegenüber befindliche Schmalseite ca. 20 — 40 cm vom Boden zuerst erhob; dann folgte die andere Schmalseite nach, so dass auf der entgegengesetzten Seite ein Stützpunkt gefunden sein musste, für welchen eine Ursache sich nicht nachweisen ließ. Dieser

---

[14] Entfernung des unteren Tischrandes bis zu den Knien Eusapias in sitzender Stellung 37 cm, bis zum oberen Tischrand 35 cm.

Vorgang wird von den Beobachtern für merkwürdig gehalten.

11 Uhr 17. Die Kontrolle wird noch dadurch verschärft, dass der Verfasser sich der Länge nach unter den Tisch legt und mit seinen beiden Händen fortdauernd Unterschenkel- und Fußstellung des Mediums überwacht. Außerdem Kontrolle der rechten und linken Körperhälfte des Mediums durch Professor G. und Dr. Albrecht. Wiederum finden mehrere von Klopftönen begleitete Tischelevationen statt.

11 Uhr 49 nimmt Prof. von Keller links vom Medium, Dr. Albrecht rechts Platz. Um weiteren Einwänden zu begegnen, wird die vom Schirm entblößte elektrische Lampe unter den Tisch gesetzt, so dass volles Licht auf die Füße fällt.

12 Uhr 5. 3—4 neue vollständige Tischerhebungen, so dass jetzt alle Anwesenden von der Richtigkeit des Phänomens und der Genauigkeit seiner Beobachtung überzeugt sind.

Sitzung am 20. Februar 1905 in der Münchener Wohnung des Verfassers.

8 Uhr 42. Zwei halbe Elevationen des Tisches mit der unberührten Schmalseite, während Eusapia links durch Dr. Albrecht, rechts durch den Arzt Dr. Loeb kontrolliert wurde. Beide Hände in der Luft sichtbar. Elektrisches Rotlicht.

8 Uhr 50. Eusapia steht von dem Stuhl auf. Die Lampe wird unter den Tisch gesetzt. Wiederum Elevation der Eusapia zugewandten Schmalseite. Füße des Mediums sichtbar. Ihr schwarzes Kleid berührte links das Tischbein. Bei der nächsten Elevation von zwei Tischfüßen (unter denselben Bedingungen) berührt das Kleid den Tischfuß nicht mehr. Diese Tischerhebungen fanden ohne körperliche Berührung des Tisches durch das Medium statt.

9 Uhr 48. Sämtliche Anwesende stehen auf. Eusapia streckt die Hände vor sich aus. Der Tisch steht 1 m von ihr entfernt und erhebt sich an der ihr zugekehrten Schmalseite frei mit den Füßen in die Luft.

Sitzung am 22. Februar 1903. Wohnung des Verfassers.

Beleuchtung durch 5 Lampen, darunter 2 elektrische.

9 Uhr 22. Prof. Flournoy (Genf) übernimmt die Kontrolle der linken Seite Eusapias, der Verfasser diejenige ihrer rechten. Sie entledigt sich.

9 Uhr 24 des schwarzen Oberrocks, so dass sie nun im weißen Unterrock dasitzt. Berührung des Kleides mit den Tischbeinen ist jetzt leichter sichtbar.

Dr. L. beobachtet bei den Tischerhebungen starke Muskelkontraktionen in den Beinen.

9 Uhr 29. Flournoy kontrolliert die linke Seite und die Knie (mit der Hand). Volle Elevation des Tisches.

9 Uhr 34. Prof. Flournoy hat sein Knie an das linke Eusapias gelehnt. Seine linke Hand hält die Linke des Mediums, mit der Rechten kontrolliert er beide Knie, so dass das eine Knie zwischen Daumen und Zeigefinger, das andere zwischen dem 3. und 4. Finger liegt. Eusapia berührt mit beiden kontrollierten Händen den Tisch, der sich zuerst nach links, dann nach rechts neigend, mit allen vier Beinen erhebt. Schließlich berührt nur noch Eusapias linke Hand den schwebenden Tisch.

9 Uhr 41 wiederholt sie unter den gleichen Bedingungen dasselbe Experiment.

10 Uhr 4. Als Prof. Flournoy bei einer in der Entstehung begriffenen Elevation zwischen das Bein Eusapias und den Tischfuß ganz herunterfährt, kommt die Erhebung nicht zustande.

Sitzung am 24. Februar 1903 in der Wohnung des Verfassers.

Beleuchtung durch 4 Lampen, darunter 1 elektrische.

9 Uhr 7. Links vom Medium Prof. Flournoy, rechts Herr Meebold. Bei einer versuchten Tischelevation stützt Eusapia den Tischfuß auf die Rückseite ihres linken Unterschenkels auf.

9 Uhr 27. Prof. Flournoy hat beide Hände und Füße des Mediums umschlossen. Es erfolgen mehrere volle

Elevationen des Tisches in einer Höhe von 20 bis 30 cm vom Boden.

9 Uhr 34 bleibt der ganz elevierte Tisch unter Einhaltung derselben Kontrolle, ohne von Eusapia berührt zu sein, 3 bis 4 Sekunden schwebend, um dann langsam herunterzusinken.

In einem Brief vom 26. Oktober 1903 an den Verfasser schreibt Prof. Flournoy Folgendes:

„Zu den Tatsachen, die ich in Übereinstimmung mit früheren Wahrnehmungen vor 4 Jahren in Paris in den beiden Sitzungen bei Ihnen als absolut sicher bestätigen kann, gehören 2 Levitationen des Tisches; bei der einen hatte Eusapia die beiden Hände auf die meinigen gelegt, und zwar an der Ecke des in der Luft schwebenden Tisches. Gleichzeitig konnte ich sehen, dass die Beine Eusapias den Tisch an keinem Punkte berührten. Eine unsichtbare Kraft hielt den Tisch in der Schwebe, trotz des erheblichen Druckes, welchen die Hände Eusapias durch die meinigen auf den Tisch ausübten. In dem zweiten Fall wurde der in die Luft erhobene Tisch weder durch die Hände noch durch die Füße Eusapias berührt. Der schwebende Tisch bewegte sich langsam zu Boden, ohne, wie gewöhnlich, mit Gepolter herunterzufallen."

Sitzung am 3. Mai 1903 in der Wohnung des Verfassers.

Beleuchtung durch 4 Lampen.

8 Uhr 55 hält Eusapia ihre Hände in der Luft, diese wie ihre beiden Beine wurden kontrolliert von Herrn von Lang und Prof. von Keller, so dass eine Berührung des Tisches durch Eusapia ausgeschlossen war. In dieser Situation suchte der Verfasser den Tisch, an der entgegengesetzten Seite anfassend, mit Gewalt von Eusapia wegzuziehen. Es gelang nicht, den durch eine erhebliche Kraft festgehaltenen Tisch auch nur einige Zentimeter nach rückwärts zu ziehen. Die Gegenwirkung zeigte elastischen Widerstand.

An den Sitzungen vom 7., 9., 10. und 15. März 1903 nahm Professor Dessoir (Berlin) teil. Mehrfach erfolgten Tischelevationen unter den geschilderten Bedingungen. Aber die hier und da angewendeten Nachhilfen Eusapias, das wiederholt versuchte Freimachen eines Gliedes durch Auswechslung von Händen und Füßen mussten dazu beitragen, den günstigen Eindruck einzelner tadelloser und einwandfreier Experimente zu verwischen.

Immerhin ließen sich bei einzelnen Elevationen unter der Kontrolle Dessoirs Tischberührungen durch das Medium nicht nachweisen. Sah den Beobachtungen von Dessoir (laut Brief vom 10. März 1903) konnte bei den seitlichen Tischverschiebungen, wenn Eusapias Hände neben oder über dem Tisch unter Kontrolle Bewegungen machten, durch fortgesetzte Prüfung festgestellt werden, dass weder von den Füßen noch von dem Gürtel aus Berührung stattfand. Dagegen glaubt Dessoir, dass jedes Mal ein Teil des Kleides links oder rechts mit den Tischfüßen in Berührung stand. Mitunter schien es ihm, als ob an den Ellbogen eine Verlängerung sich befinde, ferner, dass Eusapia oft mit sehr energischen Bewegungen die Phänomene begleitete. Am 15. März 1903 will Prof. Dessoir bei Gaslicht, der auf der linken Seite außerhalb des Zirkels kniend die Phänomene beobachtete, gesehen haben, dass neben den Büßen des Mediums ein dunkler Streifen herauskäme, der Ähnlichkeit mit einem Stabe hätte[15]. Dessoir nimmt an, dass der Tisch durch dieses Hilfsmittel gehoben werde. Außerdem konstatierte er durch wiederholte Wahrnehmung, dass bei ruhig stehenden, sichtbar kontrollierten Füßen Kleidaufbauschungen bemerkbar wurden, die mit den Tischelevationen einen Zusammenhang haben mussten. Diese an sich richtigen Beobachtungen lassen sich allerdings heute anders erklären, als es bisher geschehen ist. Mit der schwarzen, stabartigen Masse wurde, wie Dessoir konstatierte, ein kleiner, ca. 40 cm entfernter, hinter dem Vorhang stehender Tisch angezogen und wieder zurückgestoßen.

____

[15] Bei dieser Feststellung befand sich auch der Verfasser außerhalb des Zirkels und leuchtete mit einer Kerze unter den Tisch, damit Professor Dessoir die segelartigen Ausbuchtungen des Kleides besser beobachten könne. Als derselbe die Vermutung äußerte, es könne ein schwarzer Stab benutzt sein, veranlaßte der Verfasser sofortige körperliche Untersuchung des Mediums durch Dessoir, die aber einen negativen Erfolg hatte.

Sitzung am 15. April 1909 in der Wohnung des Herrn Gellona (Genua).

Anwesend Professor Morselli (Psychiater und Verfasser eines umfangreichen Werkes über Eusapia) und Professor Penzing (Botaniker). Auch der Hausherr Gellona (Schriftsteller) verfasste ein Werk über seine Erfahrungen mit Eusapia. Beleuchtung durch die herabgeschraubte Petroleumlampe. Gellona links, der Verfasser rechts vom Medium. Nach Ausschaltung der Möglichkeit mechanischer Mitwirkung Eusapias mehrere vollständige Tischerhebungen, indem die Tischplatte nur mit einigen Fingern des Mediums berührt wurde.

Feststellungen der französischen Untersuchungskommission.

Während der Jahre 1905, 1906 und 1907 stellte eine Kommission französischer Gelehrter vom Pariser Institut General Psychologique außerordentlich sorgfältige Untersuchungen[16] an über die bei Eusapia Paladino vorkommenden medialen Phänomene, und zwar umfasste die erste Serie derselben 13, die zweite 16, die dritte 14 Sitzungen.

Zu den daran beteiligten Gelehrten gehörten unter anderen Courtier, Branly, d'Arsonval, Monsieur und Madame Curie (die Entdecker des Radiums), Bergson u. a. Alle möglichen physikalischen Hilfsmittel und Registrierapparate der modernen Physiologie wurden zur objektiven Peststellung der beobachteten Tatsachen, zu denen unter anderen auch die vollständige Erhebung des Tisches[17] gehörte, angewendet.

Eine solche Levitation fand am 3. März 1906 statt, linker Kontrolleur M. Youriewitsch, rechter d'Arsonval, Bergson beobachtete beide Knie.

Dasselbe Phänomen wurde am 4. Sept. 1905 (links d'Arsonval, rechts Youriewitsch, Tisch nur mit einer Hand Eusapias berührt), am 3. April 1905 und am 13. September 1905 festgestellt, ferner am 4. Oktober 1905, ohne dass Eusapia mit dem Tisch in Berührung stand. Abstand der Tischfüße vom Boden 30 cm. Dauer des Schwebens 7 Sekunden.

Bei der gleichen Beobachtung am 5. Oktober 1905 um 10 Uhr berührte nur die Hand des Mons. Curie den Tisch. Eusapias Hand lag auf der seinigen. Höhe der Levitation 25 cm, Dauer 4 Sekunden. Um 10 Uhr 2 neue volle Tischerhebungen ohne irgendeinen bemerkbaren Kontakt des Tisches mit Eusapia. Mons. Curie hatte seine Hand auf Eusapias Knie. Höhe der Levitation 25—30 cm.

Am 3. April 1906 sind Eusapias Füße während der Levitation an die Stuhlbeine gefesselt. Links Kontrolle durch Mons. Curie, rechts durch M. Feilding. Die Hand des Herrn Curie berührt den Tisch. Eusapias Hand ruht auf der seinigen. Am 9. April 1905 wird ein Gewicht von 10 kg auf den Tisch gelegt. Die Professoren Ballet und d'Arsonval üben die Körperkontrolle des Mediums aus. Der Tisch wird lediglich durch Ballets Hand berührt und gar erhoben. Youriewitsch hält am 8. Febr. 1906 unter dem Tisch liegend Eusapias Füße. Kontrolle links durch Prof. Curie, rechts durch Prof. Courtier. Volle Tischerhebung mit 4 Füßen.

Am 22. Juli 1905 standen die zwei Tischfüße neben Eusapia fast in ihrer ganzen Länge in am Boden befestigten Röhren. Youriewitsch und d'Arsonval übten die Kontrolle aus. Berührung der Tischfläche durch Eusapia. Die Beine erheben sich bei der Levitation bis über die Mündung der Röhren.

Eine volle Tischelevation, bei welcher alle Teilnehmer standen, fand am 16. Oktober 1907 statt bis zu einer Höhe von 50 cm. Courtier hielt dabei die Füße Eusapias. Mons. Debierne berührte mit seiner von Eusapia geführten Hand den Tisch und Youriewitsch hielt die andere Hand Eusapias.

In der schwebenden Lage macht der Tisch oszillierende und rhythmische Bewegungen, während die Sekunden laut gezählt werden. Die längste in der schwebenden Lage zugebrachte Zeit betrug 52 Sekunden

---

[16] Rapport sur les seances d'Eusapia Paladino. Bull. de l'Institut gen. psychologique 1908, S. 405—578. Der Bericht ist abgefaßt durch den Psychologen Prof. Courtier (Sorbonne).

[17] Tisch aus Naturholz ohne überstehende Ränder, Länge 97 cm, Breite 50 cm, Höhe 77 cm.

ing durch Eusapia Paladino.

n um das Gewicht des Tisches zu, so
ützpunkt für die Erhebung in ihrem
n wäre.

lben Levitation von nur 2 Füßen fand
hinderung statt, was durchaus den me-
en entspricht.

tat hielt die Kommission für die wich-
e sich aus ihrer Untersuchung ergeben

schen Waage konnte man außerdem an
das Gewicht ablesen. Der Tisch wog 7
nahm manchmal um 10 kg zu; der
kg wurde der lebendigen Kraft Eusapi-
, d. h. ihren krampfhaften synchronen
rend der Levitation.

B. die am 26. Juni 1905 gewonnenen
ablesbaren Tatbestand: Tischerhebung
rend einer Zeitdauer von 4½ Sekunden.
4 (dem Medium gegenüber) erhoben
fielen zuerst herunter; dagegen blieben
nd 2 (neben Eusapia) 6 1/4 Sekunden
Die Gewichtslinie zeigt eine Gewichtsver-
diums um ca. 8—9 kg, wovon 7 kg auf
r Überschuss auf die lebendige Kraft des
nen sind. Die Gewichtszunahme erfolgt
eginnt mit der Erhebung von Tischfuß 1
ht ihr Maximum, sobald alle 4 Beine in
dann fällt die Kurve zuerst ab mit dem
Tischfuß 3 und 4 und zeigt eine zweite
mit dem Zurückgehen von Tischfuß 1

zierte Technik dieses an sich exakten
begreiflicherweise manche Mängel; aber
ng der Haupttatsachen war sie einwand-
d eine Tischerhebung statt ohne Ge-
ng, wie die Kurve anzeigte. Man sah das
Protokoll nach und stellte fest, dass Eu-
r Nachbarn die Hand gereicht hatte, was
chtsverschiebung hervorgebracht hatte.

Original reproduzierten Kurventafeln sind
h und zeigen einwandfrei, dass Manipulationen an den Tischfüßen die Levitationen nicht zu-

---

18   Später wurde dieses Verfahren bei allen vier Tischbeinen angewendet.

stande gebracht haben. Andererseits aber würde man dieselben Resultate erhalten, wenn das Medium mit seinen Händen den. Tisch erhoben hätte.

Über die Berührung oder Nichtberührung des Tisches ergaben die Kurven keine Auskunft. Hier müssen die kontrollierenden Sinnesorgane der Beobachter die graphische Methode ergänzen.

Dieselbe Gewichtsvermehrung tritt ein, sobald z. B. vom Medium ein hinter dem Vorhang stehender kleiner Tisch herangezogen und in die Luft erhoben wird (ohne körperliche Berührung). Eine solche Beobachtung wurde am 15. Juni 1905 gemacht und graphisch registriert.

Ein interessanter Versuch, durch welchen dargetan wird, dass die Fernwirkung auf leblose Gegenstände nicht nur von der linken Seite Eusapias ihren Ausgangspunkt nimmt, fand am 13. Juni 1907 statt. Die lose aufliegende Platte eines kleinen Tisches wurde durch Annäherung des Kopfes der Eusapia ohne körperliche Berührung aufgehoben. Bei der ebenfalls gelungenen Wiederholung dieses Versuches hatte Madame Curie ihre Hand auf die Stirn des Mediums gelegt und sich vorher davon überzeugt, dass keinerlei körperlicher Zusammenhang zwischen Eusapia und dem Tischchen bestand. Während des Experiments kontrollierte Youriewitsch die Linke, Debierne die Rechte des Mediums.

Bewegung und Transport lebloser Objekte.

Erfahrungen des Verfassers.

Die Levitation des Sitzungstisches mit und ohne Berührung ist eigentlich nur ein Spezialfall, einer umfassenden Klasse mechanischer Phänomene des Mediumismus, nämlich der Bewegung von Objekten ohne körperliche Berührung oder mit nur ganz leichter Berührung. Unter diesen Vorgängen kommen wohl bei Eusapia Paladino[19] am Sitzungstisch hervorgerufene mechanische

---

[19] Eusapia Paladino befindet sich besonders während der stärkeren Phänomene im hysterohypnotischen Somnambulismus (Trance).

Veränderungen am häufigsten vor, so dass es zweckmäßig erschien, sie (im vorigen Kapitel) gesondert zu behandeln.

Aber auch alle möglichen anderen Gegenstände wie Stühle, kleinere Tischchen, sonstige Möbelstücke, Musikinstrumente, Körbe, wissenschaftliche Apparate usw. werden, sobald sie sich in der Nähe Eusapias befinden (am besten 1—1½ m links hinter ihrem Rücken, gedeckt durch einen Vorhang) in Bewegung gesetzt, herangezogen, über ihren Körper an demselben von hinten heraufkriechend, auf den Sitzungstisch gelegt oder demonstrativ über ihren Kopf gehalten; sie werden ebenso abgestoßen, mit Gewalt zurückgeschleudert oder in die Luft emporgehoben über den Köpfen der Sitzungsteilnehmer hinweg. Durch Druck und Zug zu betätigende Musikinstrumente (Klavier, Gitarre, Harfe, Handharmonika, Spieldose usw.) oder wissenschaftliche Apparate (Metronom oder elektrischer Kontakt) beginnen infolge der telekinetischen Einwirkung zu funktionieren.

Es versteht sich, dass Eusapia bei all diesen Vorgängen durch Halten ihrer Arme und Beine und durch Kopfkontrolle strengstens überwacht werden muss; denn sobald es ihr gelingt, durch geschickten Austausch einen Arm oder ein Bein (Ausziehen des Schuhs) unbemerkt frei zu bekommen, bedient sie sich desselben ganz ungeniert auf die Gefahr hin, als Betrügerin zu gelten. Eine in den Münchener Sitzungen aufgenommene Blitzlichtphotographie zeigt den leeren Schuh auf dem Fuß des neben ihr sitzenden Kontrolleurs.

Manche der Wirkungen lassen sich nicht durch den Gebrauch einer einzigen Hand erzielen, so z. B. das Spielen auf einer Handharmonika.

Mit der Stärke der Leistung geht die physische Erschöpfung des Mediums parallel. Häufige Sitzungen wirken schwächend, weswegen in der Regel wöchentlich nur 2—3 Sitzungen veranstaltet wurden. Sah den Sitzungen oft intensives Kopfweh, Apathie, Pulsbeschleunigung, starke Schmerzhaftigkeit der Kopfnarbe. Während der Phänomene psychische und körperliche, namentlich muskuläre Anspannung, große motorische Unruhe (Trampeln mit den Füßen usw.).

Sexuelle Abstinenz begünstigt die Leistungen, Sexualverkehr schwächt sie dagegen ab. Oft ist das Gelingen

irgendeiner Aufgabe mit Lustempfindungen (Wollustempfindung?) Des im hysterosomnambulen Zustand befindlichen Mediums verknüpft; leichte erotisch-zärtliche Färbung ihres Verhaltens zu den Nachbarn. So ruft sie z. B. im Höhepunkt aus: „Ich fühle mich so glücklich!", küsst ihren Nachbarn usw.

Die konvulsivische Anspannung steigert sich, oft begleitet von hysterischem Lachen, zu einer Art Paroxysmus; sobald der Höhepunkt erreicht ist, findet Abspannung und Muskelerschlaffung statt. Der Entbindungsprozess ist mit Wimmern, Schmerzen verknüpft und erinnert an den Prozess des Gebärens.

Schon die einfache, vorurteilsfreie Beobachtung zeigt konstant einen der Stärke des hervorgebrachten Phänomens äquivalenten Kräfteverbrauch.

Dunkelheit steigert die Phänomene, zunehmende Helligkeit schwächt sie ab und ist mit Unlustempfindungen seitens des Mediums verknüpft, obwohl zahlreiche Manifestationen bei voller Abendbeleuchtung vorkommen! Bei Tageslicht konnte der Verfasser niemals telekinetische Leistungen bei Eusapia beobachten, wenn auch solche von anderen Autoren in Ausnahmefällen konstatiert worden sind.

Die ganze Versuchsanordnung muss also darauf Rücksicht nehmen, dass die psychophysischen Begleiterscheinungen der Phänomene nicht gehemmt oder unmöglich gemacht werden. Zu intensive Aufmerksamkeitsanspannung der Teilnehmer auf das erwartete Phänomen wirkt ungünstig. Daher ist ruhige Unterhaltung über ein gleichgültiges Thema (parlare!) zu empfehlen, wobei natürlich auf die Kontrolle schärfstens geachtet werden muss. Obwohl man in manchen Fällen den Eintritt des gewünschten Resultats voraussehen kann, hat dasselbe doch vielfach einen überraschenden Charakter.

Nachstehend sind einige Beobachtungen dieser Klasse von Vorgängen aus den protokollarischen Aufzeichnungen[20] des Verfassers wiedergegeben.

___

[20] Die Aufzeichnungen sind fast sämtlich während der Sitzungen teilweise nach Diktat und Minutenangabe zustande gekommen. Nur ausnahmsweise erfolgten die Niederschriften unmittelbar nach den Sitzungen.

Sitzung am 5. April 1894 in der Wohnung des Prof. Simieradsky (Rom).

Eusapia links von Prof. Richet, rechts von Prof. Danilewski überwacht. Stark gedämpfte Beleuchtung. Ein ca. ½ m hinter Eusapias Stuhl stehendes Pianino, dessen Rückseite Eusapia zugewendet ist, wird seitlich auf einen ½ m verschoben. Außerdem erfolgt Anschlag einzelner Tasten in den höheren Oktaven. Betrügerische Ausführung dieses Phänomens unter den obwaltenden Umständen unmöglich.

Sitzung am 7. April 1894 bei Simieradsky.

Dunkelheit. Charles Richet hält den ganzen Körper Eusapias umschlungen und ist der Arme und Beine des Mediums sicher. Ein schwerer hinter Eusapia stehender Tisch wird verschoben. Die Tischdecke flog über die Häupter der anwesenden Gelehrten ins Zimmer. Eine Lampe, ein berußter Teller, ein Glas werden von dem hinter Eusapia befindlichen Büfett (über 1 m entfernt) auf den Sitzungstisch transportiert.

Sitzung am 8. April 1894 in dem römischen Wohnzimmer des Prof. Charles Richet.

Anwesend: Richet, Verfasser, Eusapia. Dunkelheit. Der Verfasser schließt den ganzen Oberkörper des Mediums in seine Arme, mit seinen Beinen kontrolliert er die Beine Eusapias; außerdem Tastkontrolle Richets. Von einem 75 cm hinter Eusapia entfernt stehenden Büfett werden Bücher ins Zimmer geschleudert, ein Leuchter zu Boden geworfen, Papiere und Visitenkarten auf den Sitzungstisch transferiert. Starke Klopflaute, die so klingen, als ob eine Hand auf die Marmorplatte des Büfetts aufschlagen würde. Schmatzende und schmeckende Ausdrucksbewegungen des in tiefer Trance befindlichen Mediums während der Phänomene.

Sitzung am 9. April 1894 in der Wohnung Simieradskys.

Dunkelheit. Richet kniet vor Eusapia, umschlingt Beine und Unterkörper; sein Kopf berührt die Brust des Mediums. Der Verfasser hält beide Hände desselben, mit der linken die rechte, mit der rechten die linke Eusapias. Das Medium wimmert, schaudert, schüttelt sich; es folgen drei heftige schleudernde Muskelzuckungen; synchron mit jedem Schlag wird ein auf dem Büfett hinter Eusapia liegendes Brett stark auf den Marmor dreimal aufgeschlagen. Entfernung des Brettes vom Kopf des Mediums 1 m 36 cm. Die Versuchsbedingungen schlossen jede Möglichkeit einer künstlichen Hervorbringung dieser Schläge durch Eusapia aus.

Sitzung am 10. April 1894 im Hause Simieradskys.

Eusapia steht unter einer Hängelampe, die mehr als 60 cm von ihrem Kopf entfernt und in keinerlei Verbindung mit dem Medium ist. Der Verfasser hält mit seiner rechten die 5 Finger von Eusapias linker Hand, mit seiner seiner linken die 5 Finger ihrer rechten und kontrolliert ihren Kopf. Unter diesen Versuchsbedingungen wird die in eine Leinwand eingehüllte Hängelampe ca. zwanzigmal auf-und niedergezogen.

Die ganze Körperlänge Eusapias ist 1 m 55, die des Verfassers 1 m 88. Beim Herunterziehen berührt die Hülle fast das Haar des Verfassers. Plötzlich wird der Verfasser durch eine offenbar in dem Tuch befindliche Hand mit 5 Fingerspitzen kräftig auf dem Kopf berührt. Derselbe Vorgang wiederholt sich mit den anderen Teilnehmern, mit Richet, Dobrzyki usw. Außerdem wird die hinter dem Stoff befindliche Hand abgetastet. Während dieses Phänomens bestand Dunkelheit.

Sitzung am 12. April 1894 im Palazzo Lovati in Rom.

Dunkelheit. Beide Hände Eusapias von mir gehalten, ihre Füße von meinen Beinen umfasst. Der Kopf des im tiefen Trancezustand befindlichen Mediums ruht an meiner rechten Schulter. In einer 1 m 25 cm hinter Eus-

apias Stuhl stehenden Harfe werden die Saiten angeschlagen wie mit einer Hand. Keine materielle Verbindung zwischen dem Instrument und dem Medium. Türen verschlossen. Außer dem Medium und dem Verfasser befand sich niemand im Zimmer. Unter ähnlichen Versuchsbedingungen wird ein Fächer auf den linken Arm des Verfassers gelegt, der sich hinter ihm auf einem 1 m entfernten Tisch befand. Ein in der Nähe stehender Stuhl fällt um.

Sitzung am 25. August 1894 im Chateau Carqueranne.

Professor Ochorowicz hält auf dem Boden liegend beide Füße Eusapias; Professor Sidgwick (Philosoph in Cambridge) übernimmt die Garantie für die rechte Hand Eusapias; der Verfasser hält ihre linke; Professor Richet, hinter ihr stehend, hat seine Hand auf Eusapias Mund gelegt. Trotz dieser Umklammerung von vier Gelehrten werden 10 Uhr 7 Min. Töne auf einem 70 cm von Eusapia mit der Tastenseite ihr zugekehrten Flügel angeschlagen, wie von einem Finger, und zwar in der ihr zunächst liegenden Oktave. Die Lampe ist gelöscht, jedoch die Türe zum erleuchteten Nebenzimmer etwas geöffnet. Dämmerlicht.

11 Uhr 31. Prof. Sidgwick glaubt durch Betasten ein von Eusapia ausgehendes armartiges Gebilde wahrzunehmen, das in einer Entfernung von 30 cm hinter dem Rücken des Mediums stehende Gegenstände (Schachtel mit Bleistiften und ein Glas) ergreift und auf den Sitzungstisch befördert. Kontrollbedingungen wie beschrieben.

12 Uhr 9: Richet liegt unter dem Tisch, Professor O. Lodge kontrolliert die linke Seite sowie den Kopf des Mediums, der Verfasser die rechte. Eine auf dem Tisch hinter Eusapia stehende Spieldose wird durch Drehung des Deckels aufgezogen. Außerdem erneuter Tastenanschlag auf dem Flügel. Daneben zahlreiche variable Berührungsphänomene.

Sitzung am 27. August 1894 im Chateau Carqueranne,

Dämmerlicht. Eine heruntergeschraubte Lampe steht am Boden hinter einem Schirm.

Rechts hat Professor O. Lodge Kopf und rechte Hand Eusapias. Kontrolle der linken Seite und der Beine des Mediums durch Madame Sidgwick. Transport von Gegenständen, die seitlich nicht weiter als 1 m von Eusapia entfernt sind, auf den Sitzungstisch; so einer Wasserflasche (11 Uhr 49), einer Spieldose (12 Uhr 13), die gleichzeitig aufgezogen wird. 12 Uhr 9: eine Billardkugel fällt auf den Tisch; 12 Uhr 20: eine Melone,

12 Uhr 14 wird Eusapia rechts von Richet und Lodge, links von Madame Sidgwick und dem Verfasser festgehalten. Dr. Baretta kontrolliert, unter dem Tisch liegend, ihre Füße. Der Kopf ruht an der Schulter von O. Lodge. Kräftiges Anschlagen einiger Pianotasten begleitet von synchronen Muskelkontraktionen der Versuchsperson (12 Uhr 14 bis 12 Uhr 17).

12 Uhr 26 wird unter denselben Bedingungen auf dem Piano eine Tonleiter gespielt. Zahlreiche Berührungsphänomene.

Sitzung am 1. Mai 1896 im Palazzo Lovati (Rom).

Dunkelheit. Eusapia wird von Dr. Richard Voß (dem verstorbenen Romanschriftsteller) und von dem Verfasser kontrolliert. Außerdem nur anwesend Gräfin Brenda. Auf einer 1 m entfernten Gitarre lassen sich Zupftöne vernehmen. Herstellung der elektrischen Zimmerbeleuchtung. Wiederum Töne auf der Gitarre. Der Verfasser konstatiert, dass keinerlei körperliche Verbindung zwischen dem Instrumente und dem Medium besteht. Dunkelheit. Eusapia setzt sich auf den Schoß des Verfassers. Ein Stuhl in ihrer Nähe kommt in Bewegung. Das auf dem Tisch liegende Tamburin wird ergriffen und im Takt, korrespondierend mit Armbewegungen Eusapias auf der Platte, aufgeschlagen.

Sitzung in der Münchener Wohnung des Verfassers am 28. Mai 1898.

Zimmer halbverdunkelt. Bei sichtbarem Kopf und vom Verfasser gehaltenen Händen des Mediums[21] wird aus dem hinter ihr befindlichen Vorhang ein Tamburin herausgestreckt. Dasselbe bewegt sich langsam in schwebender Haltung über den Kopf des Mediums und legt sich mitten auf den Sitzungstisch nieder. Keine materielle Verbindung zwischen Tamburin und Medium. Dann erhebt sich vor aller Augen das Tamburin vom Tisch und fällt nach rückwärts auf den Boden, so dass es auf den Rand des Vorhangs rückwärts von Eusapia zu liegen kommt. An dieser Stelle mehrfaches Aufschlagen des Tamburins bei gleichzeitigen sympathetischen Mitbewegungen Eusapias durch ihren linken Arm. Schließlich bewegte sich das Tamburin kriechend senkrecht über das Kleid der links sitzenden Dame hinauf, um auf dem Schoß derselben liegenzubleiben.

Sitzung am 30. Mai 1898 in der Wohnung des Verfassers.

Zimmer halb verdunkelt. Professor Lipps kontrolliert die linke Seite Eusapias, die rechte General Freiherr von Branca. Der Verfasser außerhalb des Zirkels. Ein Tamburin liegt rechts neben Lipps auf dem Teppich und der Verfasser konstatiert auf dem Boden kniend, dass irgendeine Berührung durch Fäden od. dgl. zwischen dem Objekt und dem Medium nicht besteht. Darauf setzt sich das Tamburin in Bewegung und gelangt halb kriechend und halb springend auf den Schoß des Prof. Lipps. Derselbe sucht das Phänomen damit zu erklären, dass Eusapia das Instrument mit ihrem linken Fuß (der in seiner eigenen Kontrolle stand und mit einem Knopfstiefel[22] bekleidet war) auf seinen Schoß befördert habe (nachdem sie ihren Fuß aus dem Schuh gezogen).

---

[21]   Vor jeder Sitzung vollkommene Entkleidung Eusapias und Kontrolle des Körpers und Gewandes durch zwei Damen.

[22]   Die Sitzungsstiefel wurde wiederholt untersucht. Im ganzen sind sie 14 cm hoch, 7 cm vom Knöchel bis zum oberen Stiefelrand.

Prof. Lipps steht auf dem Standpunkt, dass Eusapia sich immer diejenigen Glieder kontrollieren lässt, die sie für den Versuch nicht braucht. Wenn sie die Knie kontrollieren lässt, arbeitet sie mit den Fußspitzen, wenn sie die Fußspitzen kontrollieren lässt, mit den Händen, wenn beides kontrolliert wird, mit dem Mund. Wenn die Erklärung des Münchener Psychologen auch für das Tamburinphänomen kaum ausreichen dürfte, so lässt sich nicht leugnen, dass Eusapia in der Sitzung vom 30. Mai 1898 sehr aufgeregt, unruhig und missmutig war und sich verdächtige Manipulationen zuschulden kommen ließ. Dagegen bleiben auch in dieser Sitzung für Lipps unerklärlich:

1. volle Levitation des Tisches unter guter Kontrolle;

2. segelartige Aufbauschung des hinter dem Rücken befindlichen Vorhanges, ohne dass irgendein Kontakt zwischen Vorhang und Medium bestand und

3. einige selbsterlebte Berührungsphänomene, während Lipps rückwärts hinter dem Medium stand und beide Hände von zwei Herren sichtbar gehalten wurden.

Sitzung am 1. Juni 1898 in der Wohnung des Verfassers.

Wiederholung des Tamburinphänomens vom 28. Mai. Füße von dem unter dem Tisch liegenden Verfasser gehalten, rechte Hand von Dr. Albrecht, linke von Prinzessin E., Kopf sichtbar. Die Beobachter geben an, das Tamburin sei aus dem Vorhang herausgehoben und auf den Tisch gelegt worden. Allerdings beugte Eusapia sich zurück, wie wenn durch Annäherung eines Gliedes an das zu ergreifende Objekt die Aufgabe erleichtert werde.

Der Verfasser bleibt nun außerhalb des Zirkels, legt das Tamburin auf den Boden, so dass die Fußspitze des ausgestreckten Beines der Eusapia noch 30 cm davon entfernt ist (nachgemessen). Der Verfasser verharrt bei dem Objekt, das also in keiner Verbindung mit dem Medium steht, was von ihm und Dr. Albrecht konstatiert wurde. Zeitweise Beleuchtung mit einer elektrischen Taschenlaterne. Licht ausreichend zur Beobachtung. Plötz-

lich wird das Tamburin vor meinen Augen weggezogen, dreimal auf den Teppich aufgeschlagen und springt auf den Schoß der links von Eusapia sitzenden Prinzessin E. Beim Aufschlagen korrespondierende Armgesten des Mediums. Außerdem Berührungsphänomene.

Sitzung vom 3. Juni 1898 im Hause des Verfassers.

Wiederholung des Tamburinexperiments unter strenger abwechselnder Kontrolle des Dr. med. Albrecht, Dr. phil. Offner, Dr. phil. Schmidt, des Generals Frhrn. v. Lichtenstern und des Verfassers. Ferner Aufziehen einer Spieldose ohne Berührung durch Eusapia.

9 Uhr 2. Dr. Offner und der Verfasser kontrollieren Arme und die in gestreckter Haltung befindlichen Beine des Mediums. Starke Klopflaute, wie wenn mit einem Knüppel auf die Tischfläche geschlagen würde. Jeder Ton wird von einem synchronen Schleudern des Kopfes begleitet.

Frhr. von Lichtenstern gibt zu Protokoll, er habe bei dem Dämmerlicht genau beobachtet, dass das Kinn Eusapias sich bedeutend verlängert habe. Es sei ihm so vorgekommen, als ob das Medium mit einem ca. 8 cm breiten Auswuchs von Gesichtslänge hammerartig auf den Tisch geschlagen habe.

Sitzung am 5. Juni 1898 in der Wohnung des Verfassers.

Außer dem Medium anwesend Verfasser und Gattin. Eine Zither liegt halb links vom Medium 75 cm entfernt von der Bodenberührung ihres Kleides am Vorhang auf dem Boden. Volle Beleuchtung durch eine auf dem Klavier gegenüber stehende große Stehlampe mit Doppelbrenner. Rechte Seite von der Gattin des Verfassers überwacht, linke vom Verfasser. Es erklingen Zupftöne auf der Zither, die achtmal auf Wunsch hintereinander wiederholt werden. Während des Experiments kontrolliert der Verfasser mehrfach den Zwischenraum zwischen Medium und Zither und konstatiert, dass keinerlei Verbindung bestand. Das Instrument wird verschoben, hin und her bewegt, und es hatte den Anschein, als ob eine hinter dem Vorhang tätige unsichtbare Kraft diese Veränderungen hervorbringen würde. Ein hinter dem Sitz des Verfassers stehender Stuhl ohne Lehne wird ebenfalls bei voller Beleuchtung hin und her geschoben, umgeworfen und herangezogen. Das Medium war vollkommen sichtbar und an Händen und Füßen festgehalten. Synchrone Muskelaktionen des linken Arms.

Sitzung am 6. Juni 1898.

Beim Aufbauschen des Kleides (Füße sichtbar und in Kontrolle) glaubt Professor G. links das Herauswachsen eines Gliedes wahrzunehmen.

Sitzung am 24. April 1902 in einer Privatwohnung (Neapel).

Ein leeres Zimmer war vom Verfasser für die Versuche eingerichtet worden. Eusapia wurde rechts vom Verfasser, links vom Fürsten Ruspoli kontrolliert. Bei den Tischerhebungen (volle Levitation bei leichter Berührung der Platte durch das Medium) bauschte sich Eusapias Kleid auf in der Richtung auf das links von ihr stehende Tischbein zu, bis es dasselbe berührte.

In einer vom Verfasser hinter dem Vorhang (1/2 m von Eusapias Rücken entfernt) auf einen Stuhl gelegten Ziehharmonika wurden Töne erzeugt. Bei Wiederholung des Versuches nahm Eusapia mit der Linken den kleinen Finger meines senkrecht mit dem Ellbogen auf die Tischplatte vor ihr gestützten Armes, mit ihrer Rechten den Daumen der Hand, öffnete und schloss die gestreckten Finger wie Harmonikafalten. Synchron mit diesen Bewegungen hörte man das Ein- und Ausblasen der Harmonikatöne. Bei diesem Versuch waren im Dämmerlicht Hände, Kopf und Oberkörper Eusapias sichtbar; die Beine standen in unserer Kontrolle. Man hatte den Eindruck, als ob ein Ungeübter Harmonika zu spielen versuchte.

Vor dem Versuch, einen 45 cm von ihr entfernt stehenden Stuhl auf unseren Wunsch zu bewegen, verlangte sie von meiner bei dieser Sitzung anwesenden Schwester, sie solle mit dem Kleid Eusapias zuerst den Stuhl berühren (während ihre Glieder gehalten wurden). Das geschah. Der Stuhl setzte sich alsbald in Bewegung, um dann

mit einer synchronen schleudernden Geste ihres rechten Armes wieder zurückzufliegen (ohne Berührung).

Sitzung vom 26. April 1902 in Neapel.

Sitzungsraum wie am 24. April. Eine vom Verfasser auf den Sitzungstisch gelegte Ziehharmonika wird gespielt, obwohl die Tastenseite vom Medium abgekehrt war. Während des Versuches Dunkelheit. Eusapia saß zwischen dem Verfasser und dem Fürsten Ruspoli. Während dieses Versuches kontrollierte ich mit einer Hand die beiden Arme und Hände Eusapias und bemerkte, dass aus ihrem Oberkörper sich eine Art Auswuchs gebildet hatte, der ihren Körper mit der Ziehharmonika verband. Derselbe schien lebendig zu sein, bewegte sich in der Richtung auf das Instrument und leistete bei Berührung Widerstand. Beide Beine waren ebenfalls vom Verfasser während des Versuches kontrolliert.

Sitzung am 28. April 1902 in Rom.

Wohnung des Principe Ruspoli. Eusapia links überwacht von Prof. Luciani (dem Physiologen der römischen Universität), rechts von Professor Sante de Sanctis (Psychiater und Verfasser eines auch ins Deutsche übersetzten Werkes über die Träume).

Das Hauptphänomen dieser Sitzung besteht in der segelartigen Aufblähung des Vorhangs, der ½ m hinter Eusapias Rücken das Kabinett abschloss. Beleuchtung durch 2 elektrische Rotlichter. Der Verfasser (außerhalb des Zirkels) stellte fest, dass keine nachweisbare materielle Verbindung zwischen Medium und Vorhang bestand. Prof. Luciani, der sich von seinem Sitz erhoben hatte, und der Verfasser konstatierten nun einen elastischen Widerstand beim Anlegen der Hand auf die Wölbung, welche ca. 40 cm im Durchschnitt betrug. Luciani hob den Vorhang in die Höhe, das Phänomen verschwand; aber hinter dem Vorhang befand sich nichts, was zur Erklärung hätte dienen können. Der Vorgang wiederholte sich, nachdem die Plätze wieder eingenommen waren, wohl ein dutzendmal. Als nach Schluss der Sitzung drei elektrische Lampen des Lüsters mit weißem Licht brannten, während die Gelehrten ihre Protokolle anfertigten, wobei die Reihenfolge der Sitze am Tisch sich nicht verändert hatte, blähte sich der Vorhang plötzlich von neuem auf; ein ziemlich breiter Lichtstreifen fiel zwischen der Rückenlehne von Eusapias Stuhl und dem 50 cm entfernten Vorhang auf den Boden. Die einzelne Aufblähung dauerte bis zu 25 Sekunden. Das Phänomen wiederholte sich ca. zwanzigmal hintereinander, ohne dass es durch Eingriffe unsererseits beeinflusst wurde. Man konnte den Vorhang berühren, aufheben, die Kommunikationslinie von Eusapia und Vorhang durchschneiden. Den sämtlichen Anwesenden schien aufgrund dieser Versuche die Tatsächlichkeit des Phänomens der Vorhangaufblähung festgestellt zu sein[23].

Sitzung am 29. April 1902 in Rom.

Wohnung des Principe Ruspoli. Eusapia sitzt wie am 28. zwischen Prof. Luciani und Prof. Sante de Sanctis. Beleuchtung durch 2 Rotlichtflammen. Während des Verlaufs der Sitzung hebt Luciani den Vorhang hinter dem Rücken Eusapias und veranlasst dieselbe, willkürliche Fernwirkungen auf die hinter demselben 1 m ent-

____

[23] Prof. Ochorowicz will während seiner Untersuchungen Nov. 1893 bis Jan. 1894 in Warschau eine Abhängigkeit der Vorhangphänomene von der synchronen Muskelspannung Eusapias festgestellt haben, und zwar bei einer Entfernung von 2—4 m. Der Bericht gibt hierzu folgende Übersicht:

- Schwache Muskelanspannung: Aufbauschen des Vorhangs.
- Starke motorische Kontraktion: Aufblähen des ganzen Vorhangs wie ein Segel.
- Stärkste Spannung, Aufschreien: Der Vorhang wird auf den Tisch geschlagen und bedeckt die Kontrollperson vollständig.
- Ruhe: Vorhang unbewegt.
- Neuerliche Muskelkontraktion: Vorhangbewegungen.
- Starke motorische Anspannung: Starkes Aufblähen desselben.

Hiernach scheint die im Vorhangphänomen zum Ausdruck kommende mechanische Leistung proportional von der Muskelspannung Eusapias abzuhängen. Vgl. Albert de Rochas. L'exteriorisation de la motricite. Paris 1906, S. 155.

fernten Gegenstände in der Weise auszuüben, dass der ganze Vorgang durch Gesichts- und Tastsinn kontrolliert werden könne. Ein kleiner Tisch mit darauf liegenden Musikinstrumenten wird hin und her bewegt und schließlich umgeworfen. Der Verfasser verlässt den Zirkel, begibt sich ins Kabinett, stellt den Tisch wieder auf und konstatiert das Fehlen jeglicher Verbindung desselben mit Eusapia. Kaum aber hatte ich meinen Platz wieder eingenommen, als der kleine Tisch (Fläche 52 cm x 41 cm) von neuem umgeworfen wurde. Außerdem wirkte Eusapia auf eine ca. 1 m entfernt liegende Gitarre ein, indem sie wiederholt den Stiel derselben aufhob und niederlegte (unter synchroner Bewegung des rechten Armes). Während der ganzen Vorgänge war Eusapia sichtbar und an Händen und Füßen von den Professoren Luciani und Sante de Sanctis gehalten.

Sitzung am 16. Februar 1903 in der Wohnung des Verfassers.

Hinter dem Vorhang ein kleiner Tisch mit Zither. Stark abgedämpftes Licht. Kontrolle des Mediums durch Dr. Albrecht und Dr. Minde. Aus dem Protokoll des anwesenden Herrn von Parish wörtlich zitiert: „Der kleine Tisch mit Zither kommt aus. der Zimmerecke, die sich hinter dem Vorhang befindet. Hände und Füße des Mediums sind kontrolliert. Während des Heranrückens erfolgen korrespondierende ziehende Bewegungen mit der Hand Eusapias. Er schiebt sich wieder zurück. Das Experiment wird mehrmals wiederholt; teils erfolgt das Vorrücken des Tisches ruckweise, teilweise in einem Zuge, ebenso das Zurückschieben. Einmal erhebt er sich nahe beim Medium ca. 30 cm hoch. Einmal kommt er sehr rasch heran, stürzt und die Zither fällt zu Boden, der Tisch ist zerbrochen. Nochmals wird ausdrücklich konstatiert, dass während des Herankommens und Zurückschiebens des Tisches Hände und Füße des Mediums von Minde und Albrecht absolut sicher kontrolliert wurden."

Die Umrisse des Kopfes sind dauernd sichtbar.

Sitzung vom 18. Februar 1903 in der Wohnung des Verfassers.

Hinter dem Vorhang steht ein großer runder Papierkorb, dessen Deckel oben festgebunden ist. In demselben befindet sich eine Ziehharmonika mit den Tasten nach unten aufgehängt. Eusapia gehalten von Dr. Richard Voß und der Gattin des Verfassers. Nur das Licht der Straßenlaterne, das durch die nicht mit Vorhängen verschlossenen Fenster hereinfällt, erleuchtet den Raum.

Um 9 Uhr 45 wird bei gut sichtbarem Oberkörper Eusapias die in dem Korb aufgehängte Ziehharmonika gespielt und der ganze 65 cm hohe Korb (mit einem Durchmesser von 45 cm) wird schwebend in die Höhe des Kopfes von Eusapia gebracht. Der Deckel des Korbes ist von den nach unten stehenden Tasten 53 cm entfernt (ganze Armlänge Eusapias beträgt 76 cm).

Sitzung vom 22. Februar 1903 in der Münchener Wohnung des Verfassers.

Eusapia sitzt vor dem Vorhang, kontrolliert rechts von Dr. Albrecht, links von Dr. Minde. Stark abgedämpfte Beleuchtung.

10 Uhr 10 geht der Verfasser hinter den Vorhang und stellt fest, dass der dort stehende Stuhl keine Kommunikation mit dem Medium besitzt. Unmittelbar darauf wird derselbe herangezogen und wieder zurückbefördert. Außerdem erklingt die Zither, so als ob ein breiter Daumen über die Saiten führe.

Sitzung am 27. Februar 1903 in der Wohnung des Verfassers.

Zimmer schwach erhellt durch Laternenlicht von der Straße.

Eusapia links kontrolliert vom Verfasser, rechts durch Professor von Keller.

10 Uhr 45 erklingt die hinter ihr auf einem Stuhl liegende Zither durch Zupfdisharmonien. Dann wird sie zwischen den Köpfen des Verfassers und des Mediums herüberschwebend auf den Tisch vor Eusapia gelegt.

Denselben Versuch wiederholte sie, von anderen Teilnehmern rechts und links kontrolliert, mit der Ziehharmonika.

Sitzung am 1. Mai 1903 in der Wohnung des Verfassers.

Stark gedämpftes Rotlicht. Eusapia sitzt zwischen dem Verfasser und dessen Gattin, von beiden kontrolliert. Ein kleiner 1 m hinter Eusapia stehender Tisch wird mit einer fernwirkenden Geste des linken Armes herangezogen und dann mit einer kräftigen Abwehrbewegung durch den kontrollierten linken Arm so heftig zurückgeschleudert, dass er umfiel und mit den Beinen nach oben ragte.

Sitzung am 3. März 1903 in der Wohnung des Verfassers.

Laternenlicht von der Straße. Das Medium legt beide Beine auf den Schoß des links sitzenden Herrn von Lang. Ihre beiden Hände liegen deutlich sichtbar auf dem Tisch, gehalten von Prof. von Keller und Herrn von Lang. Kopf sichtbar. Unter diesen Versuchsbedingungen wird 8 Uhr 59 der Korb aus dem Kabinett hinter dem Vorhang herangeschoben.

9 Uhr 20 übernimmt Prof. von Keller die Kontrolle beider Arme und Beine. Wiederum wird der 1 m entfernt stehende Korb herangezogen.

10 Uhr Kontrolle links durch den Verfasser, rechts durch Herrn von Lang. Kopf sichtbar. Der Korb wird aus dem Kabinett heraus über das Medium hinweg auf den Tisch gelegt und vom Verfasser wieder an seinen Platz gestellt.

10 Uhr 15. Eusapias Kopf liegt auf der Hand des Verfassers, dieselbe mit dem Mund berührend; ihre Linke wird von Herrn von Lang, ihre Rechte von Prof. von Keller gehalten. Nunmehr wird von rückwärts der kleine Tisch auf den großen gestellt (über unsere Köpfe hinweg) und auf diesen der Korb, welcher dann wieder heruntergehoben zu Boden gelangt.

Sitzung am 10. März 1903 in einem Münchener Privathaus.

Der Verfasser konstatiert Aufbauschung des Kleides bei Eusapia auf der linken Seite bei Rotlicht (Durchmesser 25 cm). Es gelingt ihm, ein stumpfartiges Gebilde unter dem Kleid abzutasten, das bei Berührung verschwindet. Sofortige Kleiduntersuchung negativ. Arme und Beine wurden während des Versuches gehalten.

Sitzung am 13. März 1903 in einem Münchener Privathaus.

Dunkles Rotlicht. Frau Paladino wird links von Prinz L. F. und rechts von Herrn M. kontrolliert. Aufbauschung des Kleides links am Oberschenkel. Der Prinz fühlt unter der Aufbauschung etwas Hartes wie einen gliedartigen Stumpf.

11 Uhr 53. Saiten einer Mandoline, die sich hinter dem Vorhang auf dem Lehnsessel befindet, werden zum Erklingen gebracht. Das Instrument wird erhoben, auf den Tisch gelegt, wieder erhoben, erklingt mehrfach, und als es sich um 12 Uhr über dem Kopf des Mediums zeigt, flammt das Blitzlicht auf (vgl. Abb. 20).

Sitzung am 15. März 1903 (Münchener Privathaus)

Es wurden bei Gasbeleuchtung Aufbauschungen in dem ca. 30 cm hinter Eusapias Rücken befindlichen Vorhang von Prof. Dessoir und dem Verfasser beobachtet, während beide außerhalb des Zirkels neben dem Vorhang standen und konstatierten, dass sich ein freier Zwischenraum zwischen Eusapia und dem Vorhang befand, ohne irgendeine materielle Kommunikation. Eusapia war links von Prinz L. F. und rechts von Herrn M. kontrolliert. Als Eusapia nun ihren rechten Arm erhebt, wird der 30 cm entfernte Vorhang wie durch einen Magneten angezogen und bläht sich auf, bis er ihren ganzen Unterarm bedeckt.

.9 Uhr 50 nimmt Eusapia bei gedämpftem Licht (durch eine heruntergeschraubte, mit Schirm versehene Gasflamme) die eine Hand des außerhalb des Zirkels befindlichen Prof. Dessoir und macht eine schleudernde

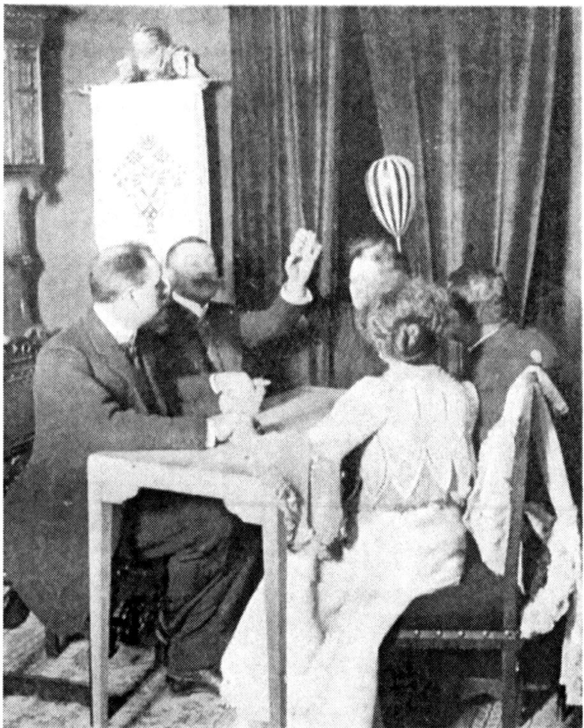

Abb. 20: Telekinetische Erhebung einer Mandoline durch Eusapia Paladino. (Münchner Sitzung am 13. März 1903.)

Bewegung auf das Kabinett zu. Gleichzeitig hört man ein lautes Verschieben von Gegenständen hinter dem Vorhang. Wiederum überzeugt Dessoir sich, dass kein Kontakt zwischen Medium und Vorhang besteht. Während der Gelehrte am Vorhang stehenbleibt, wird plötzlich ein kleiner Tisch, der mit der Platte auf dem Boden lag, aus dem Vorhang herausgerückt. Dessoir will nun beobachtet haben, dass eine schwarze vom Medium ausgehende Masse den Tisch wieder zurückschob. Kontrolle des Mediums bei diesen Vorgängen wie oben erwähnt.

10 Uhr 5. Der Verfasser stellt den Tisch hinter den Vorhang zurück und legt eine Ziehharmonika darauf. Löschen des Lichtes. Verschiedene Bewegungen der Gegenstände hinter dem Vorhang.

10 Uhr 45. Blitzlichtaufnahme, als der Tisch mit Harmonika neben Eusapias Körper in scheinbar schwebender Stellung zum Vorschein kommt. (Abb. 21.)

Abb. 21: Emporheben eines kleinen Tisches mit einer Zieh-harmonika durch Eusapia Paladino. (Münchner Sitzung am 15. März 1903.)

Sitzung am 17. März 1903 in der Münchener Wohnung des Verfassers.

Gedämpftes Rotlicht. Eusapia zwischen dem Verfasser (links) und Prof. von Keller (rechts). Beide Füße der Paladino liegen auf dem Schoß des Verfassers, Hände gehalten, Kopf sichtbar. Der Rücken ihres Stuhles berührt den Vorhang hinter ihrem Rücken nicht. Dreimaliges Erklingen der im Kabinett hinter dem Medium liegenden Zither. Die letztere sowie ein kleiner Tisch gelangen aus dem Kabinett auf den Sitzungstisch.

11 Uhr 39. Beide Hände des Mediums auf dem Schoß gehalten. Kopf sichtbar. Die auf dem Tisch in der Mitte der Anwesenden liegende Zither ertönt.

12 Uhr 15. Prof. Dessoir kontrolliert Eusapia links, Herr von Lang rechts. Die Zither wird ergriffen und auf dem Tisch herumgeworfen. Mit den Händen kam dies

Phänomen nicht zustande. Prof. Dessoir hat den Eindruck gehabt, dass etwas von ihrem Schoß ausging, was die Zither ergriff, ein Etwas, das wieder in den Schoß des Mediums zurückging. Herr von L. gibt bestätigend an, dass er eine Kommunikation zwischen Zither und Medium gefühlt habe, etwas, das sich wie ein Faden oder eine Schnur anfühlte, die sich aber bei Berührung sofort zurückzog.

Sitzung am 15. April 1909 in Genua (Wohnung des Herrn Gellona).

Abgedämpfte Beleuchtung, die eine Kontrolle des Mediums durch die Augen ermöglicht. Die rechte Seite Eusapias kontrolliert von Prof. Morselli (Psychiater), die linke vom Verfasser. Ein 1/2 m hinter dem Medium im Kabinett befindlicher Stuhl nähert sich und gelangt über die rechte Schulter Eusapias auf den Tisch ohne Beteiligung ihrer Hände und ihres Kopfes; derselbe wird auf die gleiche Weise in das Kabinett zurückbefördert. Der Verfasser ergreift den Stuhl, um ihn an sich zu ziehen, findet aber kräftigen und elastischen Widerstand, etwa so, wie wenn eine Person ihm den Stuhl entreißen wollte. Derselbe Vorgang der Hin- und Zurückbeförderung wird mit einem im Kabinett auf einem Tisch liegenden Tamburin vorgenommen. Mechanische Mitwirkung der Glieder Eusapias durch die Kontrolle ausgeschlossen.

Resultate der französischen Kommission.

Die mit der Untersuchung der Eusapianischen Phänomene betraute Kommission französischer Gelehrter bestätigt in allen Einzelheiten die Beobachtungen des Verfassers über Fernwirkung auf leblose Gegenstände.

So berichtet dieselbe in der

Sitzung am 5. April 1905: Eusapia macht mit ihren Fäusten in der Luft Bewegungen des Herzuziehens und Wegstoßens. Synchron damit nähert sich ein kleiner Tisch und geht wieder zurück. (Kontrolle links: d'Arsonval, rechts: Youriewitsch.)

Sitzung am 18. Juni 1905: Gleichzeitig mit einer Handgeste Eusapias ertönt die im Kabinett liegende Zither. Sie kratzt auf dem Handrücken d'Arsonvals; wiederum erklingen Töne aus dem Musikinstrument. Das Medium wurde links von d'Arsonval, rechts von Madame Brincard kontrolliert.

Ziemlich schwere Objekte wurden bewegt, erhoben und transportiert, so z. B. wurde in der Sitzung am 24. Oktober 1905 ein Sessel, auf dem sich eine Schüssel mit Tonerde befand, aus dem Vorhang herausgezogen; die Schüssel gelangte auf Wunsch der Teilnehmer auf den Sitzungstisch und der Sessel legte sich auf die Schulter von Monsieur Curie. Die Schüssel mit Tonerde wog 7 kg und ließ sich kaum mit einer Hand aufheben.

Sitzung am 10. April 1905. Eusapias Füße waren an die Stuhlbeine gefesselt, die Hände an den Handgelenken ihrer Nachbarn durch Bindfaden befestigt. Unter diesen Bedingungen wird ein 50 cm von Eusapia links stehender kleiner Tisch bis zu den Schultern des Mons. Curie erhoben, umgedreht und mit der Platte, die Füße nach oben, auf den Sitzungstisch befördert (Kontrolleure: links Prof. Curie, rechts Herr Youriewitsch).

Herr Curie wunderte sich über die Präzision, mit der dieser ganze Transport in einem schönen Bogen, ohne jemand zu berühren, ausgeführt wurde.

Sitzung am 12. April 1905. Ein kleiner Tisch wird auf den Sitzungstisch befördert, obwohl er von d'Arsonval zurückgehalten wird. Der von diesem Gelehrten ausgeübte Druck wurde auf 2—3 kg geschätzt. Auf dem Tisch selbst bleibt das Möbelstück unbeweglich, wie angenagelt an der Platte. Dann wird es plötzlich 50 cm hoch erhoben, auf die Schulter von d'Arsonval gesetzt und von neuem auf den Sitzungstisch befördert. Die Professoren d'Arsonval und Ballet suchen es mit Gewalt zu bewegen und stoßen auf einen ganz erheblichen Widerstand.

Sitzung am 7. Oktober 1905. Eusapia, rechts kontrolliert von Mons. Curie, nähert die Hand desselben dem Vorhang, der sich wie angezogen annähert. Dasselbe Experiment wiederholt sie mit dem links kontrollierenden Herrn Komyakoff. Der Vorhang bauscht sich auf und leistet an dieser Stelle der berührenden Hand Widerstand.

In der Sitzung am 4. Juni 1906 waren Eusapias Füße an die Stuhlbeine angebunden. Ihr Kleid bauschte sich beiderseits auf und man bemerkte bei Berührung einen Widerstand, wie von einem Glied ausgehend. Die Gelehrten stellten ferner fest, dass das Kleid sich mehrfach in der Richtung auf die zu ergreifenden Objekte zu in Bewegung setzte, wie wenn unter dem Schutze desselben die Kraftübertragung stattfinden sollte.

Sitzung am 5. April 1906. Man hatte zwischen dem Kleid Eusapias und einem 1 m von ihr entfernten kleinen Tisch ein Stück Stoff auf den Boden gelegt. Dasselbe blähte sich auf und dann erfolgte Erhebung des Tisches mit einem Bein ohne sichtbare Berührung. Eusapias Füße waren an den Stuhlbeinen festgebunden (Kontrolleure: links Herr Curie, rechts Herr Youriewitsch).

Mit Stoff bespannte Hindernisschirme, welche man zwischen den Möbeln und dem Vorhang im Innern des Kabinetts aufstellte, wurden zerrissen, wie überhaupt auch die Erfahrung anderer Gelehrter (z. B. Bottazzi) zeigte, dass sogar hölzerne Schirme zum Schutz der aufgestellten Apparate durchbrochen wurden. Auch das Eindringen in einen Käfig gelang nicht.

Sämtliche Beobachter konstatierten außerdem Berührungsphänomene und stellten vielfach auch palpable Handformen fest, welche in Verbindung mit den telekinetischen Vorgängen auftraten.

Zur Aufklärung der telekinetischen Wirkungen.

Bei einem vergleichenden Überblick über die physikalischen bzw. mechanischen Leistungen der mediumistischen Energie bei Eusapia Paladino, welche in dem reichen Repertoire ihrer Phänomene vielleicht die wichtigste Klasse der biopsychischen Vorgänge darstellen, lässt die unwandelbare Monotonie, in welcher sich dieselben ohne Rücksicht auf Ort und Zeit und in derselben Weise wiederholen, auf eine Art gesetzmäßigen Auftretens schließen. Sie scheinen von ganz bestimmten Bedingungen abzuhängen und in ihrer Wirkung begrenzt zu sein. Allerdings spielen in der mediumistischen Entwicklung Eusapias individuelle Anlage, Erziehungseinflüsse durch die Experimentatoren, Übung und Gewohnheit wohl auch eine erhebliche Rolle.

Die Feststellung des Tatsächlichen stößt nun allerdings in den Sitzungen der Neapolitanerin auf verhältnismäßig große Schwierigkeiten, da man bei der Eigenart der Wirkungsweise der telekinetischen Vorgänge hauptsächlich auf das Zeugnis der Sinnesorgane angewiesen ist. Wenn die Kontrolle des Mediums auch lähmend auf die Entwicklung der Phänomene einwirken mag, so eignen sich doch die Methoden einer objektiven automatischen Registrierung am ehesten für das Gebiet der telekinetischen Manifestationen.

Italienische Gelehrte, so z. B. Prof. Bottazzi[24], Physiologe in Neapel, unterstützt von hervorragenden Vertretern der Medizin und technischen Wissenschaft seiner Vaterstadt, Prof. Morselli (Psychiater in Genua), Prof. Pio Foa[25], pathologischer Anatom in Turin, Prof. Cesare Lombroso und die Mossoschule, die französische Untersuchungskommission (Prof. Courtier, Herr und Frau Curie, d'Arsonval, Bergson usw.) sowie Richet, Ochorowicz und andere Forscher haben versucht, mit Hilfe der Waage, des Dynamometers, der Mareyschen Trommel, mit den Hilfsmitteln der Elektrotechnik und der Photographie die Eusapianischen Phänomene objektiv festzustellen.

Die Resultate der französischen Kommission bedeuten nach dieser Richtung hin einen großen Fortschritt; die von ihr angewandten Methoden können als vorbildlich für die weitere Forschung auf diesem Gebiet angesehen werden.

Allerdings — das darf man nie vergessen — hängt der Erfolg im Grunde nur von der psychischen Verfassung des Mediums ab, welches durch den zwangsmäßigen und unwillkürlichen Einfluss antispiritistischer Denkgewohnheiten bei gelehrten Zeugen schädlich beeinflusst wird.

Die Beobachtung der parakinetischen[26] Vorgänge bei Eusapia Paladino wird auch dadurch erschwert, dass in der Regel mehrere Personen für die Überwachung der Versuchsperson nötig sind, so dass eine Kontrollperson stets auf die Aussagen der anderen angewiesen ist. Dass dabei Beobachtungs- und Aufmerksamkeitsfehler mit unterlaufen können, versteht sich von selbst.

Andererseits sind aber die Feststellungen bei den Tischerhebungen und Objektbewegungen verhältnismäßig einfach, denn die ganze Aufgabe der Überwachung besteht meistens darin, eine körperliche Kommunikation des Mediums mit dem zu bewegenden Objekt zu verhindern. Vielfach konnten bei Eusapia Paladino schwindelhafte Manipulationen nachgewiesen werden, die im wesentlichen nur wieder darauf hinausliefen, durch wohlbekannte Kunstgriffe eine Hand oder einen Fuß frei zu bekommen (Substitution von Hand oder Fuß der Nachbarn) und mit Hilfe derselben einzelne Phänomene vorzutäuschen. Näheres hat der Verfasser ausgeführt in der Einleitung zu dem Werk „Materialisationsphänomene"[27] (S. 11). Allerdings beruhen Eusapias Schwindeleien niemals auf Taschenspielerkunststücken oder auf Vorbereitungen für die Sitzungen. Sie werden in der Regel improvisiert und passen sich an die jeweilige Situation mit den einfachsten Mitteln an. Wie der Verfasser bereits in seinem oben erwähnten Werk ausführte, sind als Ursachen für die unechten Leistungen bei Eusapia Paladino anzusehen: „Mangel an Produktionskraft, unrichtige Anwendung der Kontrolle vonseiten hyperskeptischer und ungeübter Beobachter, suggestive Einwirkung eines für die notwendige psychische Einstellung ungünstigen geistigen Milieus, das Bestreben, die Wünsche der Teilnehmer zu erfüllen sowie körperliches Unwohlsein und seelische Verstimmung." Aber so oft auch diese Täuschungen vorkommen mögen, sie sind nicht imstande, irgendeinen Zweifel zuzulassen an der Realität der wirklich echten und unter scharfer Kontrolle zustande gekommenen

---

[24] Bottazzi, Nelle regioni inesplorate della biologia umana. (Rivista d'Italia 1907).

[25] Foa, Experiences avec Eusapia Paladino (Ann. des sc. psych. 1907, S. 265).

[26] Parakinetisch nennt Maxwell Ortsveränderungen von Möbeln und Gegenständen bei leichter Berührung derselben durch das Medium. Telekinetisch sind Bewegungen von Objekten, die ohne körperliche Berührung des Mediums vor sich gehen. Vgl. Maxwell, Neuland der Seele, S. 94.

[27] Verlag, Reinhardt, München 1914.

Leistungen, d. h. an den reinen unverfälschten Erscheinungen ihrer Mediumität.

Unter Berücksichtigung solcher Bedenken erfordert die zuverlässige Feststellung eine oft wiederholte Beobachtung desselben Vorganges, desselben Experiments, damit bei jedem neuen Versuch frühere Zweifel durch Anwendung veränderter Versuchsbedingungen erledigt werden können.

Obwohl der Verfasser den Entwicklungsgang der Paladino 16 Jahre lang verfolgt, und während dieser Zeitperiode immer wieder durch neue Serien von Sitzungen (in Neapel, Genua, Rom, Südfrankreich und München) seine früheren Feststellungen nachgeprüft und bestätigt hat, scheint erst gegenwärtig der geeignete Zeitpunkt für die wissenschaftliche Verwertung seiner Beobachtungen, soweit sie das Gebiet der telekinetischen Vorgänge betreffen, welche aber nur einen bestimmten Ausschnitt aus der gesamten Phänomenologie der Eusapia Paladino darstellen, gekommen zu sein. Durch analoge Feststellungen anderer Forscher sowie eigene Beobachtungen an anderen Versuchspersonen sind weitere Beweise für die Realität der telekinetischen Vorgänge gegeben, deren Aufklärung von tiefgreifender Bedeutung für das Verständnis des physikalischen Mediumismus überhaupt und des Materialisationsphänomens im besonderen erscheint.

Mit Rücksicht auf den Zweck dieser Arbeit sind die subjektiven Vorgänge des Mediumismus (Bewusstseinsmodifikationen, Persönlichkeitstypen), soweit sie in den Sitzungen mit Eusapia Paladino hervortreten, ebenso wie sonstige Klassen physikalischer Manifestationen (Materialisation, Apporte, Durchdringung der Materie, direkte Schrift, leuchtende Erscheinungen, fernwirkende Erzeugung von Tönen und Geräuschen und Ähnliches) nicht mit herangezogen worden, sondern von den objektiven Leistungen hauptsächlich nur die telekinetischen oder ideokinetischen Phänomene (teilweise und völlige Levitation von Tischen und anderen Gegenständen, Anziehung, Abstoßen und Transport derselben, Einwirkung auf Musikinstrumente, sowie Aufblähungen von Kleid und Vorhang). Dabei handelt es sich also um die rnotio in distans im engeren Sinn.

Die Phänomenologie der Eusapia Paladino hängt, wie auch Morselli[28] mit Recht betont, automatisch von der Tradition, dem Kultus und den Dogmen des Spiritismus ab. Bei ihr wie bei anderen Medien ist man an den Gebrauch des Tisches, des Rotlichts, der Dunkelheit, an die magnetische Kette und an die Vorhänge, Musikinstrumente usw. gebunden. Trotz „der Einfältigkeit dieser mit der anekdotenhaften Geschichte des Spiritismus eng verknüpften Technik" (Morselli), die sicherlich einmal durch wirklich experimentelle Methoden ersetzt werden wird, lässt sich doch in manchen Punkten ihre Zweckmäßigkeit für die einfache Peststellung des Tatsächlichen nicht leugnen, ganz abgesehen von dem psychologischen und vitalen Charakter der Vorgänge, die keineswegs eine rein mechanische Funktion darstellen, sondern aufs Engste mit der Psyche und auch mit den individuellen Glaubenssätzen derartiger Versuchspersonen zusammenhängen.

Wie bei allen Medien, so ist auch in den Sitzungen der Paladino die Beleuchtung von entscheidender Bedeutung. Mit der Stärke der Dunkelheit nehmen die Phänomene bei ihr an Kraft zu, für die Entwicklung derselben scheint abgedämpftes Rotlicht in verschiedenen Abstufungen zweckmäßig. Vielfach setzten sich die Manifestationen nach Schluss der Sitzungen bei voller Zimmerbeleuchtung fort oder kamen, wenn das Medium besonders gut disponiert war, auch bei weißem Licht zustande.

In einigen Fällen wurde, sobald die Dunkelheit eine genaue Beobachtung unmöglich machte, plötzlich Licht gemacht. So versuchte Prof. Ascensi[29], als eine Glocke sich zum dritten Male über den Häuptern der Professoren produzierte, durch rasches Anzünden eines Wachsstreichholzes das Medium zu entlarven. Aber beim Aufflammen des Lichtes fiel die in der Luft schwebende Glocke auf ein 2 m vom Medium entfernt stehendes Bett nieder. Die Hände Eusapias lagen während dieser Zeit in denen der Professoren Lombroso und Tamburini.

Auch während der römischen Sitzungen des Verfassers im Hause des Professors Simieradsky wurde die Szene während der Phänomene einmal unerwartet beleuch-

<hr>

[28] Morselli, Psicologia e Spiritismo. 2 Bde. Fratelli Bocca, Torino 1908.

[29] Vgl. Psychische Studien 1892. S. 65.

tet. Eusapia befand sich im tiefen Trancezustand und ihre Hände waren von Prof. Richet und vom Verfasser gehalten.

Die Sitzungen Eusapias sind meist derart angeordnet, dass das Medium 50 cm bis 1 m vor einem Vorhang an der Schmalseite eines leichten (ca. 6—10 kg schweren) Tisches sitzt. Hinter dem Vorhang werden die zu Versuchszwecken bestimmten Gegenstände aufgestellt. Im Allgemeinen dürfen dieselben nicht weiter von ihr als 1½ m entfernt sein. Dieses Vorgehen ermöglicht die Aufrechterhaltung einer wenn auch gedämpften Beleuchtung im Sitzungszimmer selbst, während hinter dem Vorhang, der in der Regel einen kleinen Raum abschließt, die für die Entwicklung des Phänomens nötige Dunkelheit herrscht. Das in der Mitte der Teilnehmer sitzende Medium kann dann beliebig durch Halten oder Fesseln ihrer Glieder kontrolliert werden, während außerdem der Oberkörper sichtbar bleibt. Eusapia trägt meist ein ziemlich weites schwarzes Kleid, hohe Knopfstiefel oder auch Halbschuhe.

Die weichen Stoffe, welche aber nicht durchaus schwarz zu sein brauchen, sind ebenfalls nicht ohne Bedeutung. Sie dienen offenbar als Leiter und Kraftreservoire, wie die Aufblähungen von Kleid und Vorhang in der Kasuistik unserer Versuche gezeigt haben. Unter ihrem Schutz (z. B. gegen das Licht), kommt ein großer Teil der Wirkungen zustande. So wurde vielfach beobachtet, dass das Kleid Eusapias sich den zu bewegenden Objekten oder dem Vorhang näherte. Ja mitunter verlangt das Medium selbst von einem Anwesenden, dass derselbe mit ihrem Kleide den ins Auge gefassten Gegenstand berühre.

Ein großer, vielleicht der größte Teil der telekinetischen Wirkungen Eusapias entspricht den durch die willkürlichen Muskeln des menschlichen Organismus zustande kommenden mechanischen Leistungen. Die betreffenden Objekte, meistens Gebrauchsgegenstände des täglichen Lebens (wie Tische, Stühle, Lampen, Gläser, Bücher, Fächer, Billardkugeln, Schüsseln mit Tonerde, wissenschaftliche Apparate usw.) werden durch die unsichtbare Kraft erfasst, in Schwingungen versetzt (z. B. der Sitzungstisch, Vorhang), bewegt, auf das Medium zu herangezogen oder zurückgestoßen bzw. heftig wegge-

schleudert. Die Bewegung selbst erfolgt rasch und sprungweise oder gleitend oder kriechend und konstant; in zentripetaler Richtung meist langsam — in zentrifugaler oft mit großer Schnelligkeit. Die angezogenen und sich dem Medium nähernden Objekte kriechen nicht selten an den Beinen der neben Eusapia sitzenden Personen herauf, um auf deren Schoß liegenzubleiben oder führen diese Bewegungen sprungweise aus. Außerdem finden an den Gegenständen selbst Manipulationen statt, wie das Anschlagen von Klaviertasten, das Erzeugen von Zupftönen auf Saiteninstrumenten, Betätigung von Spieldosen durch Verschieben des Hebels oder Drehen des Deckels, Schlagen auf ein Tamburin, Druck auf den Knopf eines Metronoms oder eines elektrischen Kontakts, Auf- und Niederziehen einer Hängelampe usw. Dazu gehört auch das Aufschlagen eines auf der Marmorplatte des Büfetts liegenden Brettes, eines Tamburins auf den Boden, einer kleinen halb erhobenen Tischplatte (Versuch der Madame Curie), des Griffs einer Gitarre (Luciani); seitliche Verschiebungen, teilweises Sicherheben des Sitzungstisches (mit zwei Beinen) gehören zu den häufigsten Sitzungserlebnissen bei Eusapia.

Manche dieser Leistungen sind zu kompliziert, um mit einer Hand ausgeführt werden zu können, wie z. B. das Spielen einer Ziehharmonika. Das Aufziehen des Blasebalgs setzt Fixierung der einen Seite, den Druck auf die Tasten und ein Ergreifen der anderen durch eine lebendige Kraft voraus.

Eingreifen in diese Phänomene, um die in Gang befindliche Bewegung aufzuhalten, stößt auf Widerstand und Gegendruck. So kann ein Stuhl oder Tisch, sobald er telekinetisch ergriffen worden ist, wie mit Eisenklammern am Boden befestigt dastehen und nicht durch die Muskelkraft des Experimentators aus seiner Lage gebracht werden. Einen Augenblick später ist er wieder mobil, von der medialen Kraft freigegeben. Auch bei dem halb erhobenen Tisch ist der elastische Widerstand bemerkenswert, wenn ein Anwesender die Platte herunterzudrücken sucht (Sitzung vom 3. März 1903, Beobachtung d'Arsonvals vom 12. April 1905).

Die telekinetische Höchstleistung wird durch das völlige Erheben von Tischen und sonstigen Möbeln und Objekten, durch ein Verweilen derselben in der schwebenden Stellung bis zu mehr als einer halben Minute erreicht. Handelt es sich hierbei nicht um den Sitzungstisch, sondern um Gegenstände hinter dem Vorhang oder in der näheren Umgebung Eusapias, so tritt die Ortsveränderung, der Transport derselben meist in zentripetaler Richtung auf das Medium und den Sitzungstisch hinzu.

Umgekehrt werden auch die auf dem Sitzungstisch befindlichen Objekte zentrifugal, also in der Richtung vom Medium weg, meistens auf dem Boden befördert. Die Entfernung der Gegenstände vom Medium beträgt in der Regel 1—1½ m, vergrößert sich in der Dunkelheit selten bis auf mehrere Meter; beim Emporsteigen derselben wird eine Höhe von 40 cm über den Kopf Eusapias erreicht. Mitunter werden Objekte von erheblichem Gewicht erhoben und transportiert, z. B. schwere Sessel, eine 7 kg wiegende Schüssel mit Tonerde (Beobachtung des Mons. Curie am 24. Oktober 1905) oder, wie Morselli in seinem Werk berichtet, eine 15 kg schwere Schreibmaschine bis zu 60 cm hoch.

Die schwebende Bewegung erfolgt in der Regel vorsichtig, konstant und nicht zu rasch (auch beim Niedersinken), etwa in der Art und in dem Tempo einer Ausführung derselben Aufgabe durch den menschlichen Arm.

Obwohl der Transport oft sogar in völliger Dunkelheit auf dem Sitzungstisch, über die Köpfe der Anwesenden hinweg oder zwischen dieselben hindurch vor sich geht, ist kein Fall bekannt, dass jemand verletzt oder in ungeschickter Weise an den Kopf gestoßen worden wäre. Mons. Curie gibt in der Sitzung vom 10. Juni 1905 seiner Verwunderung über die Präzision Ausdruck, mit der ein kleiner über seine Schulter hinweg beförderter Tisch einen so schönen Bogen beschrieben habe, ohne jemand im Besonderen zu berühren. Man sieht sich genötigt, ein Orientierungsvermögen vorauszusetzen, durch welches die mediale Energie in der Dunkelheit geleitet wird. Nicht selten werden in die Luft steigende Tische während der schwebenden Bewegung umgedreht, so dass beim Niedersinken die Füße nach oben stehen.

Bei der Levitation[30] des fast nur rechteckig geformten Sitzungstisches erheben sich in der Regel die dem Medium zunächst stehenden Beine zuerst, das eine nach dem andern. Sobald der Stützpunkt für die dem Anschein nach in dem Raum unter der Tischplatte wirksame Kraft gefunden ist, folgt die dem Medium entfernte Seite nach. Oder es tritt eine kippende Bewegung ein, so dass nur der von Eusapia linksstehende Fuß noch den Boden berührt, während die drei anderen Beine schon erhoben sind. Das ganze Gewicht verschiebt sich in dieser Lage naturgemäß auf die bei Eusapia befindliche linke Tischecke, welche zuletzt emporsteigt. Das Berühren der Fläche mit einer Hand übt vielleicht zunächst einen Gegendruck aus und erleichtert offenbar das Experiment. Andererseits findet aber auch eine Berührung ohne Druck statt oder Berührung durch die Hand eines Anwesenden, auf welcher diejenige Eusapias liegt. Aber auch sonst treten in Stühlen und anderen Möbeln auf Berührung durch die Finger des Mediums Bewegungen, Hebungen und Drehungen ein, die unmöglich durch leichten Druck erklärt werden können, was auch Morselli bestätigt.

Die teilweise oder vollständige Erhebung des Tisches kommt nicht selten auch ohne jedwede körperliche Berührung des Mediums zustande. Nun ist aber die Schmalseite, an welcher Eusapia sitzt, die am wenigsten günstige Stellung für die mechanische Ausführung dieser Leistung. Gewöhnlich macht der vierbeinige Tisch einige Bewegungen nach rechts oder nach links, hebt sich bald von der einen, bald von der andern Seite, um endlich horizontal emporzusteigen, wobei die Füße in der Regel 20—30 cm, selten 60—70 cm sich vom Boden entfernen. Der Tisch bleibt eine Anzahl von Sekunden (längstens 30 Sekunden) in der Luft schweben, um dann entweder langsam oder in fallender Bewegung herunterzusinken. Morselli beobachtete die Levitation eines Tisches bis zur Kopfhöhe der Anwesenden und wohnte den Einzelbewegungen des Tisches bei heller Gasbeleuchtung bei, während das Medium gebunden im Kabinett eingeschlossen war.

---

[30]   Morselli braucht den Ausdruck „Levitation" ausschließlich für das Empor-schweben des Mediums, meines Erachtens mit Unrecht. Der Verf.

Das interessanteste und wichtigste Ergebnis der französischen Untersuchungskommission auf dem Gebiet der mechanischen Manifestationen Eusapias war die regelmäßige Gewichtsvermehrung des Mediums bei jeder vollständigen Tischelevation (mit und ohne Berührung), und zwar um das Gewicht des Tisches selbst. Bei einer halben Levitation, d. h. solange noch eine Berührung mit dem Boden stattfand, wurde regelmäßig eine Gewichtsverminderung konstatiert. Der Stützpunkt für diese Art der telekinetischen Wirkung liegt also im Medium selbst. Dasselbe Resultat müsste hervorgerufen werden, wenn das Medium mit seinen Armen den Tisch erheben würde. Aus diesem graphisch registrierten Tatbestand geht schon mit Wahrscheinlichkeit hervor, dass auch bei fehlendem körperlichen Kontakt des Mediums mit dem Tisch irgendeine Art unsichtbarer Kommunikation, etwa vergleichbar einem unsichtbaren Arm vorhanden sein muss, der die mechanische Leistung zustande bringt. Sobald aber in Voraussetzung der Richtigkeit dieser Annahme nur eine partielle Elevation erfolgt, findet durch Vermittlung des unsichtbaren Hebelarmes eine Verminderung des Gewichtes durch Verteilung desselben statt, in der Weise, dass ein Teil des Körpergewichts Eusapias auf den Teil des Tisches übertragen wird, welcher den Boden berührt. Der Energieverbrauch zur Hervorbringung dieses Phänomens zeigt sich nachträglich regelmäßig in einer besonders ausgeprägten Ermattung des Mediums (Apathie, Muskelschwäche).

Mit der weiteren Ausführung der hypothetischen Annahme einer oder mehrerer dynamischen Arme könnte auch die zwar nicht vom Verfasser aber von anderen Gelehrten, besonders von Morselli, beobachtete Levitation des Mediums selbst erklärt werden, indem irgendein Stützpunkt auf dem Boden oder auf einem feststehenden Möbel (Tisch od. dgl.) für dieselben genommen wird, vergleichbar der gymnastischen Leistung eines Akrobaten, der mit aufgestützter Hand und gestrecktem Arm sein ganzes Körpergewicht in die Luft zu erheben vermag.

Zu den am leichtesten zu beobachtenden und bei vollem Licht konstatierten Phänomenen Eusapias gehört das Aufblähen ihres Kleides, das auch bei an die Stuhlbeine gefesselten Füßen vor sich ging, sowie die segelarti-

gen Aufbauschungen des Vorhanges in der Richtung auf das Medium zu. Die Gardinen werden außerdem zurückgezogen, geöffnet, geschlossen, über die Schultern der Paladino auf den Tisch geschlagen, ohne dass irgendeine Mitwirkung ihrer Glieder dabei vorhanden ist. Vielfach nähert Eusapia ihre Hand dem Vorhang, der wie durch eine unsichtbare Kraft angezogen, ihr entgegenwallt. Gelegentlich einer Sitzung in Rom (Eusapia wurde links von Professor Luciani, rechts von Professor Sante de Sanctis kontrolliert) konnte der Verfasser bei voller Beleuchtung das Phänomen der segelartigen Anschwellung des Vorhanges ca. zwanzigmal hintereinander beobachten. Bei Berührung leistete der gewölbte Stoff elastischen Widerstand wie ein Gummiballon. Bei Aufhebung des Vorhanges durch Luciani und dem Verfasser war nichts Auffälliges zu bemerken. Es befand sich also kein Blasebalg hinter demselben, womit Prof. Dessoir[31] dieses Phänomen erklären zu können glaubt.

Die Teilnahme der willkürlichen Muskulatur konnte bei den telekinetischen Leistungen der Paladino ebenso konstatiert werden wie bei den teleplastischen der Eva C. Die mit Schmerzen, Stöhnen, Pressen verbundene Muskelaktion beider Versuchspersonen erinnert an die Wehentätigkeit Gebärender. Diese „mediumistischen Wehen" gehören also zu den physiologischen Begleiterscheinungen der telekinetischen wie der teleplastischen Manifestationen.

Der Körper des Mediums begleitet das Zustandekommen der Phänomene mit lebhaften motorischen Rektionen, wie aus den Notizen über des Verfassers Sitzungen am 9. April und 27. Mai 1894, am 1. Mai 1896, am 28. Mai und 3. Juni 1898 und 16. Februar, 1. März und 15. März 1903 zu ersehen ist.

So erfolgen z. B. schleudernde synchrone Bewegungen des Kopfes, eines Armes oder rhythmisches Aufstampfen mit einem Bein eben sowohl bei fernwirkender Erzeugung von Klopftönen wie beim Aufschlagen von Gegenständen. Die wirklichen Glieder führen beim Heranziehen oder Abstoßen der Gegenstände äquivalente Bewegungen aus[32]. Ob diese mit den Leistungen korrespon-

---

[31] Dessoir, Vom Jenseits der Seele. S. 168.

[32] Ochorowicz stellte synchrone Bewegungen im rechten Schenkel des Mediums fest, als er zuerst wie mit einem

dierenden Muskelaktionen eine notwendige konstante Bedingung für den Eintritt bzw. die Entwicklung des betreffenden ideo-kinetischen Vorganges sind oder nur eine die Arbeitsleistung erleichternde, durch Gewohnheit zum Zwang gewordene Begleiterscheinung darstellen, das lässt sich nicht entscheiden.

Beim Ertönen der Musikinstrumente durch Fernwirkung bewegen sich in der Regel die Finger des Mediums in angemessener Weise mit, wie wenn Eusapia im Traume das betreffende Instrument spielen würde, nur mit dem Unterschied, dass hier die Traumbilder sich objektiv realisieren.

Bei der Ferneinwirkung auf einen Stuhl macht das Medium mit seinen Beinen genau dieselben Bewegungen, wie wenn es in Wirklichkeit den Schemel von sich weggestoßen hätte.

Daneben erfolgt aber auch häufig Annäherung eines Gliedes (besonders der Hand oder auch ihres Kleides) an irgendeinen Gegenstand, der in Bewegung gesetzt werden soll, als ob zuerst ein Rapport hergestellt werden müsste. So wird z. B., um auf Objekte im Kabinett zu wirken, der Oberkörper weit auf den Vorhang hin zurückgebogen. Offenbar erleichtert Gliedannäherung die beobachtete Fernwirkung, erweckt aber gleichzeitig den Eindruck beabsichtigter Nachhilfe. Die Bewegungen selbst sind zum Teil willkürlich, zum Teil automatisch, erfolgen aber immer mit dem Zweck, die Lösung der Aufgabe zu erleichtern; andererseits erschwert die große motorische Unruhe Eusapias ihre Überwachung.

Der Physiologe Prof. Bottazzi hält den Synchronismus der Phänomene mit fühlbarer Kontraktion der Gliedmaßen des Mediums für einen wichtigen Faktor zur Aufklärung des mediumistischen Problems.

Ein sorgfältiges Studium der Eusapianischen Phänomene lässt über die Tatsächlichkeit der Bewegung unberührter Gegenstände auf psychodynami-

sche Weise, also der Telekinese, nicht den geringsten Zweifel übrig.

Außerdem spielen sich diese Erscheinungen in derselben typischen Art bei den Sitzungen anderer Versuchspersonen ab; die Analogie in dem Auftreten derselben deutet auf gesetzmäßiges Naturgeschehen im Ausnahmezustande des menschlichen Organismus. Wenn man auch heute noch nichts über den Ursprung dieser rätselhaften Vorgänge weiß, so ist man doch wohl berechtigt, nach hypothetischen Hilfsbegriffen zu suchen, deren wenn auch bedingte Geltung doch immerhin der weiteren Forschung nützliche Dienste leisten kann.

Die von Eduard von Hartmann herangezogene Theorie der einfachen Zug- und Druckkräfte ist zu allgemein und versagt bei der fernwirkenden Ausführung komplizierter Handlungen wie z. B. Zupfen auf den Saiten einer Gitarre, Ergreifen und Aufschlagen eines Tamburins, Spielen auf einer Ziehharmonika usw.

Diese und andere telekinetischen Leistungen setzen, abgesehen von den Willensvorgängen, ein Lokalisationsvermögen, also Raumvorstellungen und Koordination der aufgewendeten motorischen Kräfte voraus, ein Zusammenwirken von Bewegungs- und Tastempfindungen, von Druck- und Berührungsvorstellungen; denn die Bewegungen sind wie durch einen Willen dirigiert, präzis, wie von einzelnen Fingern oder von Händen, d. h. von unsichtbaren, den menschlichen Gliedern adäquaten Organen ausgeführt und bis zu einem gewissen Grade in ihrer Funktionsweise den allgemeinen Gesetzen für die Physiologie und Biologie des menschlichen Organismus unterworfen.

Einen für diese Auffassung außerordentlich lehrreichen Versuch berichtet de Rochas[33]. In der sechsten Sitzung wurden einige mit Ruß geschwärzte Blätter hinter den Vorhang gelegt. De Rochas hielt mit seiner Linken die rechte Hand Eusapias, mit der Rechten die Linke, die sie um das rechte Handgelenk ihres Gastgebers legte. Dann befahl sie ihm, die Finger auszustrecken und sie gegen die an der Wand befindlichen geschwärzten Blätter zu richten. Sie rief „e fatto" und man fand die Abdrücke

---

Finger, dann wie mit einem Fuß mit ziemlich starkem Druck am rechten Knie unter dem Tisch berührt wurde, während das Medium so weit entfernt saß, daß es ihn nicht berühren konnte (Mediamine Reflexe). Sitzung vom 17. Jan. 1909.

[33] Die Erfahrungen in Choisy-Yvrac mit Eusapia Paladino. Annales des so. psych., 1897, Nr. 1 und deutsch in Psychische Studien, Juli 1897, S. 339.

von 5 Fingerspitzen mit den Handlinien. Allerdings ist nicht angegeben, ob die Papillarlinien denen der Eusapia entsprachen oder nicht.

Dieser Versuch und die meisten anderen derselben Art nötigen zur Annahme einer Erzeugung von wirklichen, nach biologischen Prinzipien gebauten Ferngebilden, welche mit den zur Einwirkung bestimmten Gegenständen in Berührung treten.

Die Endorgane derselben müssen eine materielle, wenn auch zunächst nicht wahrnehmbare Verbindung mit dem Organismus des Mediums besitzen, da sie von dort aus ihre Vitalität erhalten und in Funktion gesetzt werden. Ob das lediglich durch psychische ideoplastische, den Raum überspringende Projektion möglich ist, soll dahingestellt bleiben. Jedenfalls sprechen eine ganze Reihe von sorgfältigen Beobachtungen für das wirkliche Vorhandensein solcher dynamischen schattenartigen aber materiellen Verbindungen, die zum Teil in ihrer äußeren Form an menschliche Glieder erinnern, obwohl sie außerordentlich flüchtige und morphologisch variable Gebilde darstellen, deren Endorgane einen höheren Grad der Materialität zu besitzen scheinen, wie die mit dem Körper des Mediums in Verbindung stehenden Kraftlinien[34]. Nur so werden z. B. die Berührungsphänomene verständlich.

Die in den Sitzungen des Verfassers gesammelten Beobachtungen stimmen in diesem Punkte mit den Feststellungen fast aller genügend erfahrenen Forscher überein.

So bemerkte schon am 25. August im Jahre 1894 Prof. Sidgwick, wie aus den Protokollen des Verfassers hervorgeht, ein von Eusapia ausgehendes armartiges Gebilde, das eine Schachtel mit Stiften ergriff und auf den Sitzungstisch schleuderte. Sidgwick hielt bei diesem Experiment die rechte, der Verfasser die linke Hand des Mediums, Ochorowicz, auf dem Boden liegend, beide Füße.

Am 3. Juni 1898 erblickte Freiherr von Lichtenstern einen ca. 8 cm breiten, vom Kinn der Paladino ausgehenden Auswuchs, mit welchem sie unter entsprechenden Schleuderbewegungen des Kopfes auf den Tisch schlug und Klopftöne von erheblicher Stärke erzeugte.

Als der Verfasser am 26. April in Neapel beide Arme und Beine des Mediums kontrollierte, bildete sich aus dessen Oberkörper ein selbstbewegliches Glied, das auf den Sitzungstisch griff und bei Berührung Widerstand leistete.

Ein solches vom Schoß ausgehendes Gebilde, welches in die auf dem Tisch vor Eusapia liegende Zither griff, wurde von beiden Kontrolleuren, Prof. Dessoir und Herrn von Lang, am 15. März 1903 konstatiert. Dasselbe machte einen schnurartigen Eindruck und zog sich bei Berührung des Herrn von Lang auf den Körper des Mediums zurück. Prof. Dessoir nimmt an, dass Eusapia Paladino eine Schnur betrügerisch verwendet habe, obwohl er selbst und ein zweiter ebenso skeptischer Beobachter ihre beiden Hände hielten.

Hervorwüchse unter dem aufgebauschten Kleid auf der linken Seite des Mediums stellten außer dem Verfasser am 6. Juni 1898 Prof. G., am 3. März 1903 Prinz L. F. fest.

Prof. Dessoir konstatierte eine schwarze vom linken Fuß des Mediums ausgehende stabartige Masse, die am 15. März 1903 den Tisch hob und sich wieder zurückzog. Trotz der ablehnenden Haltung dieses Gelehrten gegenüber den Phänomenen der Paladino schildert er doch auf S. 158 des Buches „Tom Jenseits der Seele" seinen in der vom Verfasser veranstalteten Sitzung erhaltenen Eindruck wie folgt:

„Unter dem Kleid bewegte sich etwas, das den Stoff, den ich gelegentlich lang ausbreitete, bis zur Spitze aufbauschte. Hielt ich die Hand heran, so fühlte ich manchmal einen widerstrebenden Luftdruck, manchmal eine stumpfe Spitze, genau so wie diejenige, die auch einen Teil der Berührungen bewirkt. Dieses rätselhafte Etwas, das ich vergeblich zu packen versuchte, ging mit erstaunlicher Schnelligkeit hin und her, es war hinter den Falten des Rockes, bald unten, bald oben, bald rechts, bald links zu bemerken, einmal setzte es am Gesäß an und raffte den Rock empor." — Bei dieser Schilderung ist

---

[34] Möglicherweise spielen beim Zustandekommen der physikalischen Phänomene des Mediumismus auch andere als mechanisch in die Erscheinung tretende Energien eine Rolle.

aber zu berücksichtigen, dass die beiden Hände der Versuchsperson sichtbar kontrolliert auf dem Tisch sich befanden, dass ebenso beide Füße von den Nachbarn gehalten wurden und dass der Verfasser selbst als Zeuge dieser Vorgänge sich mit Professor Dessoir außerhalb des Zirkels befand und die Kontrolle der Glieder des Mediums sorgfältig überwachte.

Die Hypothese bizarrer, aus dem Körper des Mediums sich entwickelnder pseudopodienartiger Hervorwüchse, welche von ihm als Glieder zur Erzeugung der telekinetischen Phänomene verwendet werden, wurde schon 1895 von Professor Oliver Lodge[35] vertreten. Er stützt sich dabei auf gewisse biologische Vorgänge bei den Amöben, die solche Hervorstreckungen (= Prolongationen) erzeugen und wieder in ihren Körper zurückziehen. Erfolgt aber die Ablösung einer Knospe oder eines Auswuchses von dem Tier, die dann ein mehr oder minder unabhängiges Dasein führt, so handelt es sich um Projektionen der vitalen Tätigkeit.

Gliedartige Bildungen dieser Art wurden bei Eusapia Paladino u. a. auch von amerikanischen Gelehrten der Columbia University, welche durch ein Loch im Dach des Kabinetts die Tätigkeit des Mediums während der Sitzungen kontrollierten, festgestellt. Einer der Experimentatoren berichtet darüber wie folgt: „Bei drei verschiedenen Gelegenheiten erblickte ich bizarre Projektionen, die aus Eusapias Körper kamen — einmal in der Mitte ihres Rückens — und dann wieder in den Körper zurückgingen. Diese Pseudopodien waren mit dem Stoff des Vorhangs umhüllt, so dass es nicht möglich ist, ihre Konsistenz zu bestimmen; am deutlichsten wurde eine spitze Form beobachtet (ungefähr 33 cm lang), die sich aus ihrem Fuß entwickelte. Sie näherte sich einem kleinen Tischchen, berührte die Platte und warf die darauf stehenden Gegenstände zu Boden. Alles das wurde deutlich beobachtet[36].

Der Verfasser hatte Gelegenheit, über diesen Punkt die Auffassung des Chev. Ercole Chiaja, welcher Eusapias Entwicklungsgang und Phänomene mehrere Jahrzehnte hindurch verfolgte und ihr während dieser Zeit als väterlicher Beschützer zur Seite stand, kennenzulernen. Chiaja, der in seiner ganzen Beurteilung der mediumistischen Phänomenologie Eusapias auf dem animistischen Standpunkt stand unter strikter Ablehnung des Geisterglaubens, war durch seine langjährigen Beobachtungen davon überzeugt, dass sich aus dem Organismus des Mediums plasmaartige Effloreszenzen bilden, mit welchen anstelle der Glieder die telekinetischen Wirkungen hervorgebracht werden. Dieselben können nach dieser Anschauung von allen Körperteilen aus sich entwickeln und verschiedenartige, den biologischen Gesetzen entsprechende Formen annehmen. Es sind also Fangarme, Pseudopodien, schnurartige Gebilde, dunkle schattenartige Glieder mit stumpfen Enden, oder auch mit einzelnen Fingern oder ganzen Händen in verschiedener Form und Größe, endlich fußartige Extremitäten, welche als überzählige Glieder in unsichtbarer oder sichtbarer Form zur Hervorbringung der motio in distans dienen. Nur bei besonders günstigen Bedingungen tritt dieses in der Regel an Dunkelheit gebundene Phänomen bei stark abgeschwächtem Lichte ein. Als Chiaja während einer Sitzung im Kabinett hinter Eusapia saß, entwickelte sich vor seinen Augen ein solches rüsselartiges Gebilde aus Eusapias Rücken, griff hinter den Vorhang und zog einen Stuhl heraus.

Der Physiologe Prof. Bottazzi[37] macht darauf aufmerksam, dass Eusapia mit diesen im allgemeinen unsichtbaren Verlängerungen, die er „medianime Glieder" nennt, nicht nur Bewegungen ausführen, sondern auch fühlen könne. Diese „überzähligen Glieder" oder „Neoplasmen" (Morselli) werden mitunter, während die wirklichen Hände des Mediums kontrolliert sind, im Dämmerlicht sichtbar und bringen bestimmte Klassen von Phänomenen zustande, so besonders mechanische Veränderungen an leblosen Gegenständen (Telekinese), Klopflaute und Berührungen. Das Aufblähen des Vorhangs ist ebenfalls durch die Adhäsion einer Anzahl aus den Effloreszenzen hervorgehender Fäden, welche einen bestimmten Teil des Stoffes herausziehen, so dass eine Wölbung entsteht, erklärbar.

---

[35] Oliver Lodge, Bericht über Eusapia Paladino. Journ. of the Soc. f. psych. Res. CXIV Vol. VI. Deutsch in Psychische Studien. 1895, S. 55.

[36] Les séances d'Eusapia en Amerique: Le medium au milieu des prestidigita-teurs. Ann. des sc. psych. 1910, S. 312.

---

[37] Annales des sciences psych. 1907.

Auch das gleichzeitige Hervorwachsen mehrerer solcher dynamischer Glieder ist möglich, die sich bis zu biologischen Formen ausbilden bzw. materialisieren können (dynamisch bilateral).

Nach Morsellis Erfahrungen entsprechen die auf der rechten Seite Eusapias in dieser Weise entstehenden Hände der Form einer rechten, die auf der linken Seite sich entwickelnden der Form einer linken Hand. So korrespondieren also die plastischen Neubildungen jeweilig mit der betreffenden Seite des Mediums, was natürlicherweise zu Verwechslungen bei ungeübten Beobachtern führen kann. Auch seitwärts des Kopfes und in Schulterhöhe entstanden solche Ausläufer.

Mitunter sind diese Effloreszenzen schwierig in dem Vorhang und in den Kleiderstoffen zu erkennen, die eine schützende Funktion für dieselben ausüben. Sie erscheinen oft als bewegliche Schatten, schwarz, flach, wie aus Karton geschnitten oder auch mit undeutlichen Konturen versehen oder zur Gliedform entwickelt; sie sind oft verzeichnet und morphologisch abnorm in Bau und Struktur; über den Grad der Konsistenz dieser im Vorstadium zur Materialisation und auf dem Wege zur Formbildung befindlichen fluidalen Emanationen sowie aller ihrer ideokinetischen und teleplastischen Funktionen wissen wir bis jetzt so gut wie nichts. Je nach dem Zwecke der träumend vom Medium gewollten Handlung nimmt Morselli auch eine Bildung solcher Gliedmaßen im Raume selbst an, ohne nachweisbaren organischen Konnex mit dem Organismus der Versuchsperson, welcher jedoch als vorhanden vorausgesetzt werden muss; dafür spricht die psychische und funktionelle Abhängigkeit derselben vom medialen Organismus, welcher, wie man in allen Fällen anzunehmen berechtigt ist, dieselben beim Verschwinden wieder resorbiert.

Die Analogie dieser für mechanische Wirkungen erzeugten protoplasmatischen Prolongationen und ihrer Genese mit den Phänomenen der Materialisation im Stadium der teleplastischen Evolution ist zu auffällig, um übersehen werden zu können. Alle bisher gesammelten Erfahrungen mediumistischer Manifestationen lassen darauf schließen, dass die Erscheinungsformen beider Klassen, also der Telekinese und der Teleplastie, auf einem einheitlichen biologischen Entwicklungsprozess beruhen, dass die zur Erzeugung mechanischer Wirkung exteriorisierten dynamischen gliedartigen, zunächst unsichtbaren und dann wahrnehmbaren und palpablen Organe nichts anderes darstellen als eine Vorstufe, ein Durchgangsstadium der teleplastischen Morphogenese zur Erzeugung vollständig materialisierter Schöpfungen, wie sie in dem Werke des Verfassers „Materialisationsphänomene" beschrieben sind. Vor allem ist in beiden Erscheinungsklassen das Grundprinzip der Formbildung dasselbe; zuerst entsteht am Körper des Mediums, d. h. außerhalb seines Organismus, aber im engen Zusammenhang mit der Körperoberfläche ein emanierter Stoff, der beim Auftreten der Materialisationsphänomene beobachtet werden konnte; derselbe ist meist diffus, nebel- und wolkenartig, wie ein Rauch von grauer Farbe, der mit zunehmender Verdichtung weiß wird. Bei stärkerer Entwicklung hat man den Eindruck kompakter organischer Gewebe und findet Fäden[38], Streifen, Schnüre von zunächst noch unregelmäßigem Aussehen.

Auch die für den telekinetischen Zweck erzeugten plasmatischen Formen scheinen denselben Entwicklungsgang zu nehmen. Durch Schnüre und Bänder, die bald für das Auge unsichtbar bleiben, bald die Retina affizieren, wird der Zusammenhang mit dem für die mechanische Leistung in Aussicht genommenen Objekt hergestellt. Solche dunklen, mitunter völlig materialisierten, schnurartigen Gebilde sind in den Sitzungen mit Eusapia Paladino mehrfach festgestellt und haben Veranlassung zur betrügerischen Auslegung dieser Phänomene gegeben.

Beiden Erscheinungsklassen ist ferner gemeinsam: der zunächst schattenartige, fluidische Charakter, die primitive und außerordentlich wechselnde Formbildung, die Erzeugung von bizarren (flachen) Ausschnitten und Scheinbildern von vagem und unbestimmtem Aussehen (Formimitationen), die schwarze, dunkelgraue und erst in stärkerer Entwicklung ins Weißliche gehende Färbung, eine gewisse Selbständigkeit und Rapidität in der Beweglichkeit (rasches Zurückgehen und Verschwinden), außerordentlich gesteigerte Erregbarkeit durch äußere Eindrücke z. B. durch Licht und durch Berührung (Schmerzäußerungen des Mediums), ferner eine biologische Ent-

---

[38]   Mitunter als starre fluidische Fäden.

wicklungstendenz der elementaren Grundformen zu gliedartigen palpablen Gebilden, endlich die absolute Abhängigkeit der biopsychischen flüchtigen, ephemeren Projektionen von der Psyche des Mediums.

Mit vollem Recht hat Morselli bereits auf die Einheitlichkeit des telekinetischen und teleplastischen Prozesses hingewiesen, welche auch in der Regel gemeinsam auftreten, wobei der psycho-telekinetische eine Vorstufe des psycho-teleplastischen Prozesses zu sein scheint. So pflegen auch in der telenergetischen Exteriorisation die einfacheren Bewegungen den komplizierteren, die akustischen, taktilen (bzw. mechanischen) Phänomene den visuellen Darstellungen der vollkommenen Materialisierung voranzugehen. Die von Morselli sogenannten „unsichtbaren Stereophantasmata" können bereits materiell, resistent, demnach als tangible Substanz vorhanden sein (Berührungsphänomene und palpable Formen bei Eusapia), bevor sie optisch wahrnehmbar werden und die photographische Platte beeinflussen. Als Höchstleistung der Materialisierung wäre die Bildung eines stereoplastischen Geschöpfes zu betrachten. Die sowohl bei Eusapia wie bei Eva C., aber auch bei vielen anderen Medien besonders das telekinetische mit einer erheblichen Arbeitsleistung verknüpfte Phänomen begleitende Muskelaktion würde dafür als biologisches Äquivalent des Organismus angesehen werden können. Die Art der Manifestationen entspricht in der Regel der Intelligenz und Bildungsstufe des Mediums; je armseliger die Einbildungskraft ist, um so primitiver erscheinen die Phänomene. Die Idee, der Impuls zur Ausführung kann aber auch solchen meist hysterischen Versuchspersonen durch den Versuchsleiter suggeriert werden; sie wird im wachen oder halbwachen Zustande erfasst und unterhalb der Schwelle des wachen Bewusstseins, also traumhaft verarbeitet. Die Rolle der okkulten Intelligenzen und Personifikationen (wie z. B. der von Morselli als „Harlekin" bezeichnete John King der Eusapia Paladino) findet die Erklärung einmal in der anthropomorphen Tradition des Spiritismus, welche heute noch den Vorstellungskreis der Medien zwangsartig beherrscht, und ferner in der Neigung des Traumlebens zu dramatischen Darstellungen.

So sagt auch Ochorowicz: „John ist nichts anderes als ein spezieller psychischer Zustand der Eusapia, eine symbolische Personifikation ihres rnedianimen Automatismus."

Nach Morselli ist auch der Trancezustand nicht unbedingt notwendig; denn Eusapia produzierte ganz ähnlich wie andere dem Verfasser bekannte Medien, mitunter auch im Wachzustand mit Willen und Bewusstsein.

Allerdings scheint die ideoplastische Transformation der vitalen Energie die automatische Betätigung eines heute noch absolut unbekannten physiologischen, seine normalen Grenzen überschreitenden Dynamismus sich leichter zu vollziehen in autohypnotischen und ekstatischen Bewusstseinszuständen sowie durch das Licht neutralisiert und gehindert zu werden.

Physikalische Phänomene bei Privatmedien.

Beobachtungen des Verfassers.

Der Verfasser hatte Gelegenheit, während der letzten Jahre einige Male telekinetische Phänomene bei Privatpersonen einwandfrei zu beobachten.

In einem dieser Fälle diente die damalige Hausdame und spätere Gattin eines Künstlers als Medium. Sie war polnischer Herkunft, durch ihre Obliegenheiten den ganzen Tag beschäftigt und machte, soweit das aus der Konversation zu ersehen ist, einen sympathischen, ehrlichen und normalen Eindruck. Nur auf besonderen Wunsch gestattete der Hausherr, welcher ganz im Bann spiritistischer Lehren stand, dem Verfasser mehrere Sitzungen mit einigen Freunden beizuwohnen. Derselbe war als Gast genötigt, passiver Zuschauer zu bleiben.

Stark abgedämpftes Rotlicht. Klopflaute und zahlreiche völlige Levitationen des Sitzungstisches (Gewicht ca. 10 kg), während die Hände der Anwesenden die Platte leicht berührten. Fräulein K. saß neben dem Verfasser und ließ sich während der Erhebungen genau kontrollieren, so dass irgendeine mechanische Inszenierung nicht wohl angenommen werden konnte.

In einer anderen Sitzung wurden bei Dämmerlicht zahlreiche Pflaumen von dem mehrere Meter entfernten Büfett auf den Sitzungstisch geworfen. Medium mit sämtlichen Anwesenden am Tisch sitzend in Kontrolle des Verfassers. Oberkörper aller Teilnehmer sichtbar.

Wenn die hier einleitend geschilderten Beobachtungen auch nicht geeignet sind, den Ansprüchen einer wissenschaftlichen Methode zu genügen und höchstens subjektive Beweiskraft haben, so ist doch der Charakter des nachfolgend berichteten und mehrmals wiederholten Experiments derart, dass wohl eine künstliche Imitation nicht infrage kommen kann.

Im angrenzenden Salon befand sich ein mit der geraden Längsseite in einer Entfernung von 1½ m dem Fenster parallel laufender dreibeiniger Flügel, dessen Gewicht ca. 13 Zentner betrug. Zimmer dunkel; dagegen fiel durch das nicht verhängte Fenster des vierten Stockes so viel Licht ins Zimmer, dass eine Beobachtung möglich war.

Fräulein K. erhält die (früher mehrfach gelöste) Aufgabe, durch ihre mediumistische Energie die dem Fenster zugekehrte Ecke des Flügels, woselbst Längsseite und Fenster zusammenstoßen, zu erheben. Sie steht links neben dem Verfasser mit dem Rücken zum Fenster und legt ihre Hände leicht auf den geschlossenen Deckel des Flügels. Der Verfasser kontrolliert bei verhältnismäßig gutem Licht das stehende Medium nach Belieben; die Knie desselben berühren den Flügel nicht, da der Verfasser sein Bein zwischen Flügel und Medium schob. Die anderen anwesenden Personen waren teils im Nebenzimmer, teils auf der entgegengesetzten Flügelseite ohne Kontakt mit dem Klavier.

Plötzlich erhob die vom Medium berührte Flügelecke sich ca. 15 cm hoch und fiel dann mit einem gewaltigen Krach auf den Fußboden zurück. Wenn man in Rechnung zieht, dass jedes Bein des Instruments ca. $4\frac{1}{4}$ Zentner $= 212\frac{1}{2}$ kg zu tragen hat, und dass selbst ein kräftiger Mann den Flügel auf einer Seite kaum zu heben imstande ist, wenn er ihn unten anfasst, so wird man die materielle Unmöglichkeit zur Erhebung des Klaviers durch eine schwache Frau zugeben müssen, die, wie gesagt, ihre Hände nur leicht auf die Verschlussplatte gelegt hatte und in keiner sonstigen körperlichen Kommunikation mit dem Instrument stand.

Weitere Phänomene bestanden in einem Auf- und Zuklappen des Deckels ohne Berührung, in einem Heranziehen, Aufstellen und Zurückschieben des Notenständers sowie in einem Aufheben und Niederlegen der Verschlussplatte, und zwar auf Wunsch sowie begleitet von starker Willenskonzentration.

Unmittelbar vor der Fensterbank befand sich gut sichtbar, von der Straße aus beleuchtet, ein länglicher Blumenständer mit verwelkten Sträuchern und trockenem Laub. Die Aufgabe bestand darin, fernwirkend vom Klavier aus auf diese mehr als 1 m entfernte Jardiniere einzuwirken. Das Medium stand im Dunkeln und hatte, wie der Verfasser mehrfach konstatierte, keine Verbindung zum Fenster. Wiederum dauerte es ca. 5—7 Minuten, bis plötzlich ein lautes Rascheln im Laub hörbar wurde, während in die Sträucher Bewegung kam, als ob eine Hand durch sie hindurchgefahren wäre. Auch dieser Versuch wurde mehrmals mit Erfolg wiederholt.

Wir sehen also bei Fräulein K. dieselben typischen, bei Eusapia konstatierten Phänomene sich wiederholen.

Auch bei dieser Versuchsperson sind offenbar dynamische Glieder tätig, deren Leistung im Heben von Schwergewichten denen der Neapolitanerin in nichts nachsteht.

Komplizierter, aber nicht weniger überzeugend sind die vom Verfasser bei dem 16-jährigen Lehrling der Zahntechnik Willy S. in B. festgestellten Erscheinungen der Telekinese und Teleplastie. Derselbe, Sohn eines Buchdruckers, hatte seit Januar 1919 an spiritistischen Gesellschaftsspielen teilgenommen und entpuppte sich dabei als Medium für Psychographie, Telekinese und Teleplastie. Die Rolle des „John King" und der „Kleinen Stasia" (bei den Medien Eusapia Paladino und Stanislawa Tomczyk) vertrat bei den Sitzungen in der Familie S., welche sich lediglich zur Unterhaltung mit diesen Phänomenen befasste, die symbolische Personifikation „Olga". Religiöse oder abergläubische Motive waren nicht ausschlaggebend.

Wie Fräulein K. so ist auch Willy S. kein professionelles Medium; auch darin gleichen sich beide, dass ein veränderter Bewusstseinszustand (Trance) während der Leistungen jedenfalls nicht deutlich hervortritt. Nach positiven Sitzungen starke körperliche Erschöpfung und tiefer langer Nachtschlaf Willys.

Den während der Sitzungen vom Verfasser gemachten Aufzeichnungen sind folgende Beobachtungen entnommen:

4. Oktober 19. Medium sitzt kontrolliert und gehalten an der Schmalseite eines 1 m langen und 65 cm breiten, mit einem weißen bis zum Boden herunterhängenden Leintuch bedeckten Holztisches, so dass der Tisch links von ihm steht und die Beine außerhalb desselben bleiben, während er mit der linken Hand einen kleinen auf dem Tisch stehenden als Psychograph dienenden Dreifuß berührte.

Zimmer stark verdunkelt. Tisch in der Regel nur berührt vom Medium. Unter diesen Bedingungen wird die nach vorn zu herunterhängende und über 15 cm vom Boden entfernte Leinwandfläche (unzugänglich für das Medium) geschüttelt und in der Mitte plötzlich aufgerafft, so dass die Seiten gardinenartig aussehen. Sechs- bis achtmalige Wiederholung des Phänomens; Hände und Füße des Mediums außerhalb des Tisches. Künstliche Vorrichtungen sind in der Wohnung des Herrn A. am Fußboden nicht vorhanden.

Die Hand des Verfassers wird durch die Leinwand hindurch von einer großen derben Hand ergriffen. Die umfassenden Finger sind deutlich fühlbar. Fünfmaliges Umspannen und Berühren meiner Hand mit festem Zugriff, ohne Ängstlichkeit als Ausdruck starker Willensintention. Beim sechsten Mal legte sich die Hand in die Meinige, die ich unter den Tisch hielt, und zwar ohne trennende Leinwand. 3 Finger deutlich fühlbar mit kühler, feuchter, ziemlich derber Haut. Erneutes Ergreifen meines Handtellers von zwei Seiten. Ich schloss meine Finger, um die mysteriöse Hand festzuhalten, die sich mir aber kräftig, wenn auch mit sanfter Gewalt entzog. Während Willy eine kleine schmale Hand mit samtweicher zarter Epidermis auf Handteller und Fingerspitzen besitzt, erschien die Gesamtform der materialisierten Hand erheblich größer sowie schwielig, hart und derb. Dieselbe Hand entzog mir eine hingehaltene Uhrkette, schleuderte sie aus dem Dunkelraum unter dem Tisch ins Zimmer, nahm mein ebenso entgegengestrecktes Taschentuch, zog es unter den Tisch und warf es dann mit drei Knoten versehen mir wieder vor die Füße. In derselben Weise wurden die Knoten wieder aufgelöst. Endlich ergriff die Hand einen von mir unter den Tisch gehaltenen Violinbogen und suchte ihn mir mit Gewalt zu entreißen, bis ich schließlich den kraftvollen Anstrengungen der anderen Seite nachgab und den Bogen fahrenließ. Mit aller Sicherheit konnte festgestellt werden, dass es sich hier um Leistungen einer lebendigen, muskelkräftigen, ausgewachsenen Hand handelte, die weder dem Medium noch einem der Anwesenden angehörte und selbständig funktionierte.

17. Oktober 19. Ort: Wohnung des Mediums. Tisch von 70 bis 100 cm im Oberflächendurchmesser. Willy sitzt wieder außerhalb des Tisches auf einem erhöhten, für ihn besonders vorbereiteten Sofasitz[39] und legt die linke Hand auf den Dreifuß, welcher auf dem Tisch steht. Beine des Mediums parallel der Längsseite des mit einem weißen Tuch bedeckten Tisches, hängen über die Sofalehne sichtbar herunter. Licht abgedunkelt durch Öffnen und Schließen der in eine beleuchtete Küche führenden Tür.

Phänomene: Ein 10 Sekunden anhaltendes Schütteln und Schlagen des uns zugewendeten Tischtuches. Die Hand des mich begleitenden Psychologen Schott wird in derselben Weise ergriffen, wie die meinige in der Sitzung am 4. Oktober. Schotts Hand von drei Fingern umklammert. Ein vom Verfasser mitgebrachter Dynamometer wird an ein Taschentuch gebunden und vor das Tischtuch gehalten. Dreimaliges Aufklopfen des Psychographen auf den Tisch kündigte das Gelingen des Versuchs an. Die Besichtigung ergab einen Druck von 47 kg (Willy hat rechts und links 60).

Ein zusammengefalteter Briefbogen und Bleistift wird nunmehr von mir unter den Tisch gelegt, wobei 3 Finger auf meinem Handrücken trommeln. Die Hand Schotts angenähert. Empfindungen von 4 trommelnden kalten und feuchten Fingern. Der fortgesetzte Schreibversuch gelingt in der Weise, dass die Hand auf dem Papier einige Kritzeleien zustande bringt.

Durch die heutigen Phänomene sind diejenigen vom 4. Oktober bestätigt worden.

29. Oktober 1919. Raum und Anordnung des Versuchs wie am 5. Oktober. Willy parallel mit der Schmal-

seite außerhalb des Tisches sitzend, sichtbar und kontrolliert. Während des Versuches kann man sich durch Abtasten des Mediums nach Belieben von Stellung und Lage seiner Glieder überzeugen.

Erscheinen der mysteriösen Hand, Flattern des Tischtuches. Herr Alfred Schuler, der zum ersten Mal auf Veranlassung des Verfassers der Sitzung beiwohnte, wird an seiner unter den Tisch gestreckten Hand berührt, gepresst und erhält klatschende Schläge auf den Handrücken. Der Verfasser hat die Berührungsempfindung einer menschlichen Hand mit ganz kurzen harthäutigen Fingern. Man bat, die Hand möge sich im Dämmerlicht zeigen. Nach kurzer Zeit erschien aus dem weißen Tischtuch herauskommend in der Richtung von unten nach oben ein schwarz oder dunkelgrau aussehendes Glied mit einer Hand, deren Finger sich bewegten. Die Richtung der Hand ging vom Fußboden senkrecht nach oben. Sie wurde im oberen Drittel als beweglicher Schatten auf dem weißen Hintergrund bemerkbar und stand im Profil mit dem Daumen nach außen. Das Bewegungsspiel dieses dunklen schwarzen Gliedes bot einen merkwürdigen Anblick, wie wenn ein Vorderarm aus dem Boden senkrecht nach oben herausgewachsen wäre und sich mit dem Ellbogen aufstützen würde. Das Schauspiel wiederholte sich zweimal, während das Medium sich nicht von seinem Platz bewegt hatte.

26. Oktober 1919. Raum, Versuchsanordnung und Teilnehmer wie am 25. Oktober. Stark abgedämpftes Licht. Heute lagen die Beine des außerhalb des Tisches sitzenden Mediums auf dem Schoß des Herrn A. Wiederum Flattern und Aufheben des Tischtuches am vorderen Teil. Schulers Hand wird unter dem Tisch heftig gepackt, gedrückt und geschlagen von einer Hand mit breiten, stumpfen, harthäutigen Fingern, die in keiner Weise sich mit denen des Mediums vergleichen lassen. Schuler und der Verfasser erblickten dann eine menschliche fleischfarbene Hand, die in der Mitte des Tisches 35—40 cm vom Medium entfernt zum Vorschein kam. Auffallend erschienen daran die breiten kurzen, an den Spitzen stumpf abgeschnittenen Finger, zwischen deren Ansätzen sich ein beträchtlicher Abstand befand. Die Finger dieses mißgestalteten Gliedes waren lebend und beweglich; ihre

---

Funktion unterschied sich in nichts von derjenigen einer menschlichen Hand.

6. Dezember 1919. Im Hotel „Zur Post" hatte der Verfasser einen Versuchsraum eingerichtet. Schwarzes Kabinett mit Vorhängen in der Zimmerecke. Willy musste sich vor der Sitzung vollständig entkleiden und ein schwarzes, vom Verfasser geliefertes Trikot über den ganzen Körper anziehen, das im Rücken geschlossen wurde. Vor Beginn der Sitzung nochmalige körperliche Untersuchung, namentlich der Mundhöhle und Ohren.

Mehrere Expositionen und Blitzlichtaufnahmen. Erscheinen von Substanzstücken am Hals des Mediums, die den Eindruck aufgeweichter Leinwandlappen mit faserigen Rändern erwecken, sowie von herunterhängenden Schnüren. Bei jeder Blitzlichtaufnahme spurloses Verschwinden der Produkte.

Bei den ersten Expositionen waren vier Läppchen und drei Schnüre auf dem Halsteil des Trikots zu sehen. Genaue Beobachtung der Gebilde aus nächster Nähe mit roten elektrischen Lampen. Ich forderte nun Willy auf, er möge sich bemühen, in einer dieser Schnüre eine willkürliche Bewegung hervorzurufen. Das Medium machte heftige Willensanstrengungen, wie aus dem Ausdruck seines Gesichtes hervorging. Hierauf erhob sich die an ihrer Spitze auf-gefaserte, auf der rechten Brust aufliegende Schnur an ihrem Ende ca.½—1 cm hoch von der schwarzen Unterlage, und zwar in einer Länge von etwa 2—3 cm und führte mehrere wedelnde Bewegungen aus, die an das Schweifwedeln des Hundes erinnern. Während dieses Vorganges blieb das übrige Stück der Schnur völlig immobil. Wir betrachteten diesen merkwürdigen Vorgang bei dem Rotlicht der daneben gehaltenen elektrischen Lampe in einer Augenentfernung von 20—25 cm. Sämtliche Anwesende, namentlich auch Schuler und der Verfasser, stehen für die Richtigkeit dieser interessanten Beobachtung ein. Mit dem Blitzlicht verschwanden Fäden und Gebilde vollständig. Negative Nachkontrolle.

Bei der dritten Exposition zeigten sich am vorderen Halsteil des Trikots zwei bäffchenartige, gleichmäßig rechteckig geformte Substanzstücke, die von einer Schnur umrahmt waren.

Bevor die Aufnahme gemacht wurde, bat ich Schuler, sofort beim Aufflammen des Magnesiumlichtes die Hände des Knaben zu ergreifen, um festzustellen, ob dieselben am Verschwinden der Substanz beteiligt seien. Blitzlichtaufnahme. Nach dem Schluss der Apparate trat ich zum Kabinett und ergriff die rechte Hand Willys, während Schuler die linke hielt. Die so plötzlich und unerwartet vorgenommene Kontrolle ergab, dass der Dematerialisationsprozess noch nicht ganz beendet war. Denn ein Stück der Schnur in einer Länge von ca. 15 cm (in geschlängelter Form) war vom Hals heruntergefallen und lag auf dem Trikot rechts schräg vom Nabel zur Hüfte ziehend, während wir von den übrigen Substanzstücken nichts mehr wahrnehmen konnten. Schuler versuchte nun vorsichtig mit dem Bleistift unter die Schnur zu fahren, während ich dieselbe von außen mit dem Finger berührte. Heftiger Schmerzaufschrei des Mediums. In demselben Augenblick ging durch die Schnur eine Art peristaltischer Bewegung vom einen Ende zum anderen verlaufend, vergleichbar der Bewegung eines Wurmes. Für das Auge erschien die Substanz als ein lockeres hellgraues Gebilde, etwa wie aus Spinngewebe hergestellt.

Nun ließ ich, um Willy weiteren Schmerz zu ersparen, bei stets gehaltenen Händen den Vorhang über der Substanz mehrere Sekunden (zum Schutze gegen das Licht) schließen, wobei der Kopf Willys seine Stellung nicht verändern konnte, worauf besonders von mir geachtet wurde. Neue Öffnung des Vorhangs. Die Substanz war nun verschwunden, jedoch lag noch in der Gegend der rechten Hüfte ein kleines ca. 1 cm langes Stück. Wiederum berührte Schuler dasselbe mit seinem Bleistift, worauf es vor unseren Augen sofort verschwand, wie resorbiert durch das Trikot hindurch. Nachkontrolle in allen Punkten negativ. Bemerkenswert erscheint der Umstand, dass an diesem Abend im Anschluss an eine längere Konversation über mediumistische Kraftlinien, fluidische Fasern usw., die der Verfasser vor der Sitzung mit Schuler und dem Vater des Mediums in Gegenwart des Knaben geführt hatte, zum ersten Mal schnurartige Gebilde bei Willy sich zeigten. Die Phantasie des Mediums war offenbar durch unser Gespräch angeregt worden, so dass heute ideoplastische Schnurgebilde entstanden, die in seiner kindlichen Auffassung wahrscheinlich den Vorstellungen von Fasern und Kraftlinien entsprachen.

Die Schwierigkeit der Verkehrs- und Heizungsverhältnisse im Winter 1920 ermöglichte es dem Verfasser nicht, den Grenzort Bayerns, in welchem Willy S. mit seiner Familie wohnt, so oft zu besuchen, wie es im Interesse eines noch eingehenderen Studiums der Phänomene zweckmäßig gewesen wäre. Daher übernahm es ein ihm befreundeter dort wohnender und mit der nötigen Sachkenntnis ausgestatteter Korvettenkapitän K., in Abwesenheit des Verfassers die Versuche mit Willy S. im erzieherischen Sinn fortzusetzen und fortlaufend über die Resultate schriftlich zu berichten.

In den Protokollen des Herrn K. wird besonders häufig Levitation des kleinen als Psychograph dienenden dreifüßigen Tischchens (Plattendurchmesser ca. 20 cm) erwähnt. Derselbe erhebt sich, nur an der Platte durch einen oder mehrere Finger Willys berührt, in die Luft, oder wird ihm mit Gewalt bei vollem Licht aus der Hand gerissen und ins Zimmer geschleudert. Der Verfasser war ebenfalls mehrmals Zeuge dieses Vorgangs.

Ferner werden berichtet: Transport sonstiger Gegenstände, starke dumpfe Schläge auf den Fußboden im Dunkeln, während Hände und Füße des Mediums gehalten wurden. Bei an die Stuhlbeine gefesselten Füßen und gehaltenen Händen Willys wird am 7. Februar 1920 ebenfalls in der Dunkelheit eine brennende Zigarette vom Boden erhoben und wie ein Glühwürmchen ca. 2 m hoch in die Luft erhoben und im Kreise herumbewegt (auch hinter dem Rücken der Kette bildenden Teilnehmer).

Außer den bekannten Berührungsphänomenen traten auch in der Dunkelheit tastbare Körperformen auf.

Dagegen sind die auf dem Körper des im Kabinett sitzenden und nur mit einem schwarzen Tricot bekleideten Mediums im Rotlicht wahrgenommenen und teilweise photographierten Materialisationsgebilde äußerst primitiv und sprechen für sehr geringe bildnerische Begabung.

Mitunter waren Gesicht und Oberkörper oder ein Teil von beiden von einer weißen Substanz bedeckt, die einige Male Gesichtsform anzunehmen schien, aber nur einer zerknitterten Papiermaske glich.

In der Sitzung am 16. Oktober 1919 entströmte genau vom Verfasser beobachtet, dem Munde des im Kabinett sitzenden Knaben ein breites Band selbstleuchtender Substanz, das sich beim Heraustreten wolkenartig bis zu den Schultern des Mediums verbreitete. Auch sonst sind mehrfach aus dem Mund entstehende Gebilde konstatiert worden.

In der Sitzung vom 30. November 1919 lagen auf der Schulter des Mediums (im Kabinett) drei streifenartige weiße Fingerformen von der natürlichen Länge ausgewachsener Finger. Der Verfasser verlangte nun, die Finger möchten sich bewegen. Sofort erhob sich in der ganzen Länge auf ca. 2 cm Höhe die eine Fingerform, dann nacheinander die zweite und dritte, jede Form jedoch als ganzes homogenes Stück (ohne Gliedeinteilung und Artikulation). Die Formen machten einen flachen und schematischen Eindruck wie diejenigen bei Eva C. und Stanislawa P. (man vergleiche die im Werk „Materialisationsphänomene" vom Verfasser publizierten Abbildungen bei den beiden Medien). Mit dem Aufflammen des Blitzlichtes verschwanden die Gebilde spurlos.

Der Versuch, Materie für eine mikroskopische Untersuchung zu gewinnen, ist bisher misslungen. Am 10. Januar 1920 hatte Kapitän K. einen Teil der Substanz bereits in einem Röhrchen aufgefangen. Dasselbe bewegte sich innerhalb des Glases lebhaft und verschwand blitzartig schnell, als der Beobachter die Röhre zu schließen versuchte.

Am 14. Dezember 1919 hatte der Verfasser Gelegenheit, eine Sitzung mit Willy S. in seinem Münchener Laboratorium zu halten, wobei dem in Trikot befindlichen Knaben durch die Versuchsanordnung jede Möglichkeit genommen war, irgendwelche Gegenstände mit ins Kabinett zu nehmen. Materialisation von schnurartigen Gebilden und eines weißen aus dem Munde sich entwickelnden und dann in den Mund sichtbar resorbierten mehrere Zentimeter breiten weißen Bandes.

Die von Fräulein K. und Willy S. erzeugten physikalischen Phänomene, deren Realität übrigens durch die anwesenden, vom Verfasser beigezogenen Zeugen schriftlich und mündlich bestätigt worden ist, gehören denselben Erscheinungsklassen an, die wir bei anderen Medien kennengelernt haben. Zum Teil zeigen sie eine auffallende Analogie zu den Leistungen Eusapias. So erinnert das Flattern und Aufraffen des Tischtuches bei Willy S. an die Vorhang- und Kleidphänomene der Neapolitanerin.

In Bezug auf die Levitation und den Transport von Objekten, die Schläge auf den Tisch, das Leichter- und Schwererwerden desselben, Widerstand und Gegendruck, sowie die Berührungserscheinungen ist die Analogie eine vollständige. Dem Erheben des Flügels auf der einen Seite durch Frl. K. ist der Transport einer 60 kg schweren Schreibmaschine durch Eusapia gegenüberzustellen, dem Flug der brennenden Zigarette durch die Luft (im Dunkeln) bei Willy S. die im Dunkeln schwebend bewegte Glocke Eusapias in der Sitzung des Professors Ascensi. Ferner wiederholt sich die bei Eusapia mit großer Regelmäßigkeit ausgeführte Bewegung unberührter (oder leicht berührter) Gegenstände in den Fernwirkungen des Frl. K. (auf Klavierdeckel, Blumenständer usw.).

Palpable und mitunter sichtbare Ferngebilde (missgestaltete Gliedformen mit stumpfartigen Endorganen oder mit 3—4 verkürzten Fingern), schwache schattenartige Glieder wurden sowohl bei Eusapia Paladino, bei Eva C. wie auch bei Willy S. Beobachtet.

Auch die in den Kabinettssitzungen Willys produzierten Stoffstücke und Schnüre, deren betrügerische Einschmuggelung durch die Versuchsanordnung unmöglich gemacht worden war, zeigen trotz ihres verdächtigen Aussehens eine auffällige Übereinstimmung mit den von Eva C. materialisierten Aggregaten. Bei beiden Medien verschwanden diese Gebilde beim Aufflammen des Blitzlichtes in dem Bruchteil einer Sekunde, ein Umstand, der ebenfalls für die Echtheit des Phänomens spricht. Auch die Selbstbeweglichkeit dieser Stoffe ließ sich bei beiden Medien nachweisen, und zwar bei Willy S. in Form einer improvisierten (also nicht vorauszusehenden) Aufforderung dazu.

Das auf dem Briefbogen zustande gebrachte Gekritzel bei Willy S. kann als Fortsetzung des mit Stanislawa Tomczyk von Prof. Ochorowicz unternommenen Versuches der Erhebung des Bleistiftes (ohne Berührung) bei aufstehender Spitze (vgl. Abb. 4) angesehen werden und führt möglicherweise auf den Weg zu einer Erklärung der direkten Schrift.

Der Einfluss der spiritistischen Tradition auf die Arbeitsmethode und Leistung der beiden besprochenen Privatmedien ist ebenfalls nicht in Abrede zu stellen. Das Prinzip einer symbolischen Personifikation der für den Durchschnittsverstand unerklärlichen und wunderbaren medialen Manifestationen ist heute noch zu tief in der religiösen Auffassung derselben verankert, als dass die mit diesen Problemen beschäftigten Forscher es ignorieren könnten.

Die Bedeutung der vorstehend berichteten Tatsachen besteht also in ihrer bis in die Einzelheiten gehenden Übereinstimmung mit den bei anderen Medien beobachteten physikalischen Phänomenen, für deren Realität sie ein ergänzendes Beweismittel darbieten.

In letzter Zeit gelang es dem Verfasser den im nächsten Abschnitt behandelten Gewichtsversuch Crawfords nachzuprüfen und zu bestätigen.

Am 1. April 1920 fand abends um 9 Uhr in dem physikalischen Laboratorium des Ingenieurs Grunewald (Berlin) eine Sitzung statt, an welcher außer dem Verfasser teilnahmen: Herr Dr. Bernoulli und Frau sowie Herr J. und Frau B. Als Medium diente Frau Sch., die Gattin eines Beamten, welche trotz ihrer medialen Begabung sich nur äußerst selten und unentgeltlich aus Gefälligkeit für Versuche dieser Art zur Verfügung stellt. Sie ist ca. 35 Jahre alt und beobachtete bei sich telekinetische Phänomene von Jugend auf.

In dem Laboratorium befindet sich eine auf 4 Federn ruhende Waage mit einer Plattform von 70 cm Länge und 35 cm Breite, welche ca. 12 cm vom Boden entfernt steht und je nach dem darauf ruhenden Gewicht sich auf und nieder bewegt. Auf derselben ist ein einfacher Strohsessel mit Rück- und Seitenlehnen angeschraubt.

Ein unter der Plattform eingreifender Hebel steht mit einer seitlich angebrachten elektrischen Übertragungseinrichtung in Verbindung, die durch eine Leitung in den entgegengesetzten (ca. 4½ m entfernten) Raum des Zimmers zu einem Spiegelgalvanometer führt. Der Ausschlag des letzteren überträgt sich durch einen Lichtzeiger auf den 1 m entfernt stehenden Registrierapparat, welcher die Bewegungen des Lichtzeigers in Kurvenform auf eine rotierende Trommel aufschreibt. Man beobachtet also die mit den Schwankungen der Waage korrespondierenden Bewegungen des Lichtstreifens auf einer Skala, die das Ablesen der Gewichtsveränderung ermöglicht. Gleichzeitig aber werden die Bewegungen auf einen sich auf der Trommel aufwickelnden Streifen von Bromsilberpapier in Kurvenform aufgezeichnet. Der zu den folgenden vom Verfasser angestellten Versuchen dienende Tisch aus Mahagoniholz besitzt eine 1½ cm dicke Platte in der Größe von 33 x 43 cm, ein rundes Bein in Säulenform, an welchem 3 Füße angesetzt sind und ist 75 cm hoch. Gewicht 2,05 kg.

Als bei stark abgedämpftem Rotlicht und Zirkelbildung durch Auflegen der Hände des Mediums auf die Tischplatte mehrfach volle Tischelevationen erzielt wurden, wobei die Tischfüße sich ca. 20—25 cm vom Fußboden entfernten, ließ der Verfasser Frau Sch. auf dem Strohsessel der Waage Platz nehmen und bat Herrn Ingenieur Grunewald die Registriervorrichtung derselben zu betätigen und gleichzeitig zu beobachten.

Links vom Medium übernahm Dr. Bernoulli die Kontrolle, rechts der Verfasser. Die übrigen Anwesenden blieben unbeteiligte Zuschauer. Die Füße des Mediums standen auf der Plattform, 12 cm höher als diejenigen des in einer Entfernung von 35—40 cm vor ihr befindlichen Tisches.

Die Aufgabe der Kontrolle bestand darin, zu konstatieren, dass keinerlei körperlicher Kontakt des Mediums mit dem Tisch stattfand, außer bei einzelnen Versuchen, durch leichte Berührung der Tischplatte mit den Fingerspitzen von oben. Obwohl das Rotlicht stark abgedämpft war, konnte die Beobachtung des Mediums ohne Schwierigkeit durchgeführt werden.

9 Uhr 10. Frau Sch. nimmt auf der Waage Platz, beide Hände zunächst von B. und dem Verfasser gehalten. Füße auf der Plattform. Grunewald steht im andern Teil des Zimmers vor dem Registrierapparat, setzt denselben nach Bedarf in Tätigkeit und protokolliert die Differenzen ebenso wie die von Verfasser angegebenen Notizen. Das Gewicht der Waage mit Stuhl wird im Lichtzeiger auf null eingestellt.

Den einzelnen Phänomenen gehen regelmäßig lebhafter (hysterischer) Schütteltremor im Oberkörper sowie schmerzhaftes Aufseufzen voraus, eine typische Erscheinung, wie sie bei Eusapia Paladino und Eva C. beobachtet wurde.

Für das Verständnis der nachfolgend wiedergegebenen Kurvenlinien sind folgende Momente von Bedeutung:

1. die Körperbewegungen des Mediums auf der Waage;

2. die zeitweiligen Berührungen der Hände und Füße von Frau Sch. durch die beiden Kontrollpersonen;

3. die Berührungen der Platte des vor dem Medium stehenden und in Ruhestellung befindlichen Tisches.

In letzterem Fall wird das Gewicht verkleinert bzw. auf den Tisch übertragen. Die seitlichen Ziffern zeigen die Gewichtsdifferenzen in Kilogramm an, die obere Ziffernreihe auf der Abszisse (unter der Kurve) die Minutenzahl.

Namentlich im Anfang von 9 Uhr 17 bis 9 Uhr 21 wurden unreine und gemischte Resultate erhalten, die auch zum Teil durch das zunächst unregelmäßige Funktionieren des noch nicht genau eingestellten Registrierapparates, also nicht allein durch die Vorgänge auf der Waage bedingt waren.

Die Zeit von 9 Uhr 21 Min. 45 Sek. bis 9 Uhr 23 Min. darf als der normale Gleichgewichtszustand von Waage und Medium ohne körperliche Berührung durch die Kontrollpersonen betrachtet werden (man vergleiche die Abbildung der Kurve S. 112).

9 Uhr 23 erfolgt (nach dem Protokoll) eine volle Tischelevation ohne körperliche Berührung des Mediums von Seite der Kontrollpersonen und des Tisches sowie ohne Berührung der Platte. Die Fingerspitzen der Versuchsperson wurden in einer Entfernung von 5—8 cm über die Tischplatte gehalten. Die Erhebung der 3 Füße vom Fußboden ist auf 10—15 cm zu schätzen. Die Gewichtszunahme des Mediums auf der Waage beträgt 2½ kg, ist also etwas größer als das Gewicht des Tisches (= 2,05 kg).

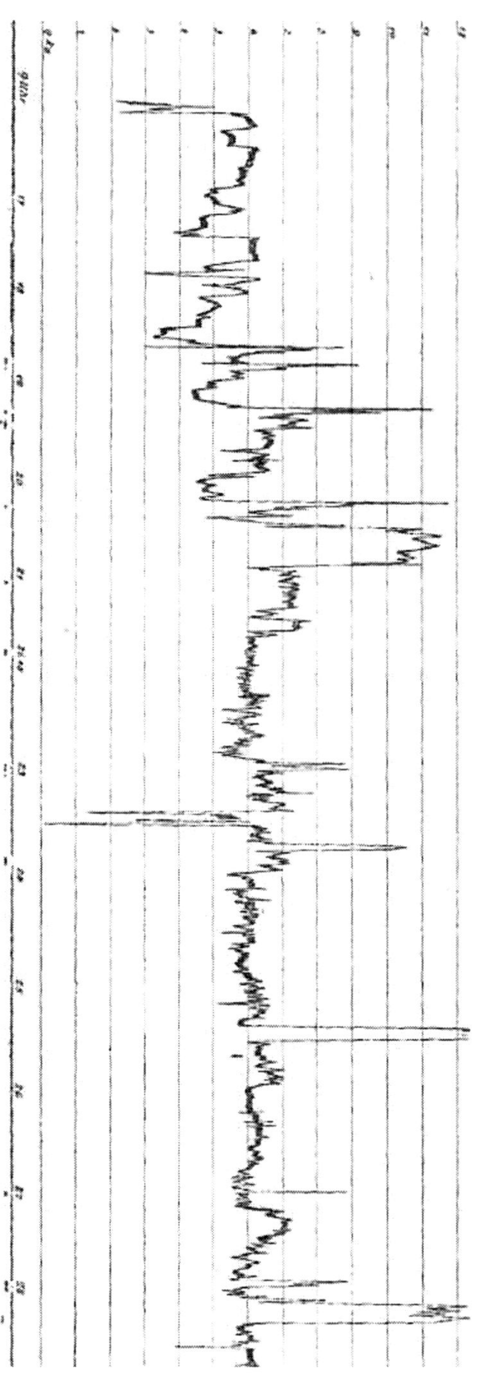

9 Uhr 23 Min. 30 Sek. (vgl. die beigefügte Kurve). Das Medium ruht aus, indem es den Kopf hinten an die Wand lehnt, daher Gewichtsverminderung um ca. 5 kg.

Bei einigen Elevationen zeigt der in die Höhe gehobene schwebende Tisch die Neigung zentripetal, wie vom Körper des Mediums angezogen, sich auf dessen Körper zu legen bzw. sich mit den Füßen auf die Plattform der Waage zu stellen. Bei dem Versuch um 9 Uhr 23 spielt dieser Umstand keine Rolle; in der Kurve selbst kommt er regelmäßig durch einen längeren horizontalen Verlauf der schwankenden Kurvenspitze zum Ausdruck. Gegen 9 Uhr 24 neue Elevation des Tisches. Die Fingerspitzen des Mediums berühren jetzt die Tischplatte von oben. Gewichtsvermehrung um 4 kg.

9 Uhr 25 Min. 28 Sek. Volle Elevation des Tisches bei Berührung der Platte durch die Hände der Frau Sch. Nach der Aufzeichnung dauerte die Gewichtsvermehrung 10 Sekunden an; d. h., der Tisch legte sich, wie oben erwähnt, auf den Körper des Mediums und musste wieder von uns an seinen Platz gestellt werden. Gewichtsvermehrung 6 kg, wobei ca. 2 kg auf das Gewicht des Tisches, 4 kg auf die lebendige Kraft, d. h. auf die Körperbewegungen der Versuchsperson und das Eingreifen der Kontrollpersonen zu rechnen sind.

9 Uhr 27. Neue Tischerhebung ohne Berührung. Gewichtszunahme 3 kg.

9 Uhr 28. Zwei neue Levitationen, die erste ohne Berührung der Platte, Gewichtszunahme 3 kg, die zweite mit Berührung der Platte. Gewichtszunahme 6 kg. Tisch legt sich wiederum auf den Körper des Mediums (gleicher Ablauf wie 9 Uhr 25).

Pause bis 10 Uhr 11 Min. Um die nun folgenden Versuche aufgrund der bisherigen Beobachtungen noch einwandfreier zu gestalten, führte Dr. Bernoulli bei jeder Tischelevation seinen Arm zwischen Tischbein und Medium, wodurch ein Fallen des erhobenen Tisches auf das Medium vermieden wurde. Der Verfasser kontrollierte gleichzeitig die Stellung der Hände und Füße von Frau Sch. In den folgenden Kurven kehrt auch dementsprechend das (bis zu 10 Sek. verharrende) horizontale Ausgezogensein der Kurvenspitze nicht mehr wieder.

10 Uhr 12 Min. Elevation des Tisches ohne Berührung desselben durch das Medium. Gewichtsvermehrung ca. 3½ kg. Tisch fällt sofort zurück. Auch beim Heruntergleiten (in Schwankungen) findet keinerlei körperliche Berührung mit der Versuchsperson statt. Da alle Kon-

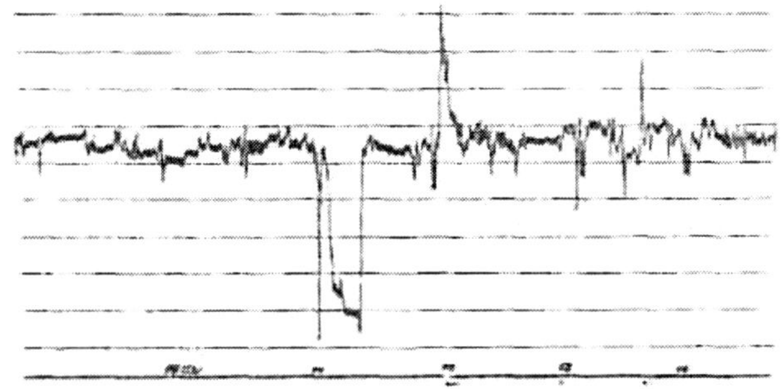

trollmaßregeln und Versuchsbedingungen bei diesem Experiment in gewissenhaftester Weise eingehalten wurden und Fehlerquellen nicht mehr in Betracht kommen, so darf dasselbe als durchaus einwandfrei betrachtet werden.

10 Uhr 13 Min. 40 Sek. Das Medium hält die Fingerspitzen mehrere Zentimeter über die Tischplatte. Füße wie bei allen anderen Versuchen auf der Plattform. Keinerlei körperliche Berührung des Tisches. Derselbe erhebt sich ca. 4 cm hoch mit den 3 Füßen vom Boden und fällt zurück. Gewichtsvermehrung 2 kg und einige Gramm, genau dem Tischgewicht entsprechend.

Da Frau Sch. sich ziemlich ruhig verhalten hatte, so zeigte der Registrierapparat keine größeren Schwankungen darüber hinaus an.

Zwei anwesende Personen wollen vom Körper des Mediums ausgehende gliedartige Effloreszenzen bemerkt haben, durch welche der Tisch erfasst und in die Höhe befördert worden sei.

Als sicheres Ergebnis dieser Versuche darf angenommen werden, dass bei völligen Tischelevationen ohne jede körperliche Berührung des Mediums oder eines der Anwesenden das Gewicht des Mediums mindestens um dasjenige des Tisches zunimmt. Beweisende Versuche hierfür fanden statt um 9 Uhr 23, 9 Uhr 21, 9 Uhr 28, 10 Uhr 12 und 10 Uhr 13. In manchen Fällen tritt durch Mitwirkung der lebendigen Kraft (unruhiges Verhalten auf der Waage, Eingreifen der Kontrollpersonen) eine erhebliche größere Gewichtsvermehrung ein. Dasselbe Resultat ergibt sich in jenen Fällen, wo der Tisch auf seiner Platte nur ganz leicht durch die Fingerspitzen der Versuchsperson berührt wird (9 Uhr 24, 9 Uhr 25, zweiter Versuch 9 Uhr 28).

Ingenieur Grunewald hatte zum Zwecke spezieller Untersuchungen in einem anderen Teil des Zimmers die bekannte Crookessche Waage nach derselben Konstruktion und in denselben Dimensionen aufgestellt, wie sie von dem englischen Chemiker in dem Quarterly Journal of Science[40] (1. Okt. 1871) beschrieben worden ist.

Ein horizontal liegender langer, im Gleichgewicht schwebender Arm oder ruhender Waagebalken soll bei diesen Versuchen durch die mediumistische Fernwirkung ebenso wie bei dem S. 30 dieses Werkes beschriebenen Alruzschen-Apparat in Bewegung gesetzt werden. Lediglich die Registriereinrichtung der Crookesschen Waage wurde von Grunewald verbessert, insofern, als das Ende des horizontalen Arms eine Feder trägt, die auf einen ablaufenden Papierstreifen das Diagramm aufzeichnet[41].

Veranlasst durch das überraschende Gelingen der Tischerhebungen ohne Berührung, führte der Verfasser Frau Sch. nunmehr an die Crookessche Waage und veranlasste sie beide Hände mit nach unten gesenkten Fingerspitzen in einem Abstand von 20 cm über dem Waagebalken nebeneinander zu halten. Die Waage wurde nirgends (auch nicht durch den Unterkörper oder das Kleid) durch das Medium körperlich berührt. Mäßig abgedämpftes Rotlicht, welches jedoch genaueste Beobachtung des Vorganges erlaubte. Der Verfasser hielt zu aller Sicherheit die Vorderarme der Versuchsperson fest. Wiederum Schütteltremor und Seufzen.

Nach ungefähr 1 Minute begann plötzlich die Waage zu schwanken. In einem Zeitraum von 25 Sekunden erfolgten kurz und deutlich 3 Ausschläge des Waagebalkens, welche durch das beifolgend wiedergegebene Diagramm aufgezeichnet worden sind. Sie betragen beim ersten Ausschlagen 600 g, im zweiten Fall 350 g, im dritten 500 g.

---

[40] In deutscher Übersetzung: William Crookes, Der Spiritualismus und die Wissenschaft, Leipzig 1884, S. 66ff.

[41] Grunewald ist im Begriff, seine physikalischen Untersuchungen, welche eine volle Bestätigung der Crookesschen Beobachtungen darstellen, zu publizieren. Vgl. Physische Studien April- und Maiheft 1920.

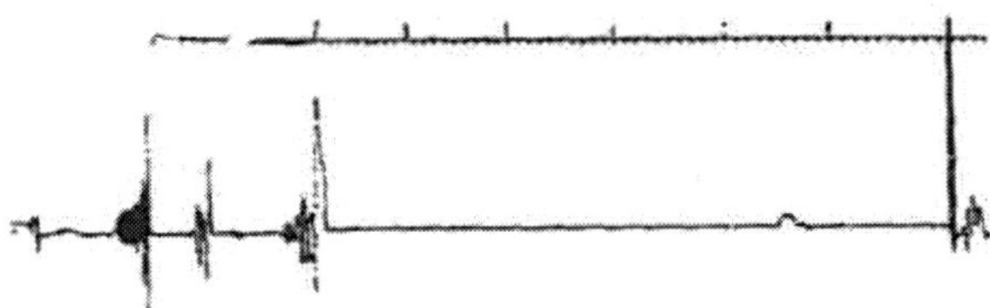

Damit endigte diese erfolgreiche Sitzung. Die Ergebnisse derselben sind um so wertvoller, als mit dem Waageversuch durch eine neue Versuchsperson die analogen Resultate des Mediums Stanislawa Tomczyk bestätigt werden konnten.

Crawfords experimentelle Untersuchungen auf dem Gebiet der mediumistischen Telekinese.

(Referiert nach den Angaben der englischen Originale.)

Das Gewicht des Mediums während der Tischerhebungen.

Der englische Ingenieur W. J. Crawford, Dr. Sc, Professor der Physik an der Universität Belfast, Verfasser mehrerer physikalischer Arbeiten, hat seine in den Jahren 1915 und 1916 unternommene Experimentalforschung der mediumistischen Phänomene physikalischer Ordnung in zwei interessanten und lehrreichen Büchern niedergelegt[42]. Er hatte das Glück, ein sehr starkes Medium und einen völlig harmonischen Familienzirkel zur Verfügung zu haben. Prof. Crawford selbst, das Medium und sämtliche Teilnehmer sind überzeugte Spiritisten und die Sitzungen haben sich in dem bekannten spiritistischen Milieu abgespielt. Dies hinderte aber den Experimentator nicht, die Experimente in wissenschaftlicher Weise auszuführen und seine Anordnungen derart zu treffen, dass Betrug vollkommen unmöglich gemacht wurde. Allerdings kam ihm der seltene Umstand zu Hilfe, dass „die Operatoren auf der anderen Seite" auf seine Bedingungen und Wünsche bereitwilligst eingingen. Damit war Crawford nicht auf spontane Phänomene angewiesen und war es ihm im Gegenteil ermöglicht, die Experimental-reihe auf eine wissenschaftlich systematische Grundlage zu stellen, welche den erzielten Ergebnissen das Gepräge einwandfrei festgestellter Tatsachen verleihen konnte.

Das Medium ist ein junges Mädchen, Miss Kathleen Goligher (geb. 27. Juni 1898), und hat ihre Anlage wahrscheinlich von der Mutter geerbt. Die Mediumschaft wur-de gelegentlich einer Tischsitzung durch Zufall entdeckt. Die Versuchsperson ist während der Sitzungen bei vollem Bewusstsein, folgt den Vorgängen aus Interesse zur Wissenschaft und vergisst dabei, dass sie ja selbst die Hauptursache der Phänomene darstellt.

Die übrigen Teilnehmer sind sämtlich Familienangehörige des Mediums: eine Schwester, Vater, Bruder und Schwager. Mr. Crawford ist mit der Familie befreundet und betont, dass sie sämtlich auf dem spiritistischen Standpunkt stehen. Wie schon erwähnt, war durch die Anordnung der Versuche jedem Betrug von vornherein die Möglichkeit genommen. Die Sitzungen fanden im roten Lichte statt. Eine gewöhnliche Gasflamme war mit rotem Glas umgeben, so dass, wenn das Auge einmal an das gedämpfte Licht gewöhnt war, genügend Licht herrschte, um alle Teilnehmer beobachten zu können.

Nachstehende Skizze zeigt die Situation in den Sitzungen:

---

[42] W. J. Crawford, The Realty of Psychic Phenomena (Raps, Levitation etc.). Second edition. London, John M. Watkins, 1919; Experiments in Psychical Science (Levitation, Contact and the direct voice). London, John M. Watkins, 1919.

Der Durchmesser des Zirkels betrug 1½ m; das Medium saß am oberen Ende auf einer Waage (M). Neben dem Medium stand der Experimentator. Die sechs Teilnehmer (S) saßen wie in der Skizze angegeben. Das Licht (L) befand sich auf einem 1,2 m hohen Kaminsims und war ausreichend, um alle Personen deutlich sehen zu können. In der Mitte des Zirkels befand sich der Tisch oder ein Stuhl aus Holz, der ca. 1 kg wog (unberührt von irgendeinem Anwesenden). Zwei Beobachter befanden sich außerhalb des Zirkels (B).

Die Waage war von Mr. Crawford geprüft; sie zeigte ein Gewicht bis zu 200 kg und war bis weniger als 50 g empfindlich.

Die Teilnehmer saßen mit den Händen auf den Knien, das Medium auf der Waage, die flachen Hände auf die Knie gelegt. Medium und Waage waren von dem Zirkel gänzlich isoliert. Ersteres hatte die Instruktion, sich vollkommen stillzuhalten. Das Gewicht des Mediums samt Stuhl und dem Unterlagenbrett betrug 62 kg.

Crawford berichtet über den Verlauf einer Sitzung: Das Medium sitzt auf seinem Stuhl — der Zirkel beträgt ungefähr 1,50 m im Durchmesser — Kette — Tisch in der Mitte — rotes Licht. In wenigen Sekunden Klopftöne auf dem Boden, nahe dem Medium, die bald lauter werden bis zu Hammerschlägen und in zwei Stockwerken des Hauses sowie außerhalb desselben gehört werden. Fußboden und Stühle erzittern. Sonstige Geräusche, Tritte, Platzen eines Balles, Traben eines Pferdes werden wahrgenommen.

Nach einer Viertelstunde hört das Klopfen auf, der Tisch — nicht im Kontakt mit dem Zirkel — macht leise Bewegungen auf dem Boden, erhebt sich auf zwei Füßen, dann steigt er in die Luft, dort einige Minuten schwebend. Die Levitationsphänomene sind verschieden: ruhige Levitation, Auf- und Absteigen des Tisches, Schaukeln in der Luft, Drehen des Tisches in der Luft usw. Eine kleine Handglocke wird gehoben und geläutet mit dunklem und hellem Ton. Berührungen der Zirkelsitzer.

Gegen Ende der Sitzungen, nach 1½ Stunden hat die mediumistische Leistung ihren Höhepunkt erreicht. Ein starker Mann sitzt auf dem Tisch; derselbe wird mit Leichtigkeit in Bewegung gesetzt, oder ein Mann kann den schwebenden Tisch nicht niederdrücken, oder der an das entgegengesetzte Ende des Zirkels gezogene Tisch kann von einem Mann nicht auf seinem Rückweg zum Medium aufgehalten werden. Außerdem ist er so schwer geworden, daß man ihn nicht mehr zu heben imstande ist.

Als erstes „führendes, Beispiel" berichtet Mr. Crawford folgendes Experiment: „Instruktion an die Operatoren": Den Tisch so hoch als möglich zu heben und schwebend zu erhalten, solange es gewünscht wird. Das Phänomen: Der Tisch steigt, ohne von irgendeiner Person berührt zu sein, sofort senkrecht in die Luft bis zu einer ungefähren Höhe von 1,2 m über den Boden; man konnte seine Oberfläche sehen wie auch unter denselben. Der Tisch blieb schwebend in Kopfhöhe des Mediums. Der Zeiger der Waage gab eine Gewichtszunahme an. Crawford untersuchte das Medium und fand keine Veränderung; die Hände lagen wie vorher auf den Knien, aber die Arme waren während der Levitation starr, ein charakteristisches Zeichen bei allen Levitationen. Im Zirkel lagen nach wie vor alle Hände auf den Knien. Der Tisch schwebte nahezu ohne Bewegung in der Luft; die nächste Ecke desselben war wenigstens einen Meter von den Knien des Mediums entfernt.

Nachdem der Tisch ca. ½ - 1 Minute in der Luft geschwebt und jedermann dies gesehen hatte, bat Crawford die „Operatoren", den Tisch ruhig auf und ab zu bewegen in der Luft. Dies geschah und der Zeiger machte die Bewegung auf und abwärts mit.

Darauf wurde gebeten, den Tisch vorsichtig auf den Boden zu stellen, was sogleich ausgeführt wurde. Der Zeiger fiel sofort auf seinen Ausgangspunkt zurück.

Die Gewichtsangaben sind folgende:

Gewicht des Mediums + Stuhl + Brett vor der Levitation	62,0 kg
Gewicht des Mediums + Stuhl + Brett während der ruhigen Levitation	63,386 kg
Zunahme des Mediums an Gewicht	1,3 kg
Gewicht des Tisches	1,2 kg

Angeregt zu weiteren Untersuchungen stellte Mr. Crawford zunächst die Reaktion auf das Medium während der Levitation fest.

Der „Operator" wurde gebeten, den in der Mitte des Zirkels stehenden Tisch in die Luft zu heben und denselben möglichst in Ruhe dort zu halten. Der Tisch erhob sich sofort über 24 cm (die Höhe der Levitation des Tisches wechselte im Allgemeinen von 24—36 cm, bei der Levitation des Stuhles wurden auch größere Höhenmaße erreicht) und schwebte in völliger Ruhe.

Die Gewichtsverhältnisse waren folgende:

a) Gewicht des Mediums + Stuhl + Auflegebrett vor der Levitation	59,010 kg
b) im Ruhepunkt der Levitation	63,784 kg
c) Gewichtszuwachs des Mediums.-	4,764 kg
d) Gewicht des Tisches	4,708 kg
e) Gewicht des Mediums + Stuhl + Brett am Ende des Experimentes	59,010 kg

Es ergab sich also, dass das Medium während der Levitation an Gewicht zunimmt, und zwar ungefähr um das Gewicht des Tisches.

Das Experiment wiederholte Mr. Crawford öfters. Er benutzte drei Tische verschiedener Größe[43], welche er stets in die Mitte des Zirkels stellte. Sie wurden sämtlich von den „Operatoren" in die Luft gehoben.

Bei einem der Versuche betrug die Gewichtszunahme des Mediums durch die Levitation des Tisches 4,42 kg; das Gewicht des Tisches war 4,70 kg.

Die Gewichtszunahme des Mediums war also um 0,28 kg geringer als das Gewicht des Tisches! Das war auffallend, da, wie gesagt, bei den Versuchen sich als Regel ergeben hatte, dass das Medium infolge der Levitation um das Gewicht des Tisches an Gewicht zunimmt. Das Verhältnis der Gewichtszunahme des Mediums zum Ge-

wicht des Tisches stellt Crawford in folgender Tabelle zusammen:

Nr.	Gewicht des Tisches	Gewichtszunahme des Mediums	Gewichtszunahme in % des Tischgewichtes
1	4,70	4,52	94,00%
2	4,70	4,76	101,00%
3	4,76	4,59	96,40%
4	2,72	2,55	93,70%
5	2,83	2,66	94,00%
6	1,24	1,30	104,50%

Die Gewichtszunahme des Mediums beträgt also im Durchschnitt 97,3 % des Tischgewichtes, d. h. ungefähr 3 % weniger als das Gewicht des levitierten Tisches.

Es fragt sich nun, ob die fehlenden 3 % ein wichtiges Ergebnis sind oder nur experimentellen Ungenauigkeiten zuzuschreiben waren.

Nachprüfungen zeigten, dass Letzteres nicht der Fall war. Es musste also eine andere Ursache vorliegen. Die Vermutung liegt nahe, dass die anderen Teilnehmer des Zirkels etwas von dem Gewicht des Tisches auf sich nehmen. Um das zu ergründen, unternahm Crawford folgendes Experiment:

Es sollte festgestellt werden, ob das Gewicht des schwebenden Tisches auf einen Teilnehmer des Zirkels übertragen würde. Zu diesem Ende nahm ein Teilnehmer, der gewöhnlich zur Rechten des Mediums saß, auf dem Stuhle der Waage Platz und das Medium setzte sich auf seinen gewöhnlichen Stuhl. Jener Teilnehmer war von dem Medium und allen anderen Teilnehmern vollkommen isoliert; denn alle hatten die Hände auf den Knien.

Das Ergebnis war Folgendes:

Gewicht des Teilnehmers + Stuhl + Brett vor der Levitation	66,898 kg
Gewicht des Teilnehmers + Stuhl + Brett während der Levitation.	66,954 kg

---

[43] Der gewöhnlich in den Sitzungen verwendete Tisch hatte folgende Ausmaße: Oberfläche 60 X 42,5 cm; Höhe 72,5 cm; Gewicht 4,7 kg.

Unterschied	0,056 kg

Da dieser Betrag zu klein ist, um einen Schluss daraus zu ziehen, ließ Crawford ein weiteres Experiment folgen: Um zu sehen, ob eine vertikale Bewegung des Tisches in der Luft irgendeinen Effekt auf das Gewicht des Teilnehmers, der auf der Waage saß, ausübte, bat Crawford die Operatoren, den schwebenden Tisch in der Luft auf und ab zu bewegen, was geschah. Der Zeiger der Waage schwankte hin und her, synchron mit den Bewegungen des Tisches. Crawford wiederholte das Experiment mehrere Male und ist des Resultates sicher.

Er folgert aus den beiden Experimenten, dass ein kleiner Teil der Reaktion des emporgehobenen Tisches auf den Teilnehmer entfiel, woraus man schließen kann, dass ein kleiner Teil auf alle oder einige der Sitzer zu rechnen ist. Wenigstens 95 % schätzt Crawford auf das Medium und nicht mehr als 5 % auf die Körper der anderen Teilnehmer.

Die eben erwähnten Versuche wurden ergänzt durch Experimente mit anderen Tischbewegungen. Bei einer Bewegung auf dem Boden, also ohne Levitation, zeigte der Pfeil der Waage eine Vermehrung des Gewichtes; schon bevor der Gang des Tisches eintrat, blieb er während der Bewegung auf demselben Punkt und fiel zurück, als letztere aufhörte. Dies zeigte, dass das Gewicht des Mediums hierbei eine Zunahme erfahren hatte. Crawford schätzte dieselbe von 1,3 bis 1,8 kg, was ungefähr die Kraft sein würde, um den Tisch auf dem Boden fortzuziehen.

Crawford ersuchte den Operator, verschiedene Bewegungen mit dem Tisch auszuführen, um den Einfluss derselben auf das Gewicht des Mediums studieren zu können. Es kamen folgende Bewegungen zustande:

a) Kippen des Tisches auf zwei Füßen (zwei auf dem Boden und zwei in der Luft);

b) dasselbe bei höher gehobenen Tischbeinen;

c) Kippen, so dass ein Fuß auf dem Boden ruhte und die anderen Füße in der Luft standen.

Bei all diesen Tischbewegungen nahm das Gewicht des Mediums zu, aber niemals erreichte der Zuwachs das Gewicht des Tisches. Es ist sicher, sagt Crawford, dass jede Bewegung des Tisches einen Gewichtszuwachs des Mediums erzeugt, gleichviel ob die Bewegung eine Levitation ist oder teilweise Levitation oder nur ein Gleiten auf dem Boden, sei es in Richtung auf das Medium zu oder von ihm weg; bezüglich jener Bewegungen, welche dem Gesetz der Schwere widersprechen, beträgt die Gewichtszunahme annähernd das Gewicht des Tisches je nach dem Grade seiner partiellen oder völligen Levitation. Crawford konnte an der Bewegung des Zeigers der Waage schon erkennen, wann Levitation des Tisches stattfand, ohne zuerst den Tisch beobachtet zu haben.

Die Entfernung des Tisches vom Medium während der Levitation scheint von wesentlicher Bedeutung. Es ist aber falsch, anzunehmen, dass das Phänomen schneller und leichter eintritt je näher das Medium dem Tische ist. Auf einer gewissen Distanz lassen sich die besten Resultate erzielen.

Die für die Levitation geeignete Entfernung des Tisches vom Medium steht fest, und wenn dieselbe nicht von Anfang an die notwendige ist, wird der Tisch von dem Operator richtiggestellt. Macht dies die Sitzordnung nicht möglich, so wird das Medium mit dem Stuhl nach rückwärts geschoben.

Auch die Höhe, bis zu welcher der schwebende Tisch steigt, steht im gewissen Verhältnis zur Entfernung des Tisches vom Medium. Bei Tischen im Gewicht von 2,7—4,5 kg ist die durchschnittliche Höhe ungefähr 20 cm.

Wenn die Kraft ausnahmsweise groß ist, wird die genannte Höhe mitunter erheblich überschritten; besonders kommt dies gegen Ende der Sitzungen vor. Die Oberfläche des Tisches kann dann Schulterhöhe der Sitzer erreichen. Übrigens schwebt der Tisch in größeren Höhen nicht so ruhig wie in niederen. Die höchste Levitation, welche Mr. Crawford beobachtete, war 1,2 m, und dies scheint das Maximum zu sein, welches nicht überschritten werden kann.

Prof. Crawford zieht aus seinen Beobachtungen den Schluss, dass der Operator in einer bestimmten Höhe die Levitation des Tisches am leichtesten ausführen kann und in dieser Höhe zeigt der Tisch die ruhigste und zeitlich längste Levitation. Jede Überschreitung derselben erfordert eine besondere Anstrengung.

Sehr interessant sind die Versuche über den Druck auf die untere Fläche des Tisches während der Levitation. Das Experiment wurde zu Beginn einer Sitzung ausgeführt, als die psychische Energie noch nicht voll entwickelt war. Der Tisch kippte zuerst auf zwei Füßen, fiel zurück, kippte dann auf den beiden anderen Füßen, fiel wieder zurück und erhob sich dann bis zu einer Höhe von 30 cm vom Boden. Er blieb vier Minuten lang unbeweglich schweben.

Die Oberfläche des Tisches war fast horizontal. Angenommen die Levitation ist durch einheitlichen Druck auf die untere Tischfläche nach aufwärts bewirkt so ergibt sich:

Gewicht des Tisches	4,711 kg
Untere Tischfläche 60 x 42,5 cm	2550 qcm
Psychischer Druck pro qcm	0,0011 kg

Dieser Druck ist so gering, dass er durch mechanische Mittel schwierig zu messen ist. Aus experimentellen Gründen nimmt Mr. Crawford an, dass der Druck, von welcher Art er auch sei, nicht einheitlich ist, sondern mehr oder weniger auf einen Teil der Fläche ausgeübt wird, so z. B. auf zwei oder drei Punkte der unteren Tischfläche oder überhaupt nicht auf letztere, sondern die Kraft wirkt unter jedem Fuß mit Druck nach oben (eine kaum annehmbare Hypothese) oder der Tisch wird schwebend erhalten durch Kraftlinien[44], welche vom Medium projiziert werden und auf die Füße des Tisches wirken. Der Autor hat alle diese Möglichkeiten ins Auge gefasst und sie experimentell geprüft. Für die wahrscheinlichste Hypothese hält er, dass eine Art aufwärtswirkender Kraft unter der Oberfläche des Tisches einsetzt.

Ein anderes Experiment mit dem schwersten Tisch (7 kg), den Crawford verwendete, ergab bei einer erreichten Höhe von 72,5 cm einen Druck von 0,0022 kg auf den Quadratzentimeter. Wenn man also einen einheitlichen Druck auf die untere Tischfläche annimmt, erscheint der Druck sehr klein, eine für die Theorie der Levitation bemerkenswerte Tatsache.

Ein merkwürdiges Phänomen bot folgendes Experiment: Mr. Crawford trat während der Levitation des Tisches in den Zirkel und versuchte mit den Händen den Tisch herabzudrücken. Trotz aller Kraftanstrengung gelang es ihm nicht. Mit Hilfe eines Teilnehmers wurde der Tisch so weit herabgedrückt, dass er den Boden berührte. Nun stand der Tisch auf zwei Füßen (zwei in der Luft) und Crawford versuchte ihn vollends herunterzudrücken, aber es gelang nicht.

Der geleistete Widerstand war elastisch und es schien, als ob ein Kissen mit komprimierter Luft sich unter dem Tische befände.

Übrigens hatte Crawford während Hunderten von Levitationen unter allen möglichen Bedingungen die Beobachtung gemacht, dass die psychische Kraft erst eine halbe Stunde nach Eröffnung der Sitzung zur vollen Entwicklung kam. Jedenfalls konnte der „Operator" anfangs nicht so leicht arbeiten, wie in späteren Perioden der Sitzung.

Für die Theorie der Levitation war die weitere Beobachtung wertvoll, dass Crawford, als er versuchte den levitierten Tisch gegen das Medium zu schieben (B), nicht

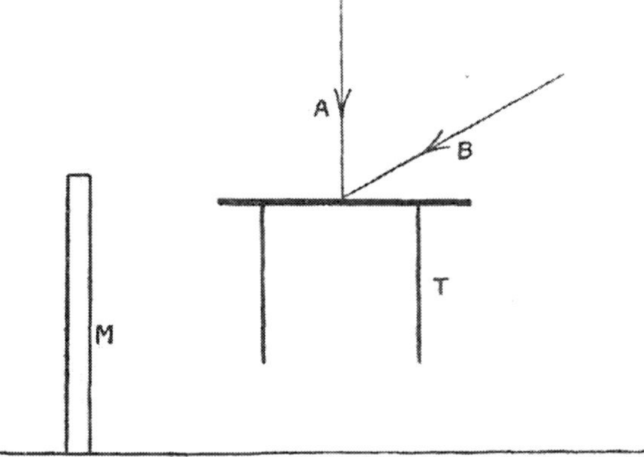

mehr den elastischen Widerstand fühlte wie bei A. Hier war der Widerstand solid und starr; es machte

---

[44] Mr. Crawford gebraucht den Ausdruck: „rod", d. h. Rute, Gerte.

den Eindruck, als ob stählerne Stäbe den Tisch und das Medium verbänden.

Aus der großen Zahl interessanter und lehrreicher Experimente über die Levitationen mögen noch kurz folgende berichtet sein:

1. Mr. Crawford stellte dem „Operator" die Aufgabe, das Gewicht des auf dem Boden stehenden Tisches zu erhöhen. Es geschah sofort und dem Experimentator war es nahezu unmöglich geworden den Tisch zu heben. Derselbe schien wie angeleimt an den Boden. Als der „Operator" gebeten wurde, das Gewicht wieder zu vermindern, konnte Crawford den Tisch mit Leichtigkeit heben.

2. Gelegentlich einer Dunkelsitzung war die Kraft so stark, dass der Tisch umgekehrt und mit den Füßen nach oben empor gehoben wurde. Der Autor und drei Teilnehmer ergriffen je einen Fuß und suchten den Tisch auf den Boden zu drücken. Es war gänzlich unmöglich. Darauf wurde er auf- und abwärts bewegt, und die Teilnehmer, welche den Tisch hielten, hätten, wie Crawford sich ausdrückte, ebenso gut versuchen können eine Lokomotive aufzuhalten.

3. Der Experimentator setzte sich auf den Tisch, der nun leicht auf dem Boden gleitend geschoben wurde. Es war ein beliebtes Experiment, wenn ein Besucher kam, ihn aufzufordern sich auf den Tisch zu setzen und die Dinge abzuwarten. In kurzer Zeit, gewöhnlich binnen einer Minute, stieg der Tisch auf zwei Füßen in die Höhe und der Besucher glitt auf den Boden.

4. Oftmals hatte Crawford Gelegenheit zu beobachten, dass der Tisch, trotzdem ein Besucher des Zirkels alles tat um jede Bewegung

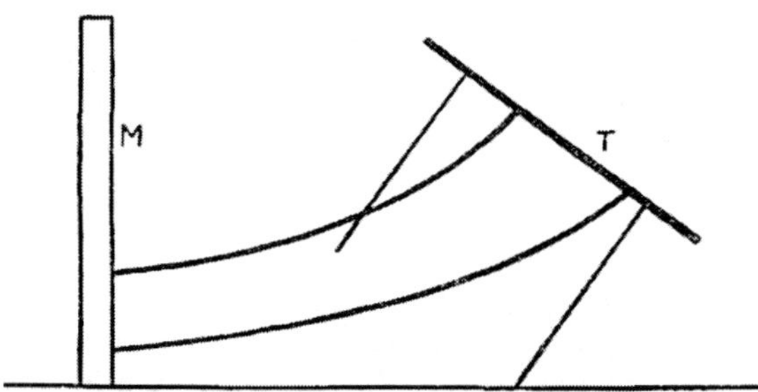

zu hindern, schon nach einer halben Minute in Bewegung geriet, rückte, sich erhob und in der Luft schwebte trotz aller Gegenanstrengungen des Besuchers.

Wenn ein Besucher in den Zirkel trat, so beobachtete Crawford wiederholt, dass der Tisch sich auf den zwei, vom Medium entfernten Füßen erhob, in einem Winkel von ungefähr 40° zur Horizontalen. Der Tisch blieb zehn Sekunden in dieser Stellung und dann begann sofort der Kampf. Dieses vorhergehende Heben des Tisches in eine Winkelstellung ist nicht zufällig und hat eine tiefere Bedeutung.

In vorstehender Figur bedeutet M das Medium, T den Tisch in Winkelstellung. „Wäre es nicht möglich, ja sogar wahrscheinlich, dass der Grund für die einleitende Erhebung darin besteht, für eine Projektion vom Medium aus den bestmöglichen Angriffspunkt unter der Tischfläche zu gewinnen, wie es in dem obigen Diagramm angezeigt ist?"

Die Lösung des Problems erforderte selbstverständlich auch die aufmerksame Untersuchung des Raums unter und über dem Tisch sowie an den Seiten desselben während der Levitation. Prof. Crawford hatte Gründe zur Annahme, dass der Raum über dem Tisch keine Bolle in dem Phänomen spielte: 1. Es ist ohne Einfluss, wenn der Experimentator seine Hände auf den Tisch legt oder sich auf denselben setzt; 2. ziemlich starkes Licht, das auf die Oberfläche des Tisches geworfen ist, beeinflusst die Levitation nicht, während dasselbe Licht unter dem Tisch sofort den Tisch zum Fallen bringt; 3. der Operator erhebt niemals Einspruch, wenn Gegenstände, wie z. B. die Taschenlampe, auf den Tisch gelegt werden.

Was den Raum rund um den Tisch anbelangt, so ist nur eine Stelle vorhanden, welche der Experimentator nicht einnehmen darf: jene zwischen Medium und Tisch. Man erlaubte deshalb Besuchern der Sitzung in den Zirkel zu treten, den Tisch an der Levitation usw. zu hindern, wie es ihnen beliebte, nur die Linie zwischen Tisch und Medium durften sie nicht überschreiten. Es wird später gezeigt werden, dass der ganze Raum zwischen dem Tisch und dem Zirkel nicht ohne alle Bedeutung ist, aber von vitalem Einfluss erscheint der Raum zwischen Tisch und Medium, und das gleiche findet statt bezüglich des Raums unter dem Tisch.

Dies Gesamtresultat wurde in einer Reihe instruktiver Experimente gefunden, welche nachstehend kurz referiert sind:

1. Crawford stellte eine elektrische Taschenlampe, deren Linse mit dünnem rotem Papier bedeckt war, auf den levitierten Tisch. Sie blieb dort stehen, während der Tisch auf- und abwärts bewegt wurde. Bei einer anderen Gelegenheit stellte der Experimentator die Lampe vor der Levitation auf den Tisch. Die Batterie war ganz neu und die rote Papierbekleidung der Linse ziemlich dünn. Das Licht erwies sich als zu stark, schien auch direkt auf das Medium und die Levitation war nicht möglich. Konzentriertes Licht nahe bei dem Medium erwies sich als schädlich, aber diffuses Licht, das in einer gewissen Entfernung vom Medium und über einen größeren Raum sich verbreitet, ist weniger hinderlich.

Crawford legte dann die Taschenlampe flach auf den Tisch, die Linse abgewendet vom Medium, und die Levitation erfolgte sofort und währte längere Zeit. Der Tisch hatte unten (ca. 36 cm vom Boden) eine Klappe. Als Crawford die Taschenlampe dorthin flach auflegte, mit der leuchtenden Linse abgekehrt vom Medium, wurde der Tisch wieder erhoben und blieb ziemlich lange Zeit schweben, aber die Bewegung schien schwieriger vor sich zu gehen. Dieser Umstand deutete darauf bin, dass der Unterkörper des Mediums am meisten bei dem Phänomen beteiligt ist. Die Experimente zeigten auch, dass der dem Medium am nächsten liegende Teil des Tisches sowie der Raum unter dem Tisch, welcher dem Medium sich am nächsten befindet, während der Levitation in Anspruch genommen sind.

2. Während der Tisch sich schwebend in der Luft hielt, schob Mr. Crawford eine Federwaage sachte auf dem Boden hin, bis sie unter dem Tische stand. Sie wurde in keinem Punkte von der Tischfläche oder den Tischfüßen berührt. Es bestand ein Zwischenraum von wenigstens 54 cm zwischen Waage und der unteren Fläche des Tisches. Das Resultat war, dass der Tisch, der vorher in Ruhe sich befand, zu flattern anfing, wie ein verwundeter Vogel und langsam zur Erde sank.

Crawford folgert aus dem Experiment, dass der von der Federwaage eingenommene Raum bei der Levitation eine Rolle spielt und dieselbe durch eine auf die untere Fläche des Tisches nach oben wirkende Kraft bewirkt wird. Auch der Raum nahe am Boden unter dem Tisch ist für die Erzeugung des Phänomens von Bedeutung.

Allgemein gesprochen sagt Crawford, für die Erzeugung guter Phänomene muss der Raum unterhalb des Tisches relativ dunkler gehalten werden als der übrige Raum. Bei großen Tischen ist dies ohnehin infolge des Schattens, den die Tischfläche verursacht, der Fall. Jener Raum erfordert daher die größte Aufmerksamkeit des Forschers. Dieses Licht ist genügend für die meisten Zwecke, und wenn auch die Skala der Instrumente nicht abgelesen wird, so kann doch durch das Tastgefühl geholfen werden.

Um zu prüfen, ob die hebende Kraft unmittelbar unter den Tischfüßen angreift, legte Crawford die Hände unter dieselben, während der Tisch in Levitation sich befand. Er saß hierbei im Zirkel auf der dem Medium entgegengesetzten Seite. Das Ergebnis war negativ. Der Experimentator fühlte nicht den geringsten Druck auf die Hand. Damit war bewiesen, dass der Druck nicht auf die Füße erfolgt oder, wenn dies der Fall sein sollte, nur unbedeutend sein konnte. Auch der Versuch mit einer Glasröhre, welche Crawford in dem Raum zwischen den Fußenden und dem Boden hin und her bewegte, gab keine weiteren Anhaltspunkte.

Der Experimentator kam nun auf die Idee, den in früheren Experimenten erhaltenen Druck von 0,0011 kg pro Quadratzentimeter unter der Tischfläche mit einem Manometer nachzuprüfen, um zu erfahren, ob dieser Druck etwa einer Art Gas zuzuschreiben sei. Das Ergebnis war negativ. Die eben erwähnten Versuche mussten zu dem Schluss führen, dass der Druck unmittelbar auf die untere Fläche des Tisches einwirkt, dass sich also auf dem Fußboden oder bis zu einer gewissen Höhe von dem Boden aus ein leeres Feld befindet.

Der Versuch mit einem sehr sinnreichen kleinen Apparat bestätigte diese Vermutung. Derselbe wurde so eingerichtet, dass der kleinste Druck auf ihn einen elektrischen Kontakt auslöste, durch den eine Glocke (außerhalb des Zirkels befindlich) zum Läuten gebracht wurde. Diese Vorrichtung stellte er unter den schwebenden Tisch und bewegte sie nach allen Richtungen hin und her. Das Ergebnis war negativ und bestätigte damit, dass auf dem Fußboden unterhalb des Tisches keine Reaktion stattfindet, ein Resultat von außerordentlicher Tragweite.

Das Ergebnis war einwandfrei, denn als der Apparat außerhalb des Tisches auf den Boden gestellt und der „Operator" gebeten wurde, statt der sonst seinerseits angewendeten Klopftöne durch Läuten der Glocke zu antworten, wurde letztere sofort geläutet und bis zum Schluss der Sitzung fand die Kommunikation mit dem Operator in dieser Weise statt. Letzterer schien über die Neuerung sehr erfreut, denn der übliche Gute-Nacht-Wunsch erfolgte durch längeres Läuten der Glocke, statt wie sonst durch Klopftöne.

Mr. Crawford berichtet ferner über vier Experimente, in welchen die Levitation des Tisches unmittelbar über der Plattform der Waage erhalten wurde.

Der Tisch wurde auf die Waage gestellt. Das Medium befand sich vor der Waage, mit der Front seines Körpers parallel der Langseite des Tisches.

Die Waage zeigte das Totalgewicht des Tisches samt Brett = 6,978 kg an. Nach einiger Zeit wurden zwei Füße gehoben, die beiden anderen blieben auf der Plattform. Der Waagezeiger schnellte sofort hoch, ein Zeichen, dass ein großer Gewichtszuwachs stattfand. Die Waage zeigte dann u. a. 11,8 kg; es war klar, dass eine Kraft in Wirkung war, größer als das Gewicht des Tisches. Mr. Crawford beobachtete, dass mit zunehmender Höhe des erhobenen Tischteiles das Gewicht ebenfalls stieg. Da bei diesem Experiment nicht der ganze Zirkel anwesend war, sondern nur zwei Personen (inkl. Medium), wurde eine volle Levitation nicht erreicht. Crawford hatte den Eindruck gewonnen, dass schon die teilweisen Levitationen des Tisches auf der Waage das Gewicht vermehrten, wie wenn ein Druck auf die Plattform stattfände.

Bei der nächsten Vollsitzung wurde der Tisch wieder auf die Plattform der Waage gestellt.

Nach wenigen Minuten begann der Zeiger der Waage zu oszillieren; dann fing der Tisch sich zu bewegen an, d. h., der Tisch rückte und hob sich da und dort etwas, um schnell wieder zu sinken. Dies dauerte eine Viertelstunde und Crawford glaubte schon, die Operatoren wären nicht imstande, die Levitation herbeizuführen. Nun ertönten 7

oder 8 Klopftöne auf dem Boden, das Zeichen für eine Mitteilung. Es wurde buchstabiert: „Bedecke das Brett mit schwarzem Tuch." Dies Brett war aus weißem Holz und die Störung bestand offenbar in den reflektierten

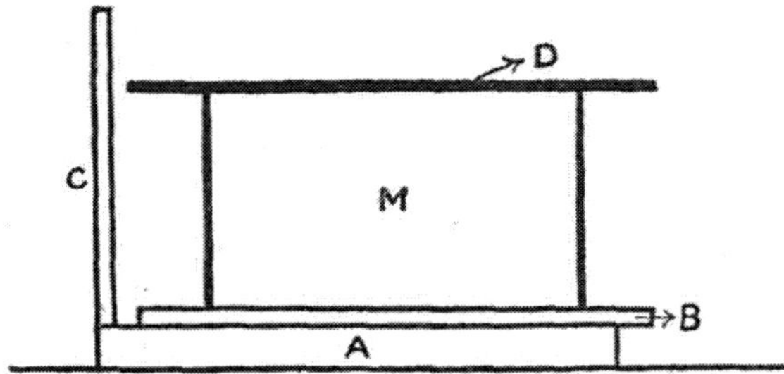

A Plattform der Waage; B das Auflagebrett; C Säule der Waage;
D Tisch; M Medium
Gewicht des Brettes   2,2 kg
Gewicht des Tisches   4,7 kg

weißen Strahlen, die von der Oberfläche des Brettes kamen. Nachdem das Tuch über das Brett

gelegt worden — das Tuch hatte nur das Gewicht einiger Gramm — ging der Prozess besser vonstatten. Der Tisch oszillierte, dann hoben sich zwei Füße. Das Gewicht nahm zu, die Waage zeigte in Maximum einen Zuwachs von 6,356 kg, also in summa 21,95 kg. Auch nach 40 Minuten fand völlige Levitation nicht statt.

Schließlich wurde aber die Levitation sehr gut erreicht. Der Tisch schwebte in einer Höhe von 15 cm mit fast waagerechter Tischfläche eine halbe Minute in der Luft.

Als Resumé der bisherigen Experimente konnte Mr. Crawford feststellen, dass im Allgemeinen bei Levitationen über dem Boden kein rückwirkender Druck, d. h. keine Reaktion auf dem Boden selbst vorhanden ist. Bei Levitation auf der Plattform der Waage (ca. 17 cm über dem Boden) war die kleinste Reaktion gleich dem Gewicht des Tisches und die größte Reaktion erheblich stärker. Es wird noch darauf zurückzukommen sein.

Prof. Crawford hatte durch seine Experimente den Eindruck gewonnen, als fände auch eine Kraftäußerung in nicht vertikaler Richtung statt. Um hierüber Klarheit zu erhalten, stellte er eine Versuchsreihe mit Anwendung einer kleinen Waage auf. Letztere war eine Schalenwaage, wie sie in Haushaltungsküchen verwendet wird.

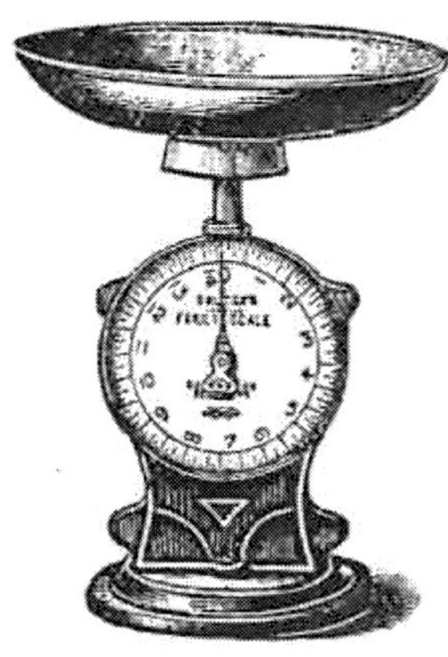

Der Experimentator wählte die kleine Waage deshalb, weil auf ihr nur die vertikale Komponente einer Reaktion registriert werden konnte und der Apparat nicht fein genug war, um von kleinen horizontalen Komponenten affiziert zu werden, vorausgesetzt, dass solche vorhanden sind. Alles war nur Mutmaßung, sagt Crawford, und „ich bin sicher, jedermann wäre wie ich überrascht gewesen durch die außerordentlich wertvollen Resultate. Die Waage zeigte Gewichte bis zu 6,356 kg; die Schale hatte einen Durchmesser von ca. 24 cm. Der Apparat war 32,5 cm hoch.

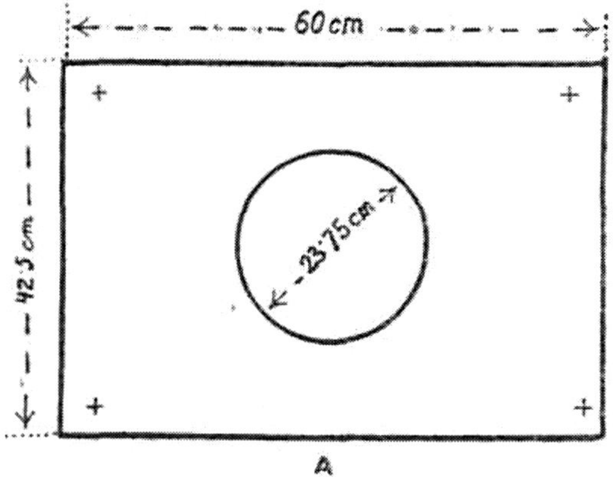

A = Standpunkt des Experimentators auf der dem Medium entgegengesetzten Seite.

Obige Skizze zeigt die Stellung der Waage unter der Tischfläche.

Der Zwischenraum zwischen Schale und der unteren Tischfläche betrug 37,5 cm.

Die Waage stand nirgends in Berührung mit dem Tisch. Die Operatoren wurden gebeten, den Tisch unmittelbar über der Waage zu heben. Der Tisch wurde wenige Zoll über den Boden erhoben und fiel nach einigen Sekunden wieder zurück. Nach einigen Minuten wurde der

Tisch wieder gehoben und fiel nach kürzester Zeit zurück.

Während keiner der offenbar schwierigen Levitationen zeigte sich irgendein Druck auf die Waage.

Dies war ungewöhnlich. Crawford zog den Schluss, dass die Operatoren die Fläche des Tisches außerhalb des Waagschalenkreises zum Angriffspunkt wählten und dass dies nicht ihre gewöhnliche Methode war. Die Frage an die Operatoren, ob sich dies so verhalte, wurde bejaht (durch Klopftöne).

Nun bat Crawford, den Tisch ohne Rücksicht auf die Waage in normaler Weise zu heben. Die Schale wurde mit einem dunklen Tuch bedeckt aus dem uns schon bekannten Grunde (Lichtreflex). Nach wenigen Sekunden ging der Zeiger der Waage bis an das Ende der Skala zurück und unmittelbar darauf stieg der Tisch in die Höhe, leicht rückwärts und vorwärts schwingend. Der Zeiger blieb an dem Endpunkt. Nach einiger Zeit sank der Tisch plötzlich herab und der Zeiger fiel gleichzeitig auf den Nullpunkt.

Da die Waage nur bis 6,356 kg Gewicht reichte, die vertikale Reaktion aber stets 6,5 kg betrug, so wäre der Zeiger, wenn dies möglich gewesen wäre, wenigstens noch um 227 g weiter gerückt.

Die Operatoren gaben an, dass sie die normale Methode angewendet hätten. Ohne Zweifel war dem so, denn die Levitationen gingen ziemlich leicht vor sich. Der Tisch schwebte jedoch nicht so ruhig in der Luft wie bei der gewöhnlichen Levitation. Crawford ist der Ansicht, dass der Angriffspunkt der Kraft sich nur auf eine Fläche des Tisches entsprechend der Waagschalenfläche erstreckte, während sich sonst die Kraft mehr auf die ganze untere Fläche des Tisches verteilte.

Der Forscher trug sich immer mit dem Gedanken, dass auch eine horizontale Kraft neben der vertikalen im Spiel sei. Um dies festzustellen, verwendete er folgenden Apparat:

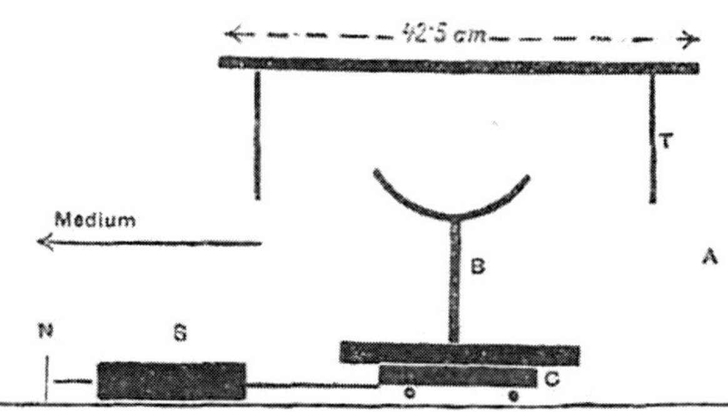

B ist die kleine Waage (bis zu 6,356 kg zeigend) auf einem eisernen Gestell, das, auf Kugeln laufend, sich schon bei einer Kraftäußerung von 45 g auf dem Boden in Bewegung setzte.

N ist ein Riegel, der in dem Boden befestigt ist.

S ist eine gewöhnliche Saltertensionspringwaage (bis zu 9 kg zeigend), verbunden mit N und C.

Der Experimentator hielt, nun einen Finger der rechten Hand an den Zeiger der Tensionswaage und einen Finger der linken Hand an den Zeiger der kleinen Waage und bat die Operatoren, den Tisch zu heben. Der Zeiger bei B bewegte sich in der gewöhnlichen Weise allmählich bis zu 6,58 kg und der Tisch sprang in die Höhe. Der Zeiger der Tensionswaage bewegte sich gleichzeitig in der Skala. Der Durchschnitt von einem halben Dutzend Levitationen ergab ca. 1,816 kg.

Diese horizontale Kraft ist nicht absolut; ruckweise Aufwärtsbewegungen während der Levitation wurden durch den Zeiger der Tensionswaage angezeigt, aber, wenn diese Zuckungen vorüber waren, ging der Zeiger auf den Stand von 1,816 kg zurück.

Mr. Crawford wiederholte den Versuch mit der Waage zu 12,7 kg und einer Tensionswaage zu 9 kg. Er erhielt als Resultat, dass die horizontal und vertikal wirkenden Kräfte nur Komponenten einer einzigen Kraft seien. Beide Zeiger bewegten sich gleichzeitig und proportional zu den Bewegungen des Tisches. Die größere Tensionswaage ergab als genauen Wert des Druckes 2,3 kg.

Als Gesamtresultat konnten nach vielen mühsamen und zeitraubenden Versuchen folgende Gewichtsverhältnisse als genau festgestellt werden:

Gewicht des Tisches	4,6 kg
Vertikal abwärts wirkende Kraft während der Levitation	13,6 kg
Horizontaler Druck	3,3 kg

Der nächste Versuch galt der Frage, welche Relation zwischen der Höhe der Plattform und dem vertikalen Druck während der Levitation besteht.

Crawford ergänzte den eben beschriebenen Apparat in sinnreicher Weise dahin, dass die Fläche, auf welche zunächst der Druck zur Wirkung kam, in beliebiger Höhe eingestellt werden konnte und so der Druck für verschiedene Höhen gemessen wurde. Das Resultat dieser Versuchsreihe war von außerordentlicher Bedeutung für Lösung des Problems der psychischen Kraft. Es zeigte sich nämlich, dass bei größeren Höhen die auf die Plattform der Waage wirkende Kraft nicht, wie man erwarten sollte, bei erreichter Levitation beständig wurde; im Gegenteil, die Kraft nahm für ein paar Sekunden noch nach der Levitation zu (von 2,2 kg bis zu 3,6 kg, bis der Zeiger zur Ruhe kam).

Im Übrigen ergaben diese Versuche, dass

1. auf dem Boden oder für Höhen von 5—7 cm keine Reaktion stattfand;

2. eine sehr geringe Reaktion wird in Höhe von 7 cm an bemerkbar

3. die Kraftäußerungen wachsen dann plötzlich;

4. nach dem plötzlichen Steigen des Druckes verminderte sich der Zuwachs wesentlich mit der Höhe, wie in nachstehender Skizze ersichtlich ist.

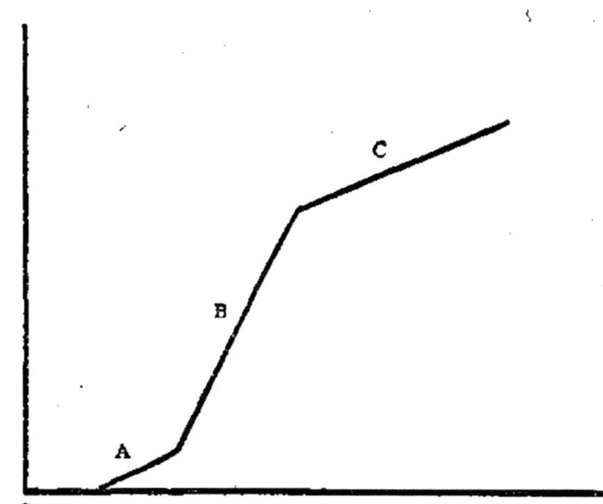

Vertikale Reaktion auf die Plattform.

Anfangs scheint die Zunahme allmählich zu sein, dann ist ein plötzliches Steigen bemerkbar, und schließlich folgt ein gleichförmiges Wachsen der Kraft.

In dem folgenden Experiment wurde die vertikale Reaktion auf die Waage durch das Läuten einer elektrischen Glocke angezeigt.

Die Vorrichtung ist aus nachstehender Skizze (S. 134) zu ersehen.

P = die Waagschale; D = Scheibe der Waage; B = Zeiger; C = ein Papierblatt, fixiert auf der Scheibe bei dem Strich für 9 kg; W = Drähte zur elektrischen Glocke. Wenn der Zeiger in Berührung mit dem Papierstreifen C kommt, wird der elektrische Kontakt hergestellt und die Glocke läutet.

Dieser Apparat wurde unter den Tisch gestellt, die Glocke mit der Batterie auf dem Kaminsims. Die Drähte lagen auf dem Boden. Schwarzes Tuch wurde über die Schale gelegt.

Ergebnis: Die Glocke ertönte 1 oder 2 Sekunden, ehe die Levitation vor sich ging; während der Levitation läutete die Glocke beständig und die variierende Höhe der Levitation war ohne Einfluss.

Mr. Crawford empfiehlt dieses Experiment für Levitationsversuche besonders, da es einfach auszuführen und wirkungsvoll ist. Der Beobachter kann nach dem schwebenden Tisch sehen, er hört die Glocke läuten und

kann außerdem Hände und Füße der Teilnehmer kontrollieren usw.[45].

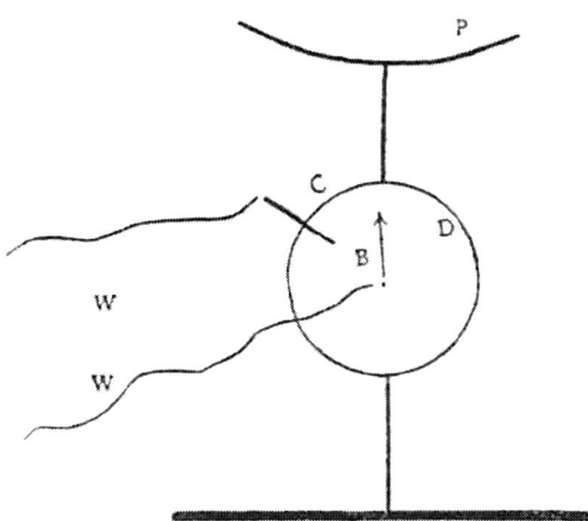

Ergänzende Versuche.

1. Ein geladenes Elektroskop, unter den schwebenden Tisch gestellt und dort eine halbe Minute belassen, ergab kein Resultat.

2. Von größter Bedeutung ist die Untersuchung des Platzes zwischen Medium und dem levitierten Tisch. Sie ist am schwierigsten, den sobald ein Apparat in diesen Raum gebracht wird, wird die Kommunikationslinie zerstört. Da nun diese Linie oder diese Linien sich sehr schwer zu bilden scheinen, und, wenn einmal gebrochen, die Phänomene für lange Zeit ausbleiben, muss der Experimentator sehr behutsam hier vorgehen. Ein unwissenschaftlicher Eingriff in diesen Teil des Raumes ist auch geeignet, das Medium zu schädigen.

---

[45] Gelegentlich zweier Versuche vernahm Crawford ein Krachen im Holze der Tischplatte, wie ein Zerreißen der Holzfasern und bei einer Gelegenheit hörte er während der Levitation unter der Mitte des Tisches einen leichten Windstoß, wie wenn eine Säule weicher Substanz an der unteren Tischfläche angestoßen wäre. Möglicherweise war es der Stoß der levitierenden Kraft, der vielleicht ein wenig stärker als gewöhnlich war.

Mr. Crawford konstruierte nun folgenden sehr empfindlichen Apparat.

An einem flachen Holzbrettchen (W) war ein leichter Papierstreifen (C) angebracht (bei A). Dieser trug wie der Holzstreifen eine Feder (S). Die Feder S1 ruhte auf dem Brettchen. Beide Federn waren mit einer elektrischen Glocke verbunden. Wenn nur ein leiser Hauch auf das Kartenblatt (C) strich, kamen die beiden Federn in Kontakt und die Glocke ertönte.

Während der Tisch auf dem Boden sich bewegte, hielt Crawford den Apparat vor dem Medium in die Luft, das Kartenblatt ganz nahe am Medium, und fuhr parallel mit dem Körper des Mediums und senkrecht zu den etwa vom Medium ausgehenden Linien hin und her. An einer bestimmten Stelle (ungefähr 60 cm über dem Boden) ertönte die Glocke und gleichzeitig stand der Tisch ruhig.

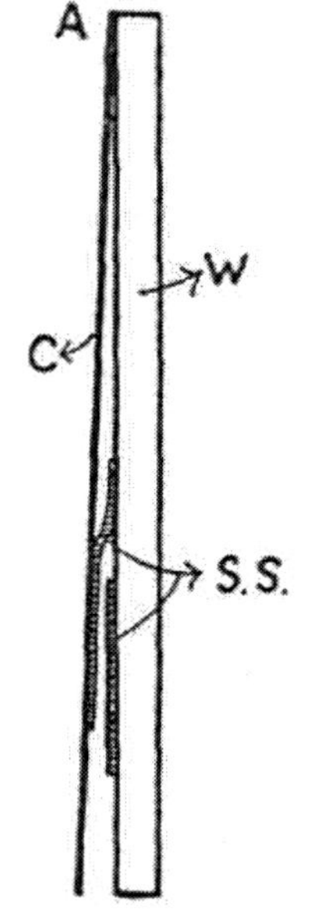

Crawford wiederholte den Versuch bei levitiertem Tisch. An derselben Stelle ertönte die Glocke und sofort fiel der Tisch. Die „Operatoren" gestatteten nicht, den Versuch fortzusetzen. Sie behaupteten, dass der Apparat in der Kraftlinie vom Medium zum Tisch sich befände (durch Klopfen mitgeteilt).

Diese Versuche hatten deutlich gezeigt, dass der Apparat ein Band durchschnitt, das Medium und Tisch verbunden hatte, und dass vermittels dieses Bandes ein mechanischer Druck vom Medium auf den Tisch übertragen wurde.

Mr. Crawford fügt bei: „Ich habe Grund zu glauben, dass die Herstellung dieser Kraftlinien für die „Operatoren" ein schwieriger Prozess ist und dass, wenn sie einmal gebildet sind, sie mehr oder weniger in situ für die Dauer der Sitzung bleiben. Ich denke sie sind wie Röhren[46], welche mühsam durch Widerstand leistendes Ma-

terial geführt sind. Ihre Basis scheint physisch zu sein, denn ich habe tatsächlich die Bewegung materieller Partikel in der Nähe der Fußknöchel des Mediums (und aufwärts derselben) gefühlt; die Kraftlinien schienen manchmal an den Handgelenken und Knöcheln der Füße meines Mediums zu beginnen. Während des Klopfens habe ich bemerkt, dass, wenn meine Hand in den Strom kam, der mit einer Kraftlinie zu korrespondieren schien, das Klopfen für lange Zeit aufhörte und anscheinend nur mit Schwierigkeit wieder ausgeführt werden konnte. Mit anderen Worten, der Weg war gestört. Ich glaube nicht, dass die angenommenen materiellen Partikel die Ursache des Druckes sind, welcher den Tisch hebt. Vielmehr scheinen sie verbindende Glieder zu sein, welche den psychischen Druck zu übertragen gestatten, ganz wie ein Draht der Weg ist, der die Elektrizität befähigt, ihm zu folgen."

Mit dem kleinen Kontaktapparat stellte Crawford auch die Tatsache fest, welche sich schon aus den früheren Experimenten ergeben hatte, dass nämlich auf dem Boden unter dem levitierten Tisch kein Druck stattfindet.

Crawford untersuchte das Medium während dieser Versuche. Die Arme, gleichviel ob sie durch die Teilnehmer im Zirkel gehalten wurden oder auf ihren Knien lagen, waren immer steif, d. h., die Muskeln schienen unter großem Druck zu stehen, der die Arme manchmal starr wie von Eisen machte. Diese Kontraktur war besonders in der Armbeuge bemerkbar, obwohl die Stärke der Muskelspannung von der Schulter bis zum Handgelenk überraschend war.

Als ein Stuhl bis zur abnormen Höhe von 1,2 m emporstieg, waren die Arme des Mediums ganz steif, starrer als bei der Levitation eines viermal so schweren Tisches. Das Medium selbst gab an, dass hohe Levitationen ihr Muskelsystem am meisten anstrengten. Auch sei die Muskelsteifigkeit nicht auf die Arme beschränkt, sondern erstrecke sich über den ganzen Körper, wenn auch nicht in demselben Maße.

Nach der Meinung von Crawford ist in den letzten Monaten eine Änderung vorgegangen. Die Arme sind nicht mehr so steif während der Levitation wie früher.

---

[46]   Wörtlich „tunnels" (!)

Interessant ist die Beobachtung Crawfords, dass die „Operatoren" augenscheinlich eine Art Vorbereitung vor der Levitation treffen. Crawford bemerkte, dass die Schale der kleinen Waage, welche nur lose auf dem Untergestell befestigt war, ehe eine Levitation des Tisches begann, in leichtes Zittern geriet. Der Apparat erhielt eine Art Stoß, welcher keinen Druck auf die Waage ausübte; aber erst nach einer halben Minute ging die Levitation vor sich. Es schien, als ob eine Leitung sozusagen belebt würde und dass das Phänomen, nicht erfolgen konnte, ehe dies geschehen war. Wenn kein weißes Licht in den Zirkel gebracht wurde, folgten die Levitationen schnell aufeinander. Denn in diesem Fall war die Struktur dieser Linie nicht zerstört, musste also auch nicht erneuert werden.

Gelegentlich einer Levitation hielt Crawford die Hand unter den Tisch, nahe über die Waage, welche unter dem Tische stand. Er fühlte keinerlei Druck, wohl aber hatte er die Empfindung von einer klebrigen, kalten, fast öligen Materie, die ein unbeschreibliches Gefühl verursachte, als wenn dort die Luft mit Teilchen von toter und widriger Materie gemischt wäre. Vielleicht ist das beste Wort: „reptilienartig". „Ich habe," sagt Crawford, „dieselbe Substanz — und ich glaube, es ist eine Substanz — oft in der Nähe des Mediums gefühlt, aber es schien mir, als ob sie sich von ihm weg nach auswärts bewege. Wenn der Experimentator sie einmal gefühlt, hat erkennt er sie sofort wieder. Es war dies das einzige Mal, dass ich die Substanz unter dem Tisch getastet habe, aber vielleicht befindet sie sich immer dort und nur gewöhnlich nicht in so verdichteter Form. Ihre Gegenwart unter dem Tisch und auch in der Nähe des Mediums zeigt, dass sie etwas mit der Levitation zu tun hat. Kurz, ich glaube, es kann wenig Zweifel darüber bestehen, dass es sich um wirkliche Materie handelt, die temporär von dem Körper des Mediums genommen wird und am Ende der Sitzung zurückgeht, dass sie die Grundursache für die Transmission der psychischen Kraft ist. Der Tisch fiel sofort herunter, wenn ich meine Hand in diesem Stoff hin und her bewegte."

Eine weitere interessante Beobachtung Crawfords: Alle in der Sitzung Anwesenden wurden sorgfältig vor und nach der Sitzung gewogen. Es ergab sich, dass jeder mit Ausnahme einer Person an Gewicht verlor, wenn auch nur um wenige Gramm. Das Medium verlor nur 56 g. Den größten Verlust zeigte eine der Damen und Crawford selbst mit je 168 g. In einer an einem warmen Sommerabend in kleinem Raum abgehaltenen Sitzung, in welcher zahlreiche Phänomene beobachtet wurden, hatten die sieben Teilnehmer zusammen 531 g verloren. Es ist fraglich, welcher Teil des Verlustes natürlichen Ursachen zuzuschreiben ist, aber Crawford ist der Ansicht, dass jedenfalls in letzteren allein nicht die Ursache gegeben ist. Da Crawford selbst an dem Verlust bedeutend beteiligt war, erhebt sich die weitere Frage, ob die „Operatoren" auch von den außerhalb des Zirkels befindlichen Personen Materie nehmen können. Es scheint in der Tat der Fall zu sein. Ein sicheres Zeichen, dass die Zirkelsitzer von den „Operatoren" in Mitleidenschaft gezogen werden, ist der heftige krampfartige Ruck, welcher durch den Zirkel geht vor einer schwierigen Levitation, besonders wenn es an psychischer Kraft fehlt und keine Reserve mehr vorhanden zu sein scheint. Einige Sekunden erleiden die Teilnehmer dann einen krampfartigen Stoß und ungefähr nach einer Viertelminute geht die Levitation vor sich. Crawford betont, dass er dies zu oft beobachtet hat, um sich darüber täuschen zu können.

Im Beginn einer Sitzung, d. h. für die erste Viertelstunde, erleiden die Teilnehmer gewöhnlich intermittierende Muskelerschütterungen, welche dann verschwinden und nur gelegentlich wieder erscheinen. „Es scheint mir," bemerkt Crawford, „dass etwas von den Körpern der Zirkelteilnehmer losgelöst wird, etwas, was dann in der Runde zirkuliert, entweder durch ihre Körper hindurch oder in deren unmittelbaren Umgebung im Raum.

Die Balken-Theorie.

Mr. Crawford stellt aufgrund seiner Versuche und Erfahrungen eine Theorie auf, welche er die Balkentheorie („a cantilever" oder „beam-theory") nennt, weil ihr der Gedanke zugrunde liegt, dass der Träger der psychischen Kraft mit einem „Balken" verglichen werden könne, der mit einem Ende in eine Wand (das Medium) eingelassen sei, während das freie Ende ein Gewicht (den schwebenden Tisch) trage.

Über die Struktur des psychischen Trägers kann Mr. Crawford vorläufig nichts Bestimmtes sagen. Er hat nur gefunden, dass dieser Träger einem starren Balken in seinen Eigenschaften entspricht.

Diese Theorie wird nur in etwas durch den Umstand modifiziert, dass anscheinend neben der Reaktion des Mediums, die ungefähr gleich dem Gewicht des Tisches ist, auch eine Reaktion der übrigen Teilnehmer des Zirkels, allerdings in sehr geringem Maße, stattfindet. Es scheint, dass 95 % des Tischgewichtes auf das Medium und die übrigen 5 % auf die Teilnehmer entfallen. Das freie Ende des Trägers ist also nicht absolut frei, sondern sehr schwach durch Kraftlinien von anderen Mitgliedern des Zirkels unterstützt. Immerhin ist diese Unterstützung so klein, dass sie wohl bei Berechnungen vernachlässigt werden kann. Ebenso wie ein Träger in der Wand gegen Druck in seiner Längsachse festen Widerstand leistet und bei vertikalem Druck am freien Ende elastisch widersteht, verhält sich auch der psychische Träger, wie wir aus den Experimenten gesehen haben. Mit der Struktur des Trägers mag es zusammenhängen, dass zur Levitation eine bestimmte Entfernung des Mediums vom Tisch erforderlich ist. Es handelt sich möglicherweise nicht um einen einfachen „Balken", sondern um einen aus mehreren Armen gebildeten. Die Vereinigung derselben mag es erfordern, dass das Medium nicht dem Tische zu nahe sich befindet und aber auch nicht zu weit davon entfernt.

Aufgrund der Experimente, die wir hier nur skizziert haben, kommt Mr. Crawford zu dem Schluss, dass in dem Raum zwischen Medium und levitiertem Tisch eine oder mehrere Kraftlinien oder Röhren (Crawford zieht den Ausdruck „Röhren" „tubes" vor) sich befinden. Diese Kraftröhren dürften keinen großen Querschnitt haben, vielleicht nur einige Quadratzentimeter. Nahe beim Medium fand Mr. Crawford diese Kraftlinie ungefähr 60 cm über dem Boden (also in der Höhe der Knie). Außerdem fand er die Linie 7,5 cm über dem Boden unter dem Tisch (siehe die Experimente mit der kleinen

Waage). Diese beiden Resultate deuten darauf hin, dass ein Träger (a cantilever) irgendwo im Medium seinen Anfang nimmt und nach abwärtsgerichtet fortläuft, bis er unter dem Tisch und wenige Zentimeter über dem Boden sich befindet. Alle Experimente zeigten, dass auf dem Boden selbst unter dem Tisch und zwischen Tisch und Medium absolut kein Druck zu finden ist, dass also die Linie ein wirklicher Träger ist und in seiner ganzen Länge nirgends unterstützt wird.

Es entsteht die Frage, ob der Träger gerade oder ge

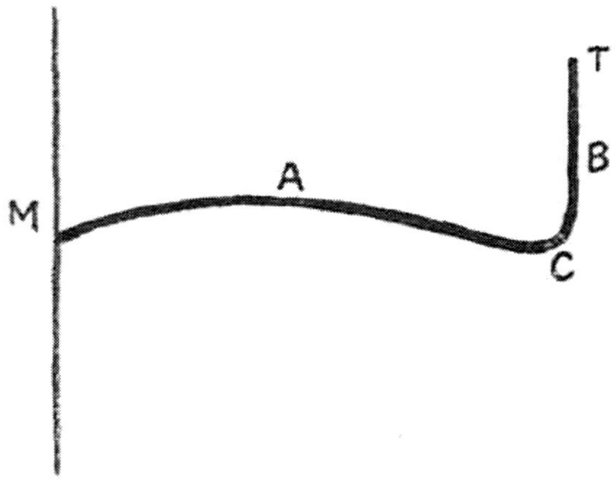

krümmt ist.

Crawford ist der Ansicht, dass der Träger nachfolgende Form hat. Er besteht aus zwei Teilen: A = ein leicht gekrümmter federnder Arm, der fest mit dem Medium verbunden ist, und B = eine senkrecht aufsteigende Säule. Der levitierte Tisch ist vom Ende T der Säule B getragen. Die leichte Krümmung des Armes A hat den Zweck, der Struktur größere Festigkeit zu geben.

Dieser Träger zeigt aber nur einen besonderen Fall in der Methode der „Operatoren". Es ist lediglich die beste Form für Levitationszwecke. Sobald die „Operatoren" stärkeren Kraftaufwand nötig haben, wenn z. B. jemand den Tisch an seiner Bewegung hindern will, dann neigen die „Operatoren" zuerst den Tisch bis auf ungefähr 40° und ein kurzer, zumeist gerader Arm geht vom Medium unter die Tischfläche. Möglicherweise ist auch eine andere Form noch möglich. Eine allgemeine Analogie gibt der Rüssel eines Elefanten.

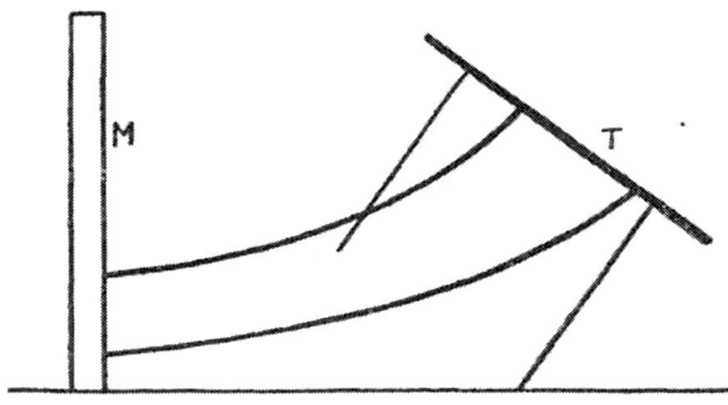

Die Enden des projizierten Armes scheinen eine gewisse Adhäsionskraft für das Holz des Tisches oder andere Gegenstände zu besitzen, so dass man glauben könnte, der Tisch ruhe nicht einfach auf dem Ende des Armes, sondern sei wie angeklebt dort befestigt.

Ein interessantes Ergebnis hatte der folgende Versuch: Man stellte den Tisch mit der Langseite parallel zum Medium und forderte die „Operatoren" auf, ihn an das Medium hinzuziehen. Die Ausführung erfolgte in der Weise, dass zuerst das eine Ende und dann das andere Ende gegen das Medium gezogen wurde. Als man darauf die Aufgabe stellte, den Tisch gerade mit der Längsseite an das Medium zu ziehen, wurde auch diese Bewegung vollzogen, bis der Tisch dicht vor dem Medium stand. Durch Befragen der „Operatoren" erfuhr man, dass sie die Kraft unter der Tischfläche ansetzen und den Effekt durch Ansaugen erzielten. Die „Operatoren" ziehen dann einfach den Arm in das Medium hinein. Mit anderen Worten, der Träger kann sowohl vom Medium projiziert werden und kann auch in den Körper des Mediums resorbiert werden, um Gegenstände in Richtung auf das Medium zu bewegen.

Die Dicke des Arms ist wahrscheinlich größer als dies unsere Skizzen zeigen. Vielleicht entspricht sie wie in folgender Zeichnung angegeben:

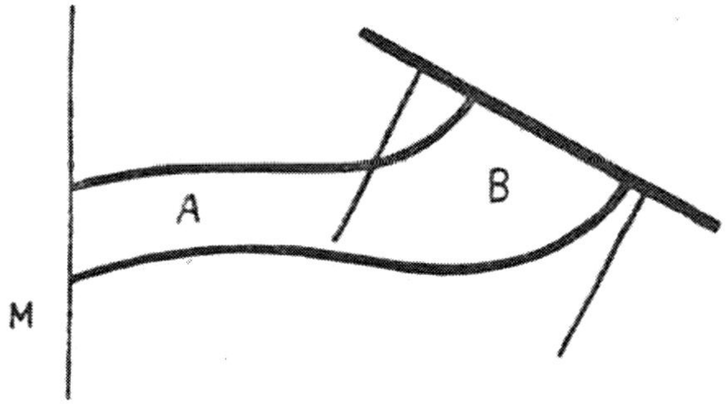

Nach den Versuchen zu schließen, nimmt der Träger nach Umständen verschiedene Formen an und variiert in Größe und Richtung der Kraft. Bin Beispiel zeigt der Fall, in welchem der Tisch umgestürzt und mit der Tischfläche so auf den Boden gehalten wurde, dass der Experimentierende den Tisch nicht aufheben konnte. Der psychische Arm hat hier wahrscheinlich einen Druck auf die untere Fläche des Tisches ausgeübt.

Außer den gewöhnlichen Levitationen, bei welchen der Tisch senkrecht in die Luft steigt, wurden noch verschiedene andere Formen beobachtet: z. B. Umstürzen des Tisches auf einen Rand desselben und darauffolgende Levitation von einer halben Minute.

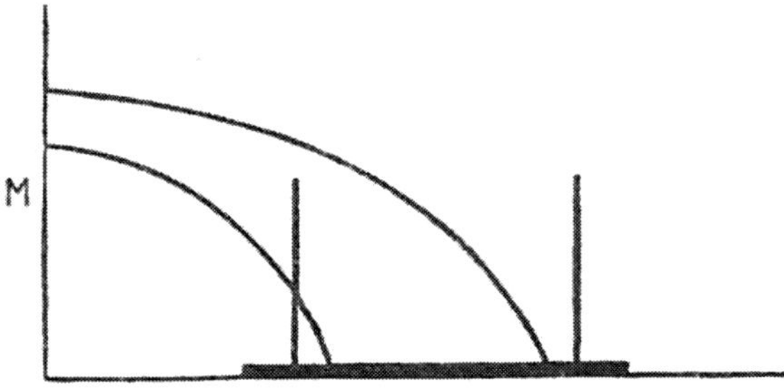

S = Oberfläche des Tisches, 1,2 m vom Medium entfernt.

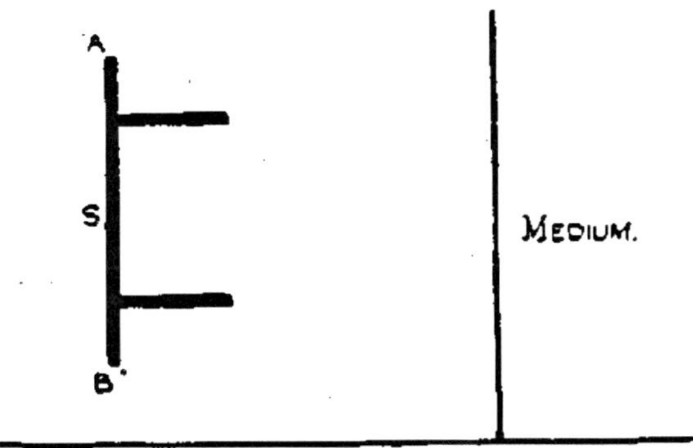

Die größte Schwierigkeit schien die Position 3 (45°) zu bieten. Manchmal sank der Tisch in dieser Stellung herunter; ein andermal

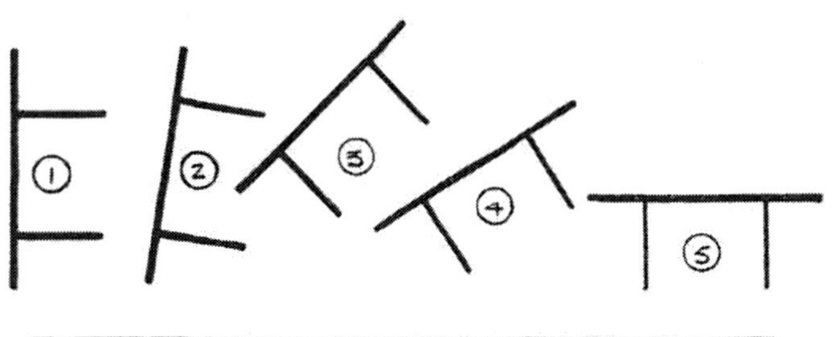

konnten ihn die Operatoren in die folgenden Stellungen überführen. In der kritischen Stellung 3 wurden oft auf der Oberfläche und an den Tischfüßen saugende Töne gehört, als ob die Griffe geändert wurden. Die „Operatoren" erklärten, dass sie saugende Ruten an der Oberfläche, den Füßen und unteren Tischleisten angelegt hätten. Wenn man sich jemand denkt, der auf des Mediums Stuhl sitzend, statt seiner zwei Arme drei oder vier nicht miteinander verbundene Ruten besitzt, die er auf- und abwärts bewegen kann, hin und her, sie verkürzen und verlängern, aber nicht biegen kann, versehen mit saugenden Enden, dann hat man eine Vorstellung des Vorganges. Als anormale, eine Minute und länger dauernde Levitationen, die keine Übergangsformen darstellen, sind auch folgende Stellungen aufzufassen:

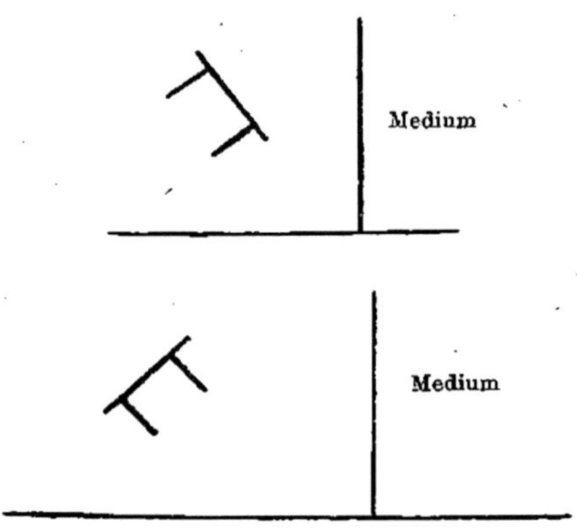

Die Form des Trägers war immer noch zweifelhaft. Crawford hatte davon die in nachfolgender Zeichnung

wiedergegebene Vorstellung gewonnen, wie sie im ersten Teil beschrieben wurde.

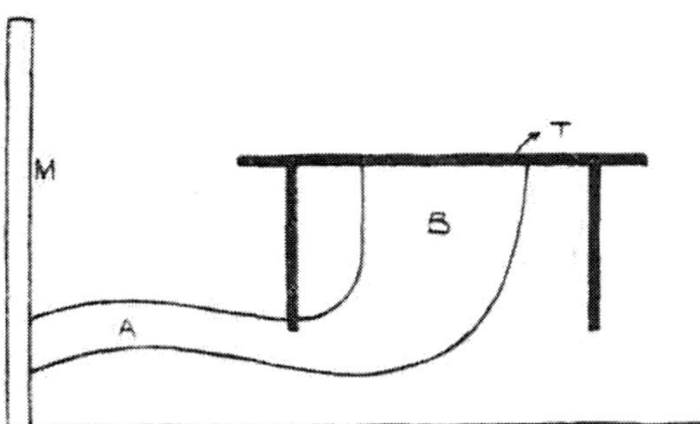

Nun beschloss der Experimentator, die Operatoren zu befragen, um eine Beschreibung des Trägers zu erhalten. Das Ergebnis ist nachstehend skizziert und der Autor bemerkt, dass er „nicht verantwortlich dafür sei und den Angaben keine übermäßige Bedeutung

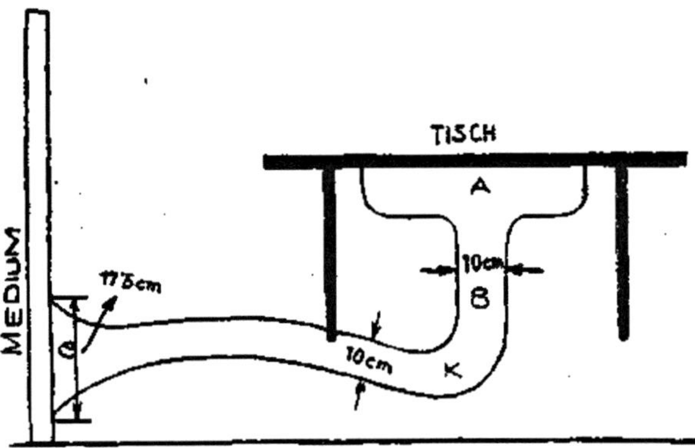

beilege, aber sie doch immerhin für interessant halte." Crawford fragte, ob die Operatoren verstünden, was ein Querschnitt sei. Antwort: „Kein". — Wissen Sie, was ein Durchmesser ist? Antwort: „Ja." — Kennen Sie die Größe der Dimension, die wir Zoll nennen? Antwort: „Ja."

Nun ergab sich aus den weiteren Fragen die Form des Trägers, wie in obiger Skizze dargestellt: Das Ende A des säulenartigen Teiles des Trägers ist zu einer Fläche ausgebreitet, die fast so groß ist als die Tischfläche, mit anderen Worten, der Kopf des Trägers ist wie ein Pilz gestaltet.

B bedeutet die fast gleichförmig vertikale Säule mit einem Durchmesser von 10 cm. Bei K verändert der Träger die vertikale Richtung in eine mehr oder weniger horizontale. Bei K ist er 7,5—10 cm über dem Boden.

Vor dem Eintritt in den Körper des Mediums 0 erweitert sich die Rute auf 17,5 cm; sie verzweigt sich nicht wie die Wurzeln eines Baumes, sondern geht als Ganzes in den Körper, wie die Operatoren besonders betonen.

Der Träger ist unsichtbar für normale Augen. Die Operatoren aber behaupten, dass unter gewissen Bedingungen Leute, ohne hellsehend zu sein, ihn sehen könnten.

Crawford hat niemals eine absolut immobile Levitation eines Tisches gesehen; stets finden kleine Zitterbewegungen statt.

Was geschieht während der Levitation mit dem Medium?

Vor allem — und das ist sehr wichtig — sind dem Normalgewicht des Mediums 95—100 % des Tischgewichtes hinzugefügt, d. h., die Wirkung ist so, als ob das Medium ihn mit seinen Händen heben würde. Aber das Experiment zeigt, wodurch das geringe Minus im Gewicht bedingt ist. 5 % kommen nämlich auf die anderen Teilnehmer. Der Effekt ist etwa der gleiche, wenn der Tisch durch das Medium selbst gehoben und in der Luft gehalten würde, ein wenig unterstützt, und zwar nur je mit einem Finger jedes der übrigen Teilnehmer.

Der schwerste Tisch wog etwa 4,5 kg und der leichteste ca. 1,3 kg, so dass ganz schwere Gewichte nicht benutzt wurden. Wir kommen daher zu folgendem Gesetz für diese Versuche:

Während der Levitation leichter Körper tritt das Gewicht des emporgehobenen Gegenstandes dem Gewicht des Mediums hinzu. Dies ist ganz zweifellos.

Nun erhebt sich aber die schwierige Frage: Wie wirkt das Gewicht der hinzugekommenen 4,5 kg auf den Organismus des Mediums? Ist es sich irgendwie des auf seinen Körper ausgeübten Druckes bewusst? Ist die Reaktion desselben lokal oder verteilt? Während der Levitationen waren 9 Monate hindurch die Muskeln ihrer Arme von der Schulter bis zum Handgelenk so steif wie Eisen;

auch verbreitete sich diese Starre über den ganzen Körper. Die Armbeuge sowie die Muskeln der Fußknöchel waren hauptsächlich betroffen. Während der letzten Monate schwand diese Muskelstarre allmählich und ist in den letzten Sitzungen überhaupt nicht mehr vorhanden gewesen.

Miss Goligher, eine sehr intelligente Dame, gab an, dass sie während der Phänomene keinerlei besondere Empfindungen habe. Die Größe der Reaktion per Quadratzentimeter auf ihren Körper ist relativ klein.

Diese Erklärung dürfte nur teilweise der Wahrheit entsprechen, besonders wenn die totale Reaktion nicht mehr als 4,5 kg beträgt; nun ist sie aber tatsächlich oft größer, so z. B., wenn eine Person versucht, den levitierten Tisch herabzudrücken. Nimmt man 13,6 kg als Ausdruck für den Muskeldruck des Manns und 4,5 kg für das Gewicht des Tisches an, so haben wir eine Gesamtwirkung von 18,1 kg auf das Medium und in manchen anderen Fällen war die Gesamteinwirkung wenigstens 22 kg. Selbst wenn man voraussetzt, dieselbe sei über den ganzen Körper verteilt, so müsste man wohl annehmen, dass sie von dem Medium als unangenehm empfunden wird.

Prof. Crawford stellt folgende Hypothese auf: Das Medium ist, wenn auch sein Bewusstsein normal erscheint, während der Phänomene in einem besonderen Zustand von Unempfindlichkeit, vergleichbar dem hypnotischen. Dieser Status wird von den Operatoren hervorgerufen, um es unempfindlich zu machen für die verschiedenen mechanischen Wirkungen auf seinen Körper.

Dasselbe ist auch der Fall bei den starken Klopflauten oder Schlägen auf den Boden. Das Medium ist sich hierbei der eigenen Körperbewegungen nicht bewusst. Und doch sind solche vorhanden, allerdings nicht immer bemerkbar.

Crawford beobachtete, dass während starker Schläge auf den Boden bei jedem Schlag der ganze Körper Kathleens von der Mitte aufwärts sich stoßartig einige Zoll nach rückwärts bewegte. Als die Schläge leiser wurden, ließ auch die Heftigkeit der Körperbewegungen nach.

Während Levitationen, die bis zu fünf Minuten andauern, sitzt das Medium in ihrem Stuhl unbeweglich wie von Stein.

„Ein unaufmerksamer und unwissenschaftlicher Beobachter könnte aus diesen Bewegungen mit Unrecht schließen, dass sie bewusstem oder unbewusstem Betrug zuzuschreiben sind. Ich würde überrascht sein, wenn diese Reaktion fehlte. Denn diese sämtlichen Phänomene wie Levitationen, Klopflaute, Bewegung von Gegenständen usw. stellen rein mechanische Handlungen dar und müssen somit den Gesetzen der Mechanik folgen."

Ein Punkt, der oft zu Diskussionen Anlass gab, ist die Tatsache, dass das Medium während der Levitationen keine Neigung zeigt vom Stuhl zu fallen, obwohl nach der oben entwickelten Theorie eine solche Möglichkeit vorhanden sein muss. Der Tisch erhebt sich gewöhnlich mit seinem Mittelpunkt ungefähr 75 cm von ihrem Körper entfernt. Daher beträgt bei einer niederdrückenden Kraft von 22,7 kg das Moment der Einwirkung 56,7 kg-cm, die wahrhaftig groß genug ist, um dem Medium beschwerlich zu fallen, aber trotzdem ist dem nicht so.

Crawford beweist nun durch folgende Experimente, dass das Eigengewicht des Mediums mit dem Gewicht des Stuhles und dem Druck ihrer Füße auf den Boden genügend ist, um für das größte Umfallmoment bei der gewöhnlichen Levitation ein genügendes Gegengewicht zu bilden.

Erstes Experiment.

Das Medium wurde auf die Waage gesetzt und das Gewicht des schwebenden Tisches allmählich vermehrt, um zu sehen, wann der Augenblick käme, in welchem das Medium von der Waage gedrängt würde. Drei Levitationen; nach der ersten legte Crawford auf den Tisch ein Eisengewicht von 4,5 kg und vor der dritten Levitation ein weiteres Gewicht von 4,5 kg. Das Resultat war Folgendes:

Gewicht des levitierten Tisches:	Reaktion auf das Medium:
I. 3,90 kg (Tisch allem)	3,968 kg
II. 8,410 kg (Tisch + 4,5 kg)	8,626 kg
III. 12,910 kg (Tisch + 9,0 kg)	13,154 kg

Bei dem Gewicht von 12,910 kg des erhobenen Tisches fühlte das Medium nichts; als aber das dritte Gewicht zugelegt wurde und der zu erhebende Tisch 17,410 kg wog, erhob sich der Tisch einen Augenblick und die Füße des Mediums, die sonst fast auf der Plattform der Waage ruhten, wurden unter den Stuhl gezogen. Das Medium gab an, es habe das Gefühl nach vorwärts bewegt zu werden und könne sich nicht mehr zurückhalten. Beim nächsten Versuch machte der Körper einen heftigen Ruck nach vorwärts und der Tisch fiel herunter.

Crawford ließ nun das Medium sich an der Waage mit den Händen festhalten, allein beim folgenden Levitationsversuch kippte die Waage mit dem Medium über. Darauf fassten die beiden Nachbarn das Medium an den Schultern, während Kathleen sich selber mit den Händen festhielt, die Füße so weit als möglich unter sich gezogen. Es erfolgte eine Levitation für 10 Sekunden Dauer. Das Gewicht des Tisches war jetzt 17,530 kg und die Reaktion auf das Medium 20,200 kg. (Allerdings war die Versuchsperson nicht mehr isoliert und die 20 kg sind teilweise auch auf den Muskeldruck der beiden Personen zu rechnen.)

Das wichtige Resultat dieses Experiments ist, dass zum ersten Mal eine ziehende, auf das Umfallen der Versuchsperson gerichtete Einwirkung beobachtet wurde, die dem levitierten Körper, d. h. dem Gewicht des Tisches zugeschrieben werden muss. Das Medium fühlte nichts, als einen unwiderstehlichen Drang sich auf der Waage nach rückwärts zu bewegen.

Zweites Experiment.

Das Experiment I wurde mit dem Medium in der Weise wiederholt, dass es nicht auf der Waage, sondern mit seinem Stuhl auf dem Boden saß. Auch hier bemerkte man mit zunehmendem Gewicht das Ziehen des Körpers nach vorwärts; es fühlte keinen mechanischen

Druck auf den Körper. Das Gewicht von 21,7 kg schien die Grenze vor dem Umkippen des Stuhles mit dem Medium.

Eine interessante Beobachtung war folgende: Als Crawford die Gewichte entfernte, und versuchte den levitierten Tisch herabzudrücken, kippte das Medium nach vorne, aber nicht in jedem Fall. Dies brachte Crawford auf den Gedanken, dass die Operatoren verschieden vorgingen und der psychische Träger in dem einen Fall den Boden nicht berührte, also ein richtiger Träger (cantilever) war, während er das andere Mal den Boden unter dem Tisch berührte. Auf seine Frage bestätigten die Operatoren diese Vermutung und bewiesen dies experimentell (Abb. a und b).

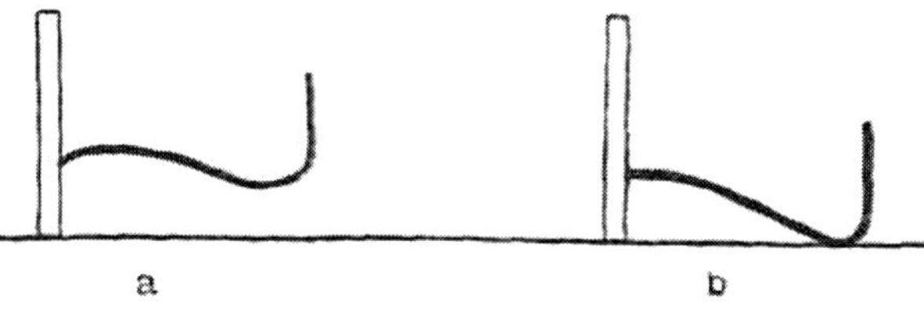

Die Operatoren erklärten, dass sie bei „Demonstrationssitzungen", sobald ein starker Mann auf den schwebenden Tisch drücke, den Träger auf den Boden stützten, um das Medium gegen den starken Druck zu schützen und letzteren auf den Boden zu übertragen;' indes sie zögen den richtigen Träger vor, denn wenn dieser auf dem Boden ruht, wird die Struktur sehr angestrengt und es sei viel Energie nötig, um den Träger in seiner Starrheit zu erhalten.

Für leichtere Gewichte (bis zu 13,6 kg) wird der Träger frei, d. h. nicht gestützt angewendet, für größeren Druck ein unterstützter Träger.

Drittes Experiment.

Beweis für die Richtigkeit der Behauptungen der „Operatoren". A und B sind zwei dünne Holzstücke (1,8 cm stark). A kann auf

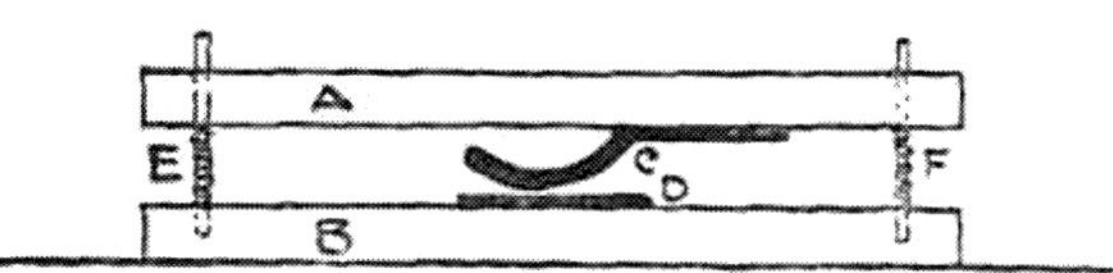

vier Stiften laufend mit schwachen Federn (E und F) niedergedrückt werden. Die Metallplättchen 0 und D sind an eine elektrische Glocke angeschaltet. Wenn eine Kraft abwärts auf A ausgeübt wird, kommen C und D in Kontakt und die Glocke läutet.

a) Die „Operatoren" wurden gebeten, bei der Levitation den „freien Träger" anzuwenden. Der Apparat (5 cm hoch) wurde unter den Tisch gelegt. Das Medium saß auf der Waage. Der Tisch ging in die Höhe; die Glocke läutete nicht.

Gewicht des Mediums + Stuhl + Brett vor der Levitation	62,81 kg
Gewicht des Mediums + Stuhl während der Levitation	68,21 kg
Zunahme des Gewichts des Mediums	5,40 kg
Gewicht des Tisches	5,50 kg

b) Die „Operatoren" sollten den unterstützten Träger anwenden. Nach ein oder zwei vergeblichen Versuchen erhob sich der Tisch; einige Sekunden vorher ertönte die Glocke und während der Levitation läutete sie beständig.

Gewicht des Mediums + Stuhl + Brett vor der Levitation	62,81kg
Gewicht des Mediums + Stuhl während der Levitation	61,45 kg
Abnahme des Gewichts des Mediums	1,36 kg
Gewicht des Tisches	5,50 kg

Viertes Experiment.

Druck der Trägersäule auf den Boden.

Crawford legte eine Schachtel mit feinem Modellierton unter den Tisch und verlangte von den Operatoren, den Träger bei der Levitation darauf zu stützen, um so einen Eindruck zu erhalten. Der Tisch wurde gehoben und in dem Ton fand sich ein Eindruck von unregelmäßiger Form, 7,5 cm lang und 6,7 cm breit.

Fünftes Experiment.

Der levitierte Tisch wird von der Frau Crawfords niederzudrücken versucht.

Gewicht des schwebenden Tisches	3,66 kg
Gewicht des Mediums + Stuhl + Brett vor dem Versuch	61,46 kg
Zunahme an Gewicht des Mediums	8,84 kg
ab Gewicht des Tisches, also ausgeübter Druck	5,18 kg

Offenbar wurde von den Operatoren ein einfacher Träger angewendet, denn um das Medium zum Sturz zu bringen, würde ein größerer Druck als 5,8 kg erforderlich sein.

Sechstes Experiment.

Wie bereits erwähnt, kann der auf dem Boden stehende Tisch so schwer gemacht werden, dass er nur mit Schwierigkeit zu heben ist. Wie wirkt dieser Prozess auf das Medium?

Die Gewichtsverhältnisse während eines solchen Versuches waren folgende:

Gewicht des Tisches	3,57 kg
Gewicht des Mediums + Stuhl + Brett vor dem Versuch.	61,46 kg
Gewicht des Mediums + Stuhl + Brett	52,38 kg

während des Versuches.	
Abnahme des Gewichtes des Mediums (der Zunahme des Tischgewichtes zufolge)	9,08 kg

Siebentes Experiment.

Der Tisch wurde umgestürzt auf eine Waage gelegt und die Operatoren aufgefordert ihn niederzuhalten.

Abnahme des Gewichtes des Mediums	7,9 kg,
Niederdrückende Kraft	7,1 kg

Der Versuch zeigte, dass der Verlust an Gewicht gleich ist der Zunahme an Gewicht, die auf den Tisch erfolgt. Es würde genau so sein, wenn ein unsichtbarer Arm vom Medium aus den Tisch ergriffe und ihn dann niederdrückte.

Achtes Experiment.

Crawford wollte sehen, was mit dem Medium vorgehe, wenn es auf einem beweglichen Gegenstand sitzen würde, während der Tisch auf dem Fußboden sich in Bewegung setzte. Er nahm zwei Bicycles, verband sie durch ein Sitzbrett für das Medium. Es war nur geringe Kraft erforderlich, das Ganze in Bewegung zu setzen.

a) Die Füße des Mediums berührten leicht den Boden. Hände von den Teilnehmern gehalten.

An die Operatoren erging nun die Bitte, den Tisch zu erheben. Derselbe wurde nur auf den Boden gedrückt, aber eine Levitation erfolgte nicht.

Die Fahrräder wurden stark gegen den Tisch vorwärts gestoßen. Crawford musste große Kraft aufwenden, um die Bewegung zu verhindern, denn solange die Räder sich bewegten, hörten die Levitationsversuche auf. Endlich erhoben sich die Tischfüße vom Boden. Offensichtlich hinderte die Höhe des Sitzes und die allgemeine unbeholfene Lage des Mediums den schließlichen Erfolg.

Nun hielt die Gattin Crawfords mit ihren Händen den Tisch ungefähr 30 cm über den Boden, worauf die Operatoren die untere Fläche zu stützen suchten. Gleichzeitig erfolgte ein starker Stoß auf die Räder gegen den Tisch zu und die Levitation kam zustande; aber als die Gattin Crawfords den Tisch losließ, sank er schwebend langsam zu Boden. In ihrem Bestreben, die Levitation aufrecht zu erhalten, drehten die Operatoren den Tisch nach allen Richtungen auf dem Boden und versuchten dasselbe in Winkelstellung. Der Drang der Räder nach vorwärts gegen den Tisch hin war stärker während der schiebenden, springenden und tanzenden Bewegungen des Tisches auf dem Boden als während der eigentlichen Levitation.

b) Der Tisch stand auf dem Boden und die Operatoren sollten sein Gewicht vermehren.

Ergebnis: Sehr starke Neigung der Räder gegen den Tisch zu fahren; sie mussten mit großer Gewalt zurückgehalten werden. Als Crawford die Operatoren bat, die Kraft plötzlich vom Tisch zu entfernen, wurden die Räder losgelassen und sie bewegten sich 30 cm weit in entgegengesetzter Richtung nach rückwärts.

Diese und einige andere Experimente zeigten, dass einfache gerade Ruten sehr wahrscheinlich das Medium mit dem Tisch verbinden. Mr. Crawford untersuchte nun die Fälle, in welchen vonseiten der Teilnehmer größere Kraft zur Bewegung des Tisches aufgewendet wurde, und sah bald, dass dann eine Modifikation in der Übertragung stattfand; die Reaktion war zum großen Teil auf den Boden verlegt worden, d. h., die Ruten mussten den Boden irgendwo berühren.

Die Operatoren bestätigten diese Vermutung.

Um die Stelle auf dem Boden zu finden, wo die Rute den Boden berührte, führte Crawford seine Hand in die Richtung, und durch Klopflaute wurde ihm die Stelle bezeichnet.

Der Versuchsleiter stellte nun den oben beschriebenen Kontaktapparat auf und bat die Operatoren, den Druck auf diese Stelle auszuüben. Dieselbe befand sich dicht vor den Füßen des Mediums. In kurzer Zeit ertönte die elektrische Glocke und der Tisch konnte gegen das Medium zu nicht mehr bewegt werden.

Crawford hat durch zahlreiche Beobachtungen festgestellt, dass die psychische Rute gewöhnlich in der Nähe der Fußknöchel des Mediums entspringt. Der Weg derselben ist also wie in folgender Skizze dargestellt:

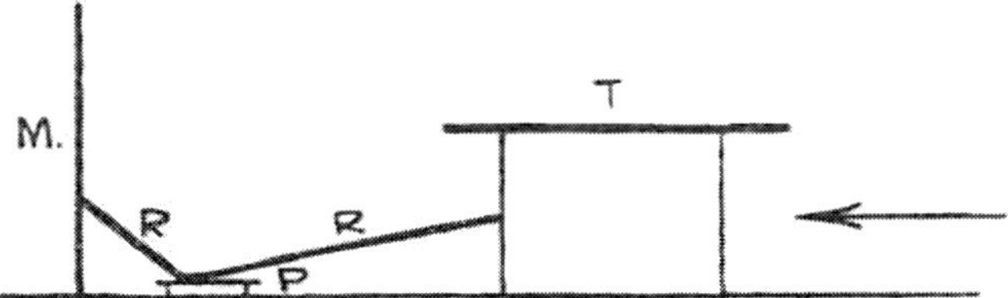

Ohne Zweifel, sagt Crawford, geht von jedem Fußknöchel des Mediums eine Rute aus.

Es ergab sich auch, dass der Tisch bei K, also dem Endpunkt der Tischfüße, in der Richtung auf A leicht gehoben werden konnte, während er dem Druck in der Richtung von M aus nicht um einen Zentimeter nachgab; auch konnte der Tisch leicht aufwärts bewegt (gehoben) werden, während Bewegungen nach seitwärts zu nicht möglich erschienen.

Offenbar werden die vorderen Tischfüße wenige Zentimeter über dem Fußboden erfasst und wahrscheinlich verbinden in diesem Falle zwei gerade psychische Ruten die Tischfüße mit den Fußgelenken des Mediums.

Übrigens erklärten die Operatoren, dass sie auch sechs Arme oder Ruten erzeugen könnten.

Die Rutenhypothese zur Erklärung der Klopftöne.

In den Sitzungen wurden Klopftöne aller Art und in verschiedener Stärke gehört, vom leisen Ticken bis zu Schlägen eines Hammers. Die Töne kamen auf dem Fußboden oder auf dem Tisch zustande. Auch Töne wie das Platzen eines Balles wurden vernommen, der Fußboden schien wie mit Sandpapier gerieben zu werden; man hörte einen Mann gehen und ein Pferd über den Boden traben u. dgl.

Crawford suchte nun zu erforschen, inwieweit das Gewicht des Mediums durch die Klopftöne beeinflusst würde. Das Medium saß ruhig auf der Waage, die Hände lagen auf den Knien; die Zirkelteilnehmer hatten ebenfalls die Hände auf ihren Knien, waren also voneinander vollkommen isoliert.

Nun ersuchte Crawford die „Operatoren", auf den Fußboden zu klopfen. Erst als die Klopftöne lauter wurden, war eine Wirkung an der Waage zu erkennen. Manchmal schnellte bei jedem Ton oder Schlag der Zeiger auf der Waage an das Ende der Skala, um dann wieder zurückzufallen. Mit der zunehmenden Stärke der Töne verminderte sich das Gewicht des Mediums. Als die Töne sich bis zu Schlägen eines Hammers gesteigert hatten, wurde das Gewicht stationär und nahm nicht mehr ab bis zum Schluss des Experiments, das ungefähr eine Minute angedauert hatte.

Anfangsgewicht des Mediums + Stuhl + Auflagebrett	58,5 kg
Endgewicht	54,9 kg
Demnach schließlich gleichbleibende Abnahme	3,6 kg

Aus diesen mit demselben Resultat wiederholten Experimenten muss der Schluss gezogen werden:

1. dass Klopftöne, Schläge usw. nur durch eine Reduzierung des Gewichtes im Medium hervorgebracht werden können;

2. die Intensität der Klopftöne hängt von der Gewichtsabnahme ab und ist offenbar direkt proportional zu ihr;

3. der Gewichtsverlust ist nur temporär;

4. der Verlust ist nicht plötzlich, sondern tritt allmählich ein;

5. nach einer gewissen Zeit erreicht der Gewichtsverlust seine schließliche Größe und ändert sich darauf nicht mehr.

„Es scheint mir," sagt Crawford, „dass es sich um den Verlust wirklicher Materie handelt, die dem Medium entnommen ist und in gewisser Art und Weise zur Erzeugung des Klopftöne usw. benutzt wird."

Wie sind die Ergebnisse der Levitationsversuche mit dem eben erwähnten Resultat in Einklang zu bringen?

Während der Levitationen wurde niemals eine anfängliche oder sonstige Abnahme des Gewichts am Medium beobachtet, sondern im Gegenteil stets eine Zunahme. Man kann daraus die einzige vernünftige Folgerung ziehen, dass der Prozess während der Levitation verschieden von jenem während der Klopftöne ist. (Während der Levitation ließen sich sehr selten Klopftöne hören, und wenn, dann nur sehr schwach.)

Am Anfang einer Sitzung, in welcher außer anderen Gründen auch wegen des sehr nassen Wetters nur ein langsamer Fortgang der Phänomene zu bemerken war, hatte der Zirkel Kette gebildet und einige Levitationen wurden erhalten. Nun setzte Mr. Crawford das Medium auf die Waage, ließ die Kette lösen und die Hände auf die Knie legen. Dies schien das psychische Gleichgewicht zu stören. Während 5 Minuten war an der Waage keine Änderung zu beobachten und es erfolgte auf wiederholte Fragen keine Antwort. Dann verminderte sich das Gewicht ganz langsam und schwache Klopflaute ließen sich vernehmen. In sukzessiven Schwankungen nahm das Gewicht um 908 g bis zu 2,2 kg oder etwas mehr ab, und am Ende jedes Stoßes ging der Zeiger wieder etwas mehr zurück. Es schien, dass nach jeder neuen Gewichtsabnahme die ziehende Wirkung auf das Medium leichter wurde, mit anderen Worten, dass die Etablierung eines, wenn auch schwachen psychischen Feldes, die Präliminaroperationen sehr erleichterte.

Als dieser Prozess vor sich ging, forderte Crawford die „Operatoren" auf, in Intervallen zu klopfen. Die stoßweise Abnahme des Gewichtes ging weiter und vergrößerte sich immer mehr. Sobald ein Schlag auf den Boden erfolgte, wurde das Gewicht stark vermindert — um 9 kg und auch mehr — und gewöhnlich ging dann das Gewicht auf den vor dem Schlag herrschenden Stand zurück, und zwar nicht sofort, sondern ganz langsam in 5 —6 Sekunden. Manchmal kehrte es erst nach einer halben Minute zurück, und zwar nicht ganz auf den Stand vor dem Schlag. Das Gewicht nimmt also — allgemein gesprochen — unregelmäßig und wellenförmig ab. (Siehe nachstehende Abbildung.)

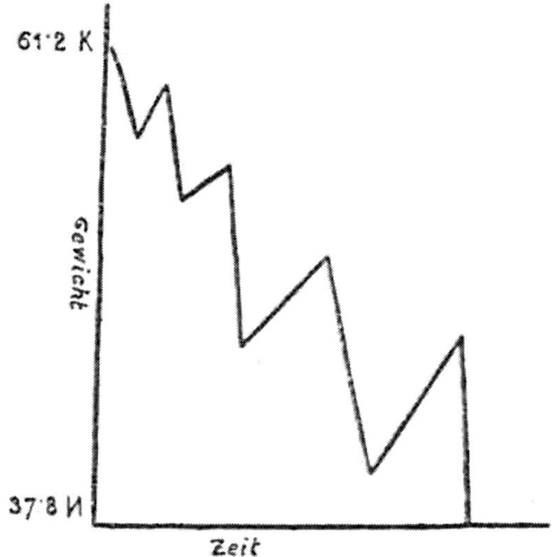

Der Endwert, der für einige Minuten blieb, war 37,8 kg; es zeigten sich aber Schwingungen unterhalb dieses Wertes. Danach begann das Medium sein verlorenes Gewicht wieder zurückzugewinnen, was ungefähr 2 Minuten währte. Crawford glaubt, dass bei gewöhnlichen Sitzungen mit normalen Bedingungen der Initialprozess schnell beendet ist. Die Schlussaktion, in welcher allmählich das Medium wieder sein Gewicht zurückgewinnt, ist wahrscheinlich der Schluss der Präliminaroperationen; denn alsbald erschienen die Phänomene und gingen in gewöhnlicher Stärke vor sich. Diese Ergebnisse stehen vielleicht in Zusammenhang mit den Muskelzuckungen mancher Medien bei Beginn der Sitzungen.

Es ist auch möglich, dass die „Operatoren" direkt auf den Zeiger der Waage wirken, allein die Gründe, welche gegen diesen Einwand sprechen, sind sehr stark. Die „Operatoren" wissen, dass in diesem Falle die Resultate wertlos sind; sie waren so eifrig für die Experimente tätig, wie Crawford selbst, und wenn sie irgend einmal sich nicht fähig zeigten, ein Experiment auszuführen, gaben sie es an. Auch hatte Crawford die meiste Zeit die Zeiger genügend stark beleuchtet. Endlich beweist das Korrespondieren der Tonstärke mit der Gewichtsabnahme, der Synchronismus zwischen Klopftönen und Gewichtsabnahme u. a., dass die Phänomene allein den Wirkungen durch das Medium selbst zuzuschreiben sind.

Offenbar ist der Prozess der Levitation des Tisches von jenem der Klopftöne verschieden. Der temporäre

Verlust an Gewicht beim Medium ist für die Klopftöne eine wesentliche Bedingung, wobei die Intensität der Klopflaute direkt proportional dem Gewichtsverluste erscheint. Der Wechsel von einem Prozess zum andern, von der Levitation zu Klopflauten erfordert Zeit. Um der Mühe, welche der Wechsel verursacht, zu entgehen, ziehen die Operatoren manchmal vor, die Antworten durch Kippen des Tisches zu geben, eine Methode, die für Konversation schwerfälliger ist als jene durch Klopflaute.

Ferner beobachtete Mr. Crawford in einer Sitzung, dass das Medium bei jedem Klopflaut nach rückwärts einen Stoß erlitt. Kamen die Klopflaute statt aus dem Zirkel aus der unmittelbaren Umgebung, dann schien der Stoß in einer geraden Linie vom Boden zur Brust des Mediums übertragen zu sein. Das stimmt durchaus mit den Gesetzen der Mechanik überein, wenn wir annehmen, dass etwas wie halbstarre Körper oder Strahlen - „rod" = Rute sagt Crawford — sich vom Medium an den Punkt auf dem Boden hin projiziert, wo der Klopflaut ertönt.

Crawford fühlte die verschiedenen Bewegungen am Körper des Mediums. Diese Reaktionen der Klopflaute verursachten dem Medium keine Unannehmlichkeiten. Bei Tischlevitationen fand eine solche Rückwirkung nicht statt.

Der englische Gelehrte stellt folgende Theorie auf: Von verschiedenen Teilen des Körpers des Mediums werden (psychische) halb biegsame Ruten projiziert und deren Ende scharf auf Fußboden, Tisch und Stühle geschlagen, wodurch die lauten Töne verursacht sind, die wir als Klopflaute kennen.

Diese Ruten haben offenbar alle charakteristischen Eigenschaften solider Körper; sie sind mehr oder weniger biegsam und können in Länge und Durchmesser variieren. Einige kleine Ruten oder eine starke können von dem Medium zu jeder Zeit ausgesendet werden. Jeder derartige Rüssel, besonders in der Nähe der Extremitäten, ist mehr oder weniger starr, und diese Starrheit kann je nach den Umständen (Licht, psychische Energie usw.) verschieden sein. Die Starrheit beruht auf einer Art Molekulareaktion, die wir bis jetzt nicht kennen, jenem Vorgang, welcher den Effekt auf den psychischen Träger hervorbringt. Crawford verwirft alle „Explosions" theorien bezüglich der Klopflaute. In seinem Zirkel war keine Spur von Explosion zu entdecken, aber alle Anzeichen sprachen für den direkten Stoß eines soliden Körpers, nämlich:

1. Die Klopflaute (schwache Töne, Schläge wie mit einem Hammer und alle Varietäten dieser Erscheinung) verursachen eine Vibration auf dem Boden oder auf dem betreffenden Körper. Die schweren Schläge lassen den Boden fühlbar erzittern.

2. Die Berührungsphänomene machen den Eindruck, wie wenn sie von dem runden Ende einer materiellen Rute ausgingen. Wie sanft auch die „Operatoren" vorgingen, man hatte immer bei Berührungen das Gefühl wie vom Tasten eines harten Gegenstandes, mitunter sogar wie wenn man von einem aus Metall gefertigten Stoff berührt würde, der nach Crawfords Ansicht das Ende einer solchen klopfenden Rute darstellt. Wenn der Experimentierende, sagt Crawford, diese unerwartet solide Berührung gefühlt hat, beginnt er ein wenig den Vorgang des Klopflautes zu verstehen.

3. Die Starrheit der klopfenden Rute variiert mit der Lichtstärke, welcher sie ausgesetzt wird. Wenn Licht vorhanden war, klopften die „Operatoren" entweder auf den Stuhl des Mediums oder in nächster Nähe desselben. Sobald das Licht zu stark war, klangen die Klopflaute zart, dumpf und konnten anscheinend nicht scharf und deutlich hervorgebracht werden. Crawford glaubt, dass in solchen Fällen die Rute nicht so stark wie gewöhnlich ist; sie löst sich dann an der Peripherie, wo sie am meisten dem Lichte ausgesetzt wird, auf und nur ihr Kern bleibt solid; daher der dumpfe Ton.

4. Die Rute geht von verschiedenen Körperstellen des Mediums aus. Wenn die Menge der psychischen Energie gering ist, z. B. am Anfang der Sitzung sind die Ruten kürzer; sie werden ganz bei den Füßen des Mediums gehört. Sie gehen dann von den Knöcheln aus oder aus deren Umgebung; das Medium macht unfrei-willige Bewegungen mit den Füßen, welche ein oberflächlicher Beobachter als Betrug auffasst. Nach kurzer Zeit, sobald mehr psychische Kraft zur Verfügung steht, erscheinen die Klopflaute im Zirkel, auf den Stühlen der Teilnehmer oder auf der unteren Fläche des Tisches. Der Ausgangspunkt der Rute ist dann viel höher am Körper des Mediums, wofür die Reaktionen am Rumpf zu sprechen scheinen.

5. Die schweren Schläge rühren nach Crawford nicht von einer Kraft her, wie sie ein Hammer ausüben würde, sondern davon, dass das Ende der Rute elastisch wirkt und nur eine Vibration auf den Fußboden erzeugt. Dadurch entsteht mehr Geräusch als der wirklichen Kraft entspricht. Das Klopfen eines Teppichs mit einem Stock scheint hier ein gewisses Analogon zu bilden. Zwischen zwei schweren Schlägen ist stets ein Intervall und während dieser Zeit werden andere Phänomene nicht produziert. Nach der Theorie Crawfords wird hierbei eine große Rute von dem Medium ausgesendet, welche die ganze psychische Kraft enthält. Wenn die Klopflaute nicht stark sind, können zwei oder mehrere dünne Ruten gleichzeitig entstehen. Wird ein Tanzrhythmus oder sonst eine komplizierte Tonfolge geklopft, so folgen die Laute so schnell aufeinander, dass der Operator wahrscheinlich über eine Anzahl von Ruten verfügen dürfte und sie gebraucht, wie wir die Tasten eines Klaviers. Manche dieser Ruten müssen sehr dünn sein. Crawford glaubt, dass sie variieren von 3 mm bis zu 5 oder 7 cm Durchmesser.

6. Die Experimente haben ergeben, dass Klopflaute, Schläge usw. nicht ohne Gewichtsverlust des Mediums erzeugt werden können und dass die Intensität derselben proportional diesem Verlust ist.

Die Starrheit der psychischen Rute rührt von materiellen Partikeln, die temporär vom Medium entsendet werden, her. Sobald eine Rute gebildet ist, ruht ihr freies Ende auf dem Boden, d. h., ein Körperteil des Mediums wird von dem Boden getragen, und zwar außerhalb der Waage; das Medium verliert an Gewicht. Je dicker die Rute ist, desto mehr Materie wird nach außen projiziert. Da die Dicke der Rute die Intensität des Klopflautes bestimmt, so ist der Verlust des Gewichtes proportional der Intensität des Schlages.

Die Rutentheorie erklärt auch die anderen Töne. Das Platzen eines Balles hat wahrscheinlich eine andere Form des Rutenendes als Ursache. Die Imitation des Reibens mit Sandpapier wird leicht zu verstehen, wenn man sich vorstellt, dass das Ende einer Rute am Boden gerieben wird. Die Nachahmung des Sägens ist vielleicht erzeugt durch Bewegen der Rute quer über den Tischfuß, d. h. nicht das Ende der Rute wird hier benutzt, sondern die axiale Oberfläche der Rute.

Die Bewegung kleiner Gegenstände „ohne Kontakt" ist nach der Rutentheorie allgemeinverständlich. Wenn eine kleine Glocke gehoben wird, so kann ein Rutenpaar vermutet werden, von welchem jede Seite ergriffen wird wie mit einer Zange oder eine einzelne Rute ergreift die Glocke durch Adhäsion.

Ein Beweis, dass diese Ruten mehr oder weniger die charakteristischen Eigenschaften solider Körper haben, kann an Experimenten mit der Glocke erkannt werden. Wenn die Glocke erhoben wird, tönt sie manchmal nicht hell sondern dumpf, wie wenn sie nicht am Griff, sondern an der Metallhülse ergriffen worden wäre. Aber sie kann auch am Handgriff genommen werden, dann klingt sie hell. Manchmal läuten die „Operatoren" mit der Glocke und klopfen gleichzeitig auf den Boden.

Die Operatoren bezeichneten die Rutentheorie Crawfords als im Allgemeinen richtig. Sie sagten, dass Klopflaute in zweierlei Weise hervorgebracht würden:

1. Leise Töne, Nachahmung von platzenden Bällen usw. durch Aufschlagen mit der Außenseite der Rute auf den Boden, wie jemand einen Stock gebraucht zum Klopfen eines Teppichs.

2. Harte Laute durch Aufschlagen der ganzen Rute auf den Boden. Die Operatoren gaben den Durchmesser einer Rute für einen ziemlich starken Laut auf 5 cm an, der gleichmäßig dick auf seiner ganzen Länge bis

kurz vor dem Eintritt in den Körper des Mediums bleibe, wo der Durchmesser 7,5 cm beträgt. Sie sagten, diese Rute könne zu verschiedenen Klopflauten gebraucht werden, je nach der Kraft, mit der man sie auf den Boden schlage.

Abdrücke in Glaserkitt.

Ferner stellte Crawford Glaserkitt in ein Näpfchen auf den Boden und forderte die „Operatoren" auf, auf den Kitt zu klopfen. Auf diese Weise wurden drei Eindrücke erhalten. Sie waren sich ähnlich in der Form, die eine längliche Höhlung darstellte, ungefähr 0,9 cm lang und 1,7 cm breit am weitesten Teil, von der Peripherie aus allmählich sich auf 0,3 cm vertiefend. Der Boden dieser Aushöhlungen war nicht glatt, sondern durchzogen von Rinnen oder Wellen in zwei Reihen: a) lange, vergleichsweise tiefe Wellen und b) Wellen, welche die Kämme der ersteren senkrecht schnitten. Crawford ist nicht der Ansicht, dass der Schlag in Wellenform erfolgte.

Die langen Wellen waren alle parallel und größtenteils gerade, obwohl sie am langen Ende der Höhlung eine Neigung zur Krümmung zeigten.

Crawford fand in diesen Endapparaten eine große Ähnlichkeit mit den menschlichen Fingern. Es scheint, als ob dieses „Klopfen" auf den Kitt wirklich durch unsichtbare Finger erzeugt worden sei. Daraus würde folgen:

1. Die den Eindruck bewirkenden Finger waren nicht von normaler Größe, sondern sind wenigstens dreimal so groß.

2. Die eingedrückten Linien sind so klar und regelmäßig geschnitten, dass man annehmen muss, die Glieder seien „neu", d. h., sie gleichen darin den Linien auf menschlichen Fingern nicht, denn diese sind mehr oder weniger abgenutzt.

3. Die Eindrücke sind nur ein kleiner Teil des Endapparates.

4. Die Eindrücke können auch von etwas herrühren, das der großen Zehe des menschlichen Fußes ähnelt.

Diese Beobachtungen stoßen die Rutentheorie nicht um. Crawford befragte die „Operatoren", welche bestimmt und wiederholt angaben, dass die Eindrücke im Kitt Fingerabdrücke seien, dass aber bei gewöhnlichem Klopfen Finger nicht benutzt würden, sondern nur eine einfache stumpfe Projektion. Sie reproduzierten die Fingerabdrücke in dem angegebenen Falle, um zu zeigen, was sie tun könnten und weil der weiche Kitt geeignet hierfür war.

Auch die Trägertheorie legte Crawford Schritt für Schritt den „Operatoren" in so einfacher Darstellung als nur möglich vor. Sie bestätigten, dass die Sache sich genau so verhalte. Sie sagten, auch die Rutentheorie der Klopflaute sei richtig. „Ich lege keinen wissenschaftlichen Wert darauf," fügt Crawford hinzu, „aber ich erwähne dies als interessant."

Der Experimentator fragte einst, auf welche Weise der psychische Träger und die klopfenden Ruten starr gemacht würden. Die „Operatoren" antworteten, sie wüssten es nicht. Auf die Frage, ob es Wesen gäbe, welche es wüssten, kam bejahende Antwort. Gebeten, diese Wesen zu bringen, um von ihnen Information zu erhalten, äußerten die „Operatoren", sie seien im Zweifel, ob sie das tun könnten.

Gemischte Versuche.

Das Medium saß in seinem Stuhl auf der Waage. Crawford bat die „Operatoren", die Materie, welche sie vom Medium zur Bildung des für die Levitation des Tisches notwendigen Trägers entnähmen, auf den Boden zu legen und keinen Träger zu bilden!

Ergebnis: Gewichtsabnahme des Mediums: 7,2 kg.

Nun ließ Crawford dieselbe Materie unter den Stuhl des Mediums legen (von den Operatoren), sie blieb also auf der Waage.

Ergebnis: Das Gewicht des Mediums zeigte keinen Unterschied von seinem normalen Gewicht.

Nun wiederholte Crawford dasselbe Experiment für eine Rute, wie sie für einen schweren Schlag (Klopflaut eines Hammers) notwendig war.

Ergebnis: in diesem Fall (Materie auf den Boden liegend): Abnahme des Mediumgewichtes: 19 kg.

Crawford ließ darauf nur das freie Ende der Rute auf den Boden legen, also ohne Druck.

Ergebnis: Gewichtsabnahme des Mediums: 17,6 kg.

Der Experimentator bat die Operatoren, soviel Materie aus dem Medium zu ziehen, als ihnen möglich sei, und dieselbe auf den Boden zu legen.

Ergebnis: Gewichtsabnahme des Mediums: 24,5 kg.

Die Abnahme des Gewichtes erfolgte allmählich stoßweise. Nach Überschreitung von 13,6 kg wurden die Muskelkontraktionen des Fräuleins heftiger und Kathleen zeigte Unruhe. Sobald das Maximum herannahte, konnte der Verlust nicht immer genau festgehalten werden. Aber 24,5 kg — nahezu die Hälfte des Gewichts der Versuchsperson — wurde für die Dauer von 8 bis 9 Sekunden erhalten. Es hatte den Anschein, als ob die Materie bestrebt sei, in den Körper des Mediums zurückzufließen. Je mehr Materie entnommen wurde, desto stärker entwickelte sich der Antrieb zur Rückkehr in den Organismus. Alle diese Ergebnisse, sagt Crawford, haben mich allmählich zu dem Schluss gebracht, dass die psychischen Ruten, welche die Phänomene hervorbringen, trotz ihrer Unsichtbarkeit und Unberührbarkeit aus wirklicher Materie zusammengesetzt sind, aber aus einer Substanz, die sich in einer der Wissenschaft unbekannten Form äußert.

Durch ein anderes Experiment versuchte Crawford zu erfahren, ob bei der Levitation ein Druck auf den Stuhl oder die Waage des Mediums oder auf den Boden um die Waagen herum oder auch auf die Körperoberfläche des Mediums ausgeübt würde.

Er stellte den kleinen Druckapparat unter den Stuhl des Mediums und probierte ihn dort nach allen Richtungen. Nirgends zeigte sich ein Druck. Auch an der äußeren Fläche des Stuhles war keinerlei Druck bemerkbar.

Auf der Waage — kein Druck. Auf dem Boden — kein Druck. Auf dem Körper des Mediums, Nacken, Arme, Brust, fast auf jedem Quadratzoll ihres Körpers — nirgends ein Druck. Die Operatoren wünschten jedoch nicht, dass Crawford mit dem Apparat tiefer als zur Basis des Rumpfes heruntergehe.

Aus diesen Versuchen scheint hervorzugehen, dass, wenn der Tisch mittels eines richtigen Trägers levitiert ist, alle Reaktionen auf den Körper des Mediums übergehen, keineswegs aber auf Stuhl, Waage oder Fußboden, d. h. der Träger entspringt direkt aus dem Körper des Mediums und ist nicht fixiert oder unterstützt durch Stuhl, Waage oder Boden.

Der Autor wünschte zu wissen, ob die Operatoren auch das Gewicht des Mediums vergrößern könnten, ohne auf irgendeinen materiellen Körper im Zimmer zu wirken, d. h. ob sie imstande wären, das Gewicht des Mediums lediglich durch Einwirkung auf seinen Körper zu vergrößern. Der Tisch sollte daher nicht erhoben und überhaupt keinerlei Druck irgendwo ausgeübt werden; die Einwirkungen waren lediglich auf den Körper des Mediums beschränkt.

Unter diesen Bedingungen waren die Operatoren nicht imstande, das Gewicht des Mediums im mindesten zu erhöhen.

Crawford ließ den Tisch während der Levitation durch die Hände des Mediums berühren, das sich vorbeugte und die Hände auf den Tischrand legte. Die Wirkung war überraschend. Der Tisch fiel sofort herunter.

Wieder wurde der Tisch erhoben, Crawford fühlte bei dem Versuch, ihn herabzudrücken, dessen Widerstand. Sobald aber das Medium seine Hände auflegte, sank der Tisch binnen einer Sekunde und jeder Widerstand war verschwunden. Das Experiment wurde mehrere Male wiederholt, immer mit demselben Resultat. Der Tisch sank nicht sofort, sondern in einem Zeitraum des Bruchteils einer Sekunde bis zu 2 Sekunden. Was geschah? Es scheint, dass das Medium durch das Berühren des hölzernen Tisches eine Art psychischen Stromes herstellte. Vielleicht kehrte die Trägermaterie in den Körper des Mediums zurück.

Es folgte nun eine Reihe von Versuchen, in welchen das Medium den schwebenden Tisch mit verschiedenen Gegenständen berührte. Die Operatoren waren gebeten worden, den Tisch stets so lange in die Luft zu halten, als es ihnen möglich sei. Jeder Versuch wurde mehrmals wiederholt:

	Das Medium berührte den Tisch mit:	Erfolg:
1.	einer Glasstange	Der Tisch fällt innerhalb 5-6 Sekunden herunter.
2.	Papierstreifen	Keine Wirkung.
3.	einem Stück Holz	Keine Wirkung.
4.	einem ihrer Füße (den Tischfuß berührend)	Keine Wirkung.
5.	wie 4. und gleichzeitig mit einer Hand	Der Tisch fällt mit Krach herunter.
6.	einem eisernen Hammer	Tisch sinkt in 6—7 Sekunden herunter.
7.	Kupferdraht.	Tisch sinkt in 6—7 Sekunden herunter.
8.	einem Handschuh.	Tisch sinkt in 8 Sekunden herunter.
9.	Medium hält die Hand über den Tisch vor der Levitation.	Tisch fällt während der Levitation, sobald er beim Aufsteigen die Hand berührt.
10.	Crawford nimmt des Mediums rechte Hand und berührt selbst den Tisch mit seiner anderen Hand.	Tisch fällt langsam; die zur Levitation erforderliche Energie scheint allmählich zu verschwinden.
11.	Medium nimmt die Hand seiner rechts sitzenden Nachbarin, welche den Tisch berührt.	Keine Wirkung.
12.	Desgleichen mit dem links sitzenden Nachbarn.	Keine Wirkung.
13.	Ein Besucher (außerhalb des Zirkels) nimmt eine Hand des Mediums und berührt den Tisch mit der anderen Hand.	Keine Wirkung.

14.	Sämtliche Teilnehmer (Medium ausgenommen) berühren gleichzeitig den Tisch.	Keine Wirkung.
15.	Dasselbe inklusive des Mediums.	Tisch fällt in 2 Sekunden.
16.	Medium hält die Hand nahe an den Band des Tisches, ohne diesen zu berühren.	Keine Wirkung.
17.	Medium hält die Hand unter den Tisch.	Der Tisch fällt herunter.

Crawford wirft die Frage auf, warum der levitierte Tisch bei Berührung durch die Hand des Mediums herunterfällt, ebenso bei Berührung mit Glas usw. und in anderen Fällen nicht herabsinkt.

Der Gelehrte glaubt, dass irgendeine Energie in dem Tisch sich befindet, die eine Bedingung für die Levitationen ist, eine Energie, die aber nicht im Tisch bleiben kann, sobald das Medium den Tisch berührt, sondern entlang der Hand und dem Arm in den Organismus des Mediums zurückfließt. Nach den Experimenten zu schließen, würde die Materie folgende Eigenschaften besitzen:

1. Sie ist sehr fein und unsichtbar.

2. Die Substanz steht irgendwie mit dem Medium in Zusammenhang; denn wenn andere Personen, die nicht im psychischen Kontakt mit dem Medium sich befinden, den Tisch berühren, fällt derselbe nicht.

3. Die nackte Hand des Mediums ist für die Energie leitungsfähig, und zwar vom Tisch zum Körper zurück.

4. Manche Substanzen leiten sie schlechter als andere und einige scheinen überhaupt keine Leitungsfähigkeit zu besitzen.

5. Die Luft ist kein Leiter für diese Kraft.

6. Diese Substanz stellt ein wesentliches Erfordernis für das Phänomen der Levitation dar.

Man versuchte durch Drahtnetze, durch Stoffe mit großen Maschen, durch Schirme aus Geweben von verschiedener Konsistenz das Medium vom Tisch zu trennen. Allerdings wurden kleine Bewegungen des Tisches erzielt, selbst wenn der Tuchschirm (30 cm) vor dem Medium stand.

Es ergab sich in summa:

1. Das freie Ende einer gewöhnlichen psychischen Rute kann gewöhnliche dicht gewebte Tuchschirme nicht durchdringen, wenn sie weiter als 2,5 cm bis 5 cm von der Körperoberfläche des Mediums entfernt sind.

2. Sind aber solche Schirme dicht an die Körperoberfläche des Mediums und speziell um ihre Füße und Fußgelenke gelegt, so kann eine ziemlich starke Fernwirkung durch dieselben hindurch erzielt werden.

3. Je dichter die Schirme am Körper des Mediums sich befinden, desto größer die psychische Fernwirkung.

4. Schwache Resultate sind zu erzielen durch grobes Tuch hindurch, das 30 cm oder weiter vom Medium entfernt sich befindet.

Crawford fügt bei:. Die Ursache für dieses Verhalten liegt darin, dass die Materialisation des arbeitenden oder freien Endes der psychischen Rute sehr dicht an der Haut des Mediums und manchmal sogar direkt auf der Haut stattfindet. Dieses materialisierte feine, hautartige Gewebe, welches sich ganz nahe der Körperoberfläche entwickelt, kann nicht durch die Schirme hindurchdringen, d. h., das Ende der psychischen Rute ist eine Art Häutchen von gewöhnlicher solider Materie. Dagegen ist die dünnste psychische Rute (ungefähr von der Dicke eines Bleistifts) imstande, durch eine verhältnismäßig kleine Masche hindurchzudringen.

Experiment: Crawford wollte sehen, ob die Operatoren mit einem Bleistift schreiben könnten. Ein Blatt braunes Papier wurde auf den Boden unter den Tisch gelegt und dazu zwei Bleistifte. Die Operatoren bewegten bald die Stifte, kratzten mit denselben usw. Das Papier enthielt eine große Menge von Strichen, aber Buchstaben waren nicht gebildet.

Experimente mit dem Elektroskop und Thermometer.

1. Mr. Crawford bat die „Operatoren", alle Kraft vom Medium wegzunehmen und unter den Tisch in der Mitte des Zirkels zu konzentrieren und hielt, sobald er das bejahende Zeichen erhalten hatte, ein geladenes Elektroskop unter den Tisch. Keine Wirkung.

2. Das geladene Elektroskop wurde in den Zirkel gestellt und die „Operatoren" gebeten, die Scheibe leicht zu berühren. Man hörte ein Schaben auf der metallenen Scheibe des Elektroskops, das vollständig entladen war.

3. Versuche, ob der psychische Träger bei der Levitation des Tisches ein Elektrizitätsleiter sei, fielen negativ aus.

4. Irgendwelche Temperaturdifferenzen während der Levitationen in und außerhalb der Trägersubstanz konnten nicht festgestellt werden.

Die Wirkung des Lichtes.

Die Wirkung des Lichtes auf physikalische Phänomene, bemerkt Crawford, ist so bekannt, dass sich nicht mehr viel darüber sagen lässt. Unverkennbar ist die Tatsache: je weniger Licht, desto intensiver die Phänomene. Crawford kam zu der Ansicht, dass Licht die Starrheit der klopfenden Ruten affiziert, d. h., die Ruten können nicht steif werden, wenn starkes Licht auf sie einwirkt. Der Forscher glaubt nicht, dass das Licht die Fasern selbst so stark beeinflusst als die Materie, die sie enthalten, d. h. die kalte, klebrige Materie[47] kann in Gegenwart von starkem Licht nicht existieren. Möglicherweise ist sie von komplizierter chemischer Struktur, den Nervenelementen des Körpers angehörend und die Wirkung des Lichtes verursacht molekulare Zerstörungen. Es ist dies um so mehr anzunehmen, als Experimente gezeigt haben, dass

Licht mit langen Wellen, d. h. rotes Licht, weniger störend wirkt.

In der Tat, im Sitzungsraum müssen die Faktoren der Reflexion, der Refraktion und Absorption des benutzten Lichtes in Betracht gezogen werden. Einen interessanten Beleg hierfür gibt folgender Fall, den Crawford berichtet: In den meisten Sitzungen war die Lampe auf dem Kamingesims aufgestellt; in einer Sitzung hatte man die Lampe einen Fuß höher an der Wand angebracht, um den Fußboden etwas mehr in Schatten zu lassen und für die höheren Teile des Raumes mehr Licht zu gewinnen. Die Sitzung begann; aber nach 20 Minuten schien noch wenig getan zu sein. Dies war ungewöhnlich und Crawford fragte sich, was wohl die Ursache wäre. Nun wurde durch Klopfen von den „Operatoren" die Frage gestellt: „Könnt ihr die Lampe niederer anbringen?" Die Lampe wurde an ihren früheren Platz gesetzt und die Phänomene erschienen mit großer Intensität. Crawford sah keinen wirklichen Unterschied in der Beleuchtung, glaubt aber, dass bei der höheren Stellung der Lampe Licht von der weißen Decke auf den Boden reflektiert wurde. Derartiges sollten psychische Forscher bedenken. Crawford fand auch, dass für die „Operatoren" Schwierigkeiten entstanden, die psychische Kraft in Anwendung zu bringen bei polierten Körpern, und dass sie eine raue, dunkle Oberfläche bevorzugten.

Oft wurde die Frage gestellt, warum Crawford sich nicht an die Operatoren selbst wandte zur Lösung der Probleme. Crawford sagte, dass er immer darauf bedacht war und stets nach den Anleitungen gehandelt habe, welche die „Operatoren" geben und jede ihrer Behauptungen geprüft habe.

Vor allem aber: Die „Operatoren" scheinen selbst nicht viel über die wissenschaftliche Seite der Phänomene, die sie bringen, zu wissen. „Wenn ich eine Meinung riskiere," sagt Crawford „so würde ich sagen, sie wissen nur im Allgemeinen was sie tun, wie wir, wenn wir z. B. einen elektrischen Strom durch einen Draht senden. Ich bin überzeugt, dass die „Operatoren" nichts wissen von der Größe der Kraft und ihrer Wirkung. Ihre Vorstellung, von der prima causa der Phänomene ist, Macht, Kraft („power"). Wenn ich z. B. frage, wie eine gewisse Reaktion bewirkt wurde, buchstabieren sie durch Klopfen das

---

[47] Vgl. S. 118

Wort „power". Sie haben eben keine exakte wissenschaftliche Kenntnis der Einzelheiten. Sie sind wie der Arbeiter, der durch Erfahrung weiß, wie tief bei einer Arbeit auf der Drehbank der Schnitt geführt werden muss, wie schnell die Maschine laufen muss usw., der aber nur geringe Vorstellungen besitzt von der schneidenden Kraft des Werkzeugs oder der genauen Pferdekraft, die notwendig ist zum Treiben der Maschine. Nichtsdestoweniger kann vermutet werden, dass sie schnell genug bei der Hand sind, Verbesserungen zu treffen, wenn die Resultate sie dazu führen, so wie auch ein Arbeiter sein Werkzeug schärft, wenn die Schneide mangelhaft wird. So verlangten sie z. B. bei einer Gelegenheit ein dunkles Tuch als Oberfläche und bei einer anderen änderten sie die Sitzordnung. Kleine Dinge, welche die Intensität der Phänomene beeinflussen, scheinen sie zu verstehen; aber welche Form und Energie zu benutzen ist, um den Tisch zu heben oder Klopflaute zu erzeugen, davon wissen sie offenbar sehr wenig."

Was hier gesagt ist, bezieht sich auf Mitteilungen durch Klopflaute, während Miss Goligher in normalem Wachzustande die Phänomene produziert. Gelegentlich aber, wenn Mr. Crawford es wünschte, fiel sie auch in Trance, nicht zum Zweck physikalischer Phänomene, sondern um Crawford zu ermöglichen, mit den Wesenheiten zu sprechen.

Ein anderer Punkt: Die Operatoren sind stets streng affirmativ und streng negativ, oder sie drücken ihren Zweifel aus bei Antworten auf Fragen. Niemals versprachen sie Leistungen, die nicht auch vollzogen wurden. Sie waren immer eifrig bestrebt alles zu tun, was in ihrer Macht stand.

Das Verhalten der Teilnehmer.

Zum Schluss gibt Mr. Crawford einige Winke über das Verhalten der Teilnehmer an Sitzungen. Nachstehend die hauptsächlichsten Punkte:

Für die erste halbe Stunde der Sitzung ist es ratsam, dass die im Zirkel Sitzenden mit den Händen Kette bilden. Nach dieser Zeit ist es gewöhnlich gleichgültig, ob Kette gebildet wird, oder ob die Hände auf die Knie gelegt werden. Das ist aber doch nicht immer der Fall; es ist nur wichtig, wenn die Phänomene sich gleich zahlreich und gut einstellen. Sind die Phänomene schwach, so muss die Kette beibehalten oder wieder aufgenommen werden. Eine normale gute Sitzung zerfällt in zwei Teile: in einen Teil, in welchem der Erfolg noch zweifelhaft ist und indem die „Operatoren" hauptsächlich mit Vorbereitungen beschäftigt sind, sowie in einen zweiten Teil, in welchem ein Zustand des Gleichgewichts der Kräfte besteht. Außerdem muss ein psychisches Gleichgewicht hergestellt und in der Nähe des Mediums oder im Körper des Mediums ein Reservoir psychischer Energie angesammelt werden, aus dem die „Operatoren" schöpfen können.

Welcher Art ist diese potentielle Energie? Ist sie chemisch, ist es Druck, ist sie elektrisch, Wärme, oder ist sie etwas uns gänzlich Unbekanntes? Crawford sagt: „Ich bin für meine Person geneigt zu glauben — allerdings ist das eine Hypothese, wenn auch die Hypothese aus einer ansehnlichen Menge von Beobachtungen abgeleitet wurde —, dass es eine chemische Energie ist, verbunden mit dem menschlichen Nervensystem. Die Möglichkeiten sind hier für die psychische Forschung unbegrenzt. Jedenfalls denke ich, es kann wenig Zweifel darüber bestehen, dass diese psychische Energie mit Partikeln von Materie verbunden ist, z. B. fühlt man oftmals einen kalten Wind im Anfang der Sitzung, der oft nach einiger Zeit verschwindet. Wahrscheinlich ist dieser kalte Wind einer materiellen Evaporation aus den Körpern der Teilnehmer zuzuschreiben. Es handelt sich dabei um keine große und besonders wertvolle Evaporation, aber immerhin um eine solche von bestimmten materiellen Partikeln. Das Reservoir von psychischer Energie, welches vermutlich in der Nähe des Mediums angehäuft wird, ändert das Gewicht desselben nicht merklich.

In Bezug auf die Art von geistiger Einwirkung, welche das Medium und die Sitzer erfahren, gebe ich folgende Hypothese, die wohl mangelhaft, aber brauchbar ist mangels einer besseren:

Die Teilnehmer vereinigen die Hände. Leichte Muskelzuckungen werden empfunden. Ein kalter Wind wird manchmal auf den Handgelenken und an den Händen bemerkt. Nach einer halben Stunde ungefähr verschwindet das oder wird weniger fühlbar.

Erklärung: Die „Operatoren" wirken auf das Gehirn der Sitzenden und auf ihr Nervensystem ein. Kleine Teilchen, es mögen vielleicht Moleküle sein, werden aus dem Nervensystem getrieben und treten aus den Körpern, aus den Handgelenken, den Händen und Fingern oder anders woher. Diese kleinen Partikel haben in sich eine ansehnliche Menge latenter Energie, eine Energie, welche auf ein menschliches Nervensystem, mit welchem sie in Berührung kommen, einwirken kann. Dieser Strom der mit Energie geladenen Partikeln zieht rund um den Zirkel, wahrscheinlich teilweise durch die Körper der Sitzenden, teilweise an der Peripherie der Körper, erreicht das Medium (in einem hohen Grad der „Spannung"), erfüllt es mit Energie, empfängt Zuwachs von ihm (dem Medium), geht wieder durch den Zirkel usw. Schließlich, wenn die Spannung genügend groß ist, hört der Zirkulationsprozess auf und die mit Energie geladenen Partikel sammeln sich oder werden an das Nervensystem des Mediums attachiert, das nun ein Reservoir hat, aus dem es schöpfen kann. Die „Operatoren" haben nun die richtige Energie zu ihrer Verfügung, nämlich Nervenenergie, können auf den Körper des Mediums einwirken, der so eingerichtet ist, dass Materie von dem Körper temporär aus ihrer gewöhnlichen Lage entfernt und in den Sitzungsraum projiziert werden kann.

Allgemeine Schlussfolgerungen.

Nach 2½ Jahren Beobachtung ist Prof. Crawford zu der Überzeugung gekommen, dass biegsame, rutenartige Projektionen aus dem Körper des Mediums treten, dass diese Ruten die primäre Ursache der Phänomene sind, ob es sich um Levitationen, Bewegungen des Tisches auf dem Fußboden, Klopflaute, Berührungen oder andere Variationen handelt. Die charakteristischen Eigenschaften einer Rute sind folgende:

1. Sie kann in gerader Richtung aus dem Medium entstehen und in den Körper des Mediums auf demselben Wege zurückgenommen werden. Sie hat nicht eine unbestimmte Länge in ihrer Ausdehnung, sondern reicht unter günstigen Umständen auf eine Entfernung von 1,5 m vom Körper des Mediums. Ob die Rute dünner wird nach ihrem Austritt aus dem Medium, kann Crawford nicht sagen, aber er glaubt es. Das Ende der Rute wird beim Zurückziehen vom Körper des Mediums resorbiert. Vielleicht besteht die Rute aus einem großen Bündel schnurartiger Projektionen und ist verankert wie die Wurzeln eines Baumes.

2. Das projizierte Glied ist fähig, sich horizontal über einen beträchtlichen Umkreis hin und her zu bewegen und kann den Körper in Bewegung setzen. Auch in vertikalem Sinne erscheint die Bewegung begrenzt.

3. Die Rute kann in jeder Lage innerhalb der Grenzen ihrer Reichweite sich verhärten, wodurch sie die Eigenschaft eines Tragbalkens bekommt.

4. Die Rute übt anziehende und abstoßende Kräfte aus.

5. Das freie Ende der Rute ist, wenigstens mitunter, imstande, Körper durch Adhäsion zu ergreifen.

6. Alle Bewegungen der Rute sind durch den medialen Organismus bewirkt.

7. Die Dimensionen der Rute können sehr variieren. Der Querschnitt hat variable Größe. Verschiedene Modifikationen in der Form und Gestaltung des freien Endes sind möglich. Für gewöhnliches Klopfen scheint eine gewisse Menge von Materie am Ende konzentriert zu sein. Für andere Formen des Klopfens, wie z. B. die Imitation eines platzenden Balles, Sägen, Schaben usw. scheinen andere Gestaltungsarten notwendig zu sein.

Die Levitation erfordert eine spezielle Form der Rute; hierbei ist nämlich das freie Ende der Rute nach oben umgebogen und greift den Tisch durch Adhäsion unterhalb seiner Fläche an. Aber ob es sich um Levitation, Klopfen oder andere Phänomene dieser Gattung handelt, eine rutenartige Projektion wird immer benutzt. Neben den speziellen Endmodifikationen kommen auch verschiedene Grade von Biegsamkeit und Steifheit der Ruten vor, wie sie zur Erzeugung gewisser Phänomene nötig sind.

Prof. Crawford zieht aus den Experimenten folgende Schlüsse:

1. Die Trägertheorie ist richtig zur Erklärung der Levitation, wenn das Gewicht des zu hebenden Körpers nicht sehr groß ist.

2. Zur Levitation von sehr schweren Körpern wird eine andere Methode angewendet, nämlich die der Übertragung des Stützpunktes für den Träger auf den Boden.

3. Die Methode 1 — der einfache Träger — ist leichter herzustellen; derselbe erfordert nicht so viel psychische Energie wie die zweite Methode, und daher wird er angewendet, wo immer es möglich ist.

Der geschilderte Mechanismus erklärt alle auf den ersten Anschein verwirrenden Fragen. Es ist jetzt z. B. klar, warum der Tisch so schwer wird, dass ihn ein Teilnehmer nicht mehr heben kann oder nur mit Anstrengung: Er versucht einfach das Medium zu heben. Der psychische Arm aus dem Körper des Mediums hält den Tisch und drückt ihn nach abwärts an den Boden und der Tisch nimmt scheinbar an Gewicht zu usw.

Als eine der schwierigsten Fragen erscheint, ob die Struktur selbst Gewicht besitzt? Das scheint so; denn als Crawford die Operatoren bat, nur die Rute auf eine Waage zu legen, ohne einen Druck auszuüben, zeigte diese Waage eine Gewichtszunahme. Allein Crawford ist nicht sicher, ob die Operatoren nicht doch einen Druck hierbei ausgeübt haben.

Die Struktur ist unsichtbar, selbst im roten Licht; sobald die Hand in sie hineingreift, wird die Struktur gebrochen. Die Operatoren erklären, dass sie Gewicht besitzt.

Ferner entsteht die Frage, welcher Art die Materie dieser Struktur ist. Sicher besitzt diese Materie — wenn es sich um Materie handelt und die Experimente zeigen es allerdings, dass dies der Fall ist — nicht eine uns in wissenschaftlichem Sinne bekannte Form. Crawford sagt

selbst, dass ihn die Zahl seiner Experimente nicht berechtigt, ein absolutes Gesetz aufzustellen. Männer kommender Generationen werden damit beschäftigt sein.

Die Art und Weise, wie sie aus dem Körper des Mediums getrieben wird, erscheint ein Mysterium. Sicher ist nur, dass sie stoßweise und nicht stetig austritt und dass die Schwierigkeit dieses Prozesses mit der Quantität der emanierten Materie zunimmt.

Man sollte meinen, dass das Medium, wenn es 24,5 kg Materie körperlich verliert, sichtlich zusammenschrumpfen würde.

Möglicherweise nimmt bei telekinetischen Phänomenen die Körpersubstanz an Dichtigkeit ab. Dafür sprechen Beobachtungen an anderen Versuchspersonen.

Im Lichte dieser Theorie wird eine große Menge von physikalischen Phänomenen des Sitzungsraumes einigermaßen verständlich. Bezüglich der Zusammensetzung der Rute und wie sie charakteristische Eigenschaften eines soliden Körpers erhält usw., kann der Gelehrte keine befriedigende Theorie geben. Er kann nur einige Folgerungen aus den beobachteten Tatsachen ziehen und hofft von der Fortsetzung der Forschung die Lösung des Problems.

Es muss noch hinzugefügt werden, dass Crawford gelegentlich während der Levitation des Tisches unmittelbar unter der Fläche des Tisches ziemlich entfernt vom Fußboden etwas betastet hat, das Materie zu sein schien.

Dieselbe [Materie] fühlte sich kalt, klebrig und reptilienartig an; man kann den Eindruck mit Worten kaum beschreiben, aber wer das einmal empfunden hat, erkennt es sofort wieder.

„Ich war erstaunt," sagt Mr. Crawford, „als ich beim Lesen von Dr. Schrenck-Notzings Materialisationsphänomenen fand, dass in den ersten Stadien der Materialisation die vom Medium ausgehende Materie dieselbe oder eine ganz ähnliche Empfindung auf die Hand ausübte.

Diese Wahrnehmung wird als kalt und klebrig beschrieben und einer der Anwesenden behauptet sogar, dass er die Empfindung hatte, als läge ein kleines Reptil auf seiner Hand. Ich hege daher wenig Zweifel, dass der vom Medium ausgehende Stoff in den ersten Stadien der Materialisation und derjenige unter dem levitierten Tisch essentiell ein und dasselbe sind. Der Stoff, welcher von dem Medium des Dr. Schrenck-Notzing erzeugt wurde, ist bisweilen als vom Munde ausgehend konstatiert und war deutlich sichtbar, während jede derartige Materie unter dem Tisch nicht sichtbar ist[48]. *Daher muss, wenn es sich essentiell um denselben Stoff handelt, die Materie in einem weiter zurückliegenden Stadium sich befindet als diejenige, welches für Materialisationen gebraucht wird.*

Die Substanz unter dem Tisch erschien unbeweglich und in der Tat, wenn ich meine Hand in derselben hin und her bewegte, fiel alsbald der Tisch herunter, ein Beweis, dass diese Materie ein wesentliches Erfordernis für die Levitation war .. ."

Dieselbe Art von Materie hat Crawford oft auch in der Nähe der Füße des Mediums betastet, wenn z. B. bei Beginn der Sitzung in der Nähe derselben geklopft wurde. Bei einer erfolgreichen Sitzung hielt Crawford niemals seine Hand an die Stelle, von der der Stoff ausging, da er bald herausgefunden hatte, dass in solchem Falle das Klopfen für lange Zeit aufhörte und nur mit Schwierigkeit wieder erfolgen konnte. Am Anfang seiner Experimente hatte er oftmals den Fluss dieser Materie aus Unkenntnis der Dinge unterbrochen mit dem unvermeidlichen Resultat des zeitweisen Ausbleibens der Phänomene.

Der Schwerpunkt ist darin zu finden, dass in der Nähe des Mediums in der Tat ganz nahe an seinem Körper dieselbe Art der Materie während der Klopfphänomene vorhanden ist, wie sie unter dem schwebenden Tisch sich befindet, und ferner, dass sie in der Richtung vom Körper des Mediums nach auswärts sich bewegt, was leicht durch eine Wahrnehmung von zarten Partikeln, die gegen die hingehaltene Hand strömen, konstatiert werden kann.

---

[48] Inzwischen gelang es Crawford, wie dem Verfasser brieflich mitgeteilt wurde, den Austritt dieser Materie (des Teleplasmas) aus dem Körper des Mediums in zahlreichen Fällen zu photographieren. Die Veröffentlichung dieser interessanten, die Erfahrungen des Verfassers bestätigenden Untersuchungen steht bevor.

Während der Levitation des Tisches hat Crawford niemals die Kraftlinie vom Medium zum Tisch mit der Hand durchbrochen, wohl aber durch den Kontaktapparat mit dem bekannten Resultat; Die Ursprungsstelle der Kraftlinie scheint im Unterleib zu liegen. Es ist beizufügen, dass die „Operatoren" durch den Eingriff in die Kraftlinie ungehalten waren und dies durch heftiges Klopfen kundgaben. Man darf also diesen vitalen Prozess nicht unterbrechen, wenn man eine Levitation verlangt.

Ein wesentlicher Teil des die Levitation erzeugenden Trägers oder Rüssels besteht aus Partikeln kalter, klebriger Materie, welche sich am Ende des Trägers nach außen bewegen, aber unter dem Tische in Ruhe verharren. Dieselbe Art von Materie ist zur Bildung der klopfenden Ruten nötig; auch wird sie in derselben Weise nach außen bewegt.

Was geht bei der Levitation vor? Es scheint, dass der Präliminarprozess zu wirklicher Levitation in dem Legen eines lockeren Bandes vom Medium zum Tisch besteht, oder wenn sich eine Waage unter dem Tisch befindet, vom Medium zur Waagschale. Nehmen wir an, dieses Band bestände aus einigen feinen Fasern einer ähnlichen Materie wie jene organische, welche aus dem Munde des von Dr. von Schrenck-Notzing beobachteten Mediums hervorgeht, die jedoch feiner und unsichtbar ist.

Dr. Schrenck-Notzing hat gezeigt, dass der faserige Stoff seines Mediums sich zusammendrehen und wurmartig krümmen, sich bewegen und beabsichtigte Bewegungen ausführen kann, wie wenn er lebend und bewusst wäre.

Die projizierten Fäden finden vermutlich ihren Weg durch ähnliche Bewegungen vom Körper des Mediums zu der unteren Tischfläche und bilden so eine Grundlage für den Mechanismus der Levitation, die dann unmittelbar erfolgt.

Was geht vor in dem Intervall der halben Minute zu einer ganzen Minute, nachdem die Vorbereitungen getroffen sind? Die für die Levitation nötige Energie wird in Tätigkeit gesetzt und wächst gleichmäßig, bis die Tischerhebung stattfindet, und zwar vermehrt sich die Kraftzunahme von 5 zu 6 Sekunden. Es scheint, als wenn durch die primären Fäden oder Bündel von Fäden, nachdem sie in Position gebracht sind, eine Kraft in der Richtung ihrer Achse ausgeübt wird, welche sie steif macht und die Bündel in eine solide Rute verwandelt.

Auch andere Beobachtungen zeigen, dass der levitierende Träger aus einer sehr feinen (möglicherweise organischen), faserartigen Struktur besteht, welche steif und starr gemacht wird durch eine die Leitung durchströmende Kraft. Das ist wahrscheinlicher als ein System von Strahlen oder Ähnliches. Diese Struktur ist also imstande, sowohl abstoßende wie anziehende Kräfte von ansehnlicher Größe zu übertragen.

Ferner setzt die Richtungsänderung des Trägers, nach oben, sobald er in Säulenform unter dem Tisch emporsteigt, eine vermittelnde physikalische Struktur voraus, vielleicht in Setzform, die ausgefüllt und steif gemacht wird durch die unter Druck befindlichen Zwischenräume.

Die Tatsache, dass die Levitationskraft vom Augenblick ihrer Betätigung an in einem langsamen und gleichmäßigen Maße wächst und nicht augenblicklich ausgeübt wird, würde darauf schließen lassen, dass die längs der Struktur ausgeübte Kraft, welcher Natur sie auch immer ist, die Funktion der Versteifung hat.

Die Grundidee der Rutenprojektion nach Mr. Crawford ist zusammengefasst folgende:

Das zu bildende Glied besteht im wesentlichen aus einem Bündel sehr feiner, aus dem Körper des Mediums ausgepresster Fasern, die transparent und daher unsichtbar sind und miteinander eng verbunden werden, einander berührend und zusammenhängend. Diese in der Art der in den Materialisationsexperimenten von Dr. Schrenck-Notzing beobachteten Fäden können sich bewegen und verschmelzen (möglicherweise stehen sie in direktem Zusammenhang mit dem Nervensystem des Mediums). Dieselben werden allmählich in den Raum unter dem Tisch projiziert und ihre freien Enden an die untere Tischfläche gelegt. Nachdem dies erreicht ist, wirkt eine Kraft längs der Achse dieser Fäden, allmählich und einheitlich, mit dem Resultat, dass das Fadensystem (oder das Kabel, wie man es vielleicht nennen kann) allmählich steif wird und sich in einen starren Träger verwandelt, der, vom Medium projiziert, fähig ist, den Tisch zu heben.

Dass eine präliminare fadenartige Struktur, die später steif gemacht wird, zuerst vom Medium ausgesendet wird, geht aus folgendem Experiment hervor: Als die beiden Leisten, welche unter den beiden Tischenden die Tischfüße verbanden, um ihnen mehr Festigkeit zu geben, entfernt wurden, schienen die „Operatoren" einige Zeit Schwierigkeit zu haben, den Tisch so leicht und vollständig zu heben wie vorher. Es schien, als müssten sie eine neue Anlage machen. Crawford glaubt, dass die präliminare Struktur auf diese Leisten gelegt war, um den Träger zu formen, d. h., sie benutzten die Leisten als vorteilhaften Punkt, um von hier aus die Struktur aufzurichten. Aber bald darauf fand die Levitation so leicht und stark statt, wie vorher. Zweifellos hatten die „Operatoren" ein neues Arrangement getroffen.

Es entsteht nun die Frage: Welche Art von Kraft ist es, die längs der Achsen der Fäden oder Fibern angewendet wird?

Ist es eine mysteriöse, eine uns gänzlich unbekannte Kraft, von welcher wir nicht die geringste Vorstellung haben, oder ist es eine Kraft, deren Gesetze wir kennen? „Die einzige Antwort, die ich geben kann," sagt Crawford, „ist die: Ich weiß es nicht. Es mag sich eventuell als recht einfache Sache herausstellen."

Nachfolgender Bericht gibt das wieder, was eine Hellseherin wahrnahm: Sie sah unter dem Tisch, dicht an der unteren Fläche und sich etwas nach abwärts erstreckend, eine weißliche, dunstartige Substanz, rauchähnlich. Wenn der Tisch in Levitation war, schien die Substanz dichter zu werden, d. h. sie wurde weißlicher, sobald ein Teilnehmer an dem Tische saß, nahm sie wahr, dass die Substanz ganz weiß und dicht wurde, kurz vor dem Augenblick, in welchem der Tisch kippte. Sie konnte an der Variation der dichten weißen Substanz sowie an der Relation zur Größe der angewendeten Kraft erkennen, dass eine Bewegung erfolgen müsse, ehe dieselbe wirklich eintrat. Sie gab ferner an, dass diese weiße Substanz nur unter der Fläche des Tisches gesehen wurde und nicht auf den Boden reiche. Auch sah sie ein großes Band aus der linken Seite des Mediums kommen, und zwar in einer Art rotierender Bewegung, sowie den Zusammenhang dieses Bandes mit der Substanz unter dem Tisch. Von allen Teilnehmern ging ein ganz dünnes

Band aus, schnurartig und hing mit der Masse unter dem Tisch zusammen. Nirgends berührte eine dieser Schnüre weder das im Vergleich dazu sehr breite Band des Mediums noch den Boden. Die Hellseherin teilte ferner mit, dass sie verschiedene Formen und Hände wahrnähme, welche, mit dem psychischen Stoff manipulierten: „aber", meint Crawford, „wir können das außer Betracht lassen und uns auf das früher Gesagte beschränken." Merkwürdig ist die Tatsache, dass die Beschreibung der Hellseherin mit meinen Folgerungen aus den Experimenten in außerordentlicher Weise übereinstimmen.

Nach ihrer Angabe befand sich kein weißer Stoff auf oder nahe dem Fußboden unter dem schwebenden Tisch. Experimente haben gezeigt, dass dort kein psychischer Druck stattfindet, ebenso wenig in der Höhe von 7,5 cm über dem Boden. Ferner, dass die psychische Reaktion allmählich mit der Höhe der Waagschale wächst.

Zweitens sagte sie: Die verschiedenen Dichtigkeitsgrade der Substanz befähigten sie annähernd die Größe der psychischen Kraft zu schätzen. Nun ist absolut gewiss, dass der Druck unter dem Tisch bei der Levitation allmählich wirkt und erst nach 5 oder 6 Sekunden sein Maximum erreicht, was mir Gelegenheit gab, die Levitation anzusagen, noch ehe sie eintrat.

Drittens: Sie sah die große Masse der weißen Substanz vom Medium ausgehen, dagegen nur ein dünnes Band von jedem Teilnehmer. Nun, die Experimente haben gezeigt, dass, wenn der Tisch gehoben ist, ungefähr 97 % der Reaktion auf das Medium fällt, auf jeden der übrigen Teilnehmer ein kleiner, wenn auch bemerkbarer Rest.

Die Hellseherin behauptet, sie sähe die weiße Substanz von der linken Seite des Mediums ausgehen. Tatsache ist, dass das Medium im Laufe seiner Entwicklung gelegentlich an einer Schmerzhaftigkeit auf seiner linken Seite gelitten hat, die wohl mit Recht der großen Stoffmenge zuzuschreiben ist, die sich von dort aus entwickelte.

Wenn die Hellseherin wirklich den Stoff sah, dann ist wohl zu glauben, dass die verschiedenen von ihr beobachteten Dichtigkeitsgrade tatsächlich Variationen in der Dichte des Stoffes sind, d. h., dass die Größe der auf-

zuwendenden Kraft direkt proportional der Dichtigkeit der vom Medium genommenen Materie ist.

Wir kommen demnach zu dem Schluss, dass die Größe der psychischen Kraft direkt proportional der Dichtigkeit der Materie in der Kraftlinie vom Medium zum Tische ist.

Die Steifheit des levitierenden Trägers würde also mehr oder weniger der Dichtigkeit der Materie proportional sein, welche in den vom Medium ausgehenden Fäden oder Fasern eingelagert ist.

Das Medium fühlt niemals einen mechanischen Druck auf seinem Körper. Wie ist es möglich, dass eine starre Struktur, 60—90 cm lang, vom Körper des Mediums ausgehend, an seinem Ende 13,6—18 kg trägt, ohne dass das Medium Beschwerden fühlt?

Möglicherweise erklärt sich der Vorgang wie folgt: Die Struktur des Trägers ist aus einer unbekannten Substanz zusammengesetzt. Nennen wir sie X-Materie. Diese X-Materie kann durch sich selbst direkt Kräfte übertragen, aber sie kann solche Kräfte nicht auf die uns bekannte Materie überführen. Um Letzteres zu tun, muss sie zuerst in eine andere Form von Materie verwandelt werden, welche wir Y-Materie nennen wollen (in Wirklichkeit ist es dieselbe Materie, welche dem Auge bei Materialisationssitzungen sichtbar wird — mit anderen Worten: Y-Materie ist das, was den Forschern als „materialisiert" bekannt ist).

Wir haben also X-Materie, die nur in Y-Materie verwandelt werden kann (analog der Verwandlung von Wasser in Eis), und Kräfte können von der einen auf die andere übertragen werden.

Die Y-Materie ist imstande, auf Objekte im Sitzungsraum einzuwirken.

Der rohe Umriss einer Faltenstruktur ist also folgender:

a.   Das freie Ende, welches nach unserer Annahme den Tisch angreift: Y-Materie.

b.   Substanz der Struktur: X-Materie. Die Struktur ist, wie sie in den Organismus des Mediums eintritt, völlig aus X-Materie gebildet.

c. Im Körper des Mediums wird die die Struktur bildende X-Materie wieder in Y-Materie umgewandelt.

Die mechanische Wirkung ist nun folgende: Die Y-Materie am freien Ende des psychischen Trägers greift das Holz der unteren Fläche des Tisches, der dann gehoben wird. Das Gewicht des Tisches ist auf diese Y-Materie übertragen und von der letzteren auf die X-Materie des Körpers der Struktur. Die mechanische Kraft wird längs der X-Materie in den Körper des Mediums überführt. An der Stelle, wo das Gebilde in den Körper des Mediums eintritt, wird keine Kraft auf den Organismus übertragen, weil wir an dieser speziellen Stelle X-Materie haben und gewöhnliche Zellgewebssubstanz daneben, und weil Kraft nicht direkt von der ersteren auf die letztere übertragen werden kann.

Die Y-Materie ist auf die verschiedenen inneren Teile des Körpers verteilt, welche schließlich und indirekt das Gewicht des Tisches aufheben.

Aus demselben Grunde wird auch eine Palpabilität nicht wahrgenommen, wenn man mit der Hand oder mit einem Stück Holz durch die psychische Struktur schneidet. Die X-Materie der Struktursubstanz kann Druck nicht direkt auf die Hand oder das Holz übertragen. Sie muss zuerst in ihr Derivat, die Y-Materie, übergeführt werden.

Dieser kurze Umriss mag dem Leser eine Idee von den Problemen geben, die uns entgegentreten, wenn wir uns mit den telekinetischen Phänomenen beschäftigen. Ob die X-Materie nur vorübergehend existierende Materie ist, ob sie einer 4-dimensionalen Ebene angehört oder eine Art der Materie ist, welche wir erst in Zukunft erkennen werden, will der Autor hier nicht untersuchen.

Die Operatoren erklären, dass das Medium in irgendeiner Weise gegen die mechanischen Kräfte geschützt ist, denen es ausgesetzt zu sein scheint. Aber wie dies geschieht, können sie uns nicht erklären.

Obwohl kein direkter Beweis dafür vorhanden ist, so scheint doch das Medium während der Phänomene weniger sensitiv zu sein, als dies normal für die Eindrücke des Hautsinnes der Fall ist. Es befindet sich zwar niemals im eigentlichen Trance, aber nach den jüngsten Beob-

achtungen ist zu bezweifeln, dass es sich in einem ganz normalen Bewusstseinszustand befindet. Speziell bei Beginn der Sitzung ist es ihm unangenehm, angesprochen zu werden.

Die mysteriöse Kraft, welche sich bei der Levitation betätigt, ist sicher nicht Elektrizität. Die Art und Weise, sich zu entladen, geht zu langsam. Ferner liegen keinerlei Beobachtungen vor, die auf Elektrizität hinweisen. Dagegen scheint es sich um eine Form von Energie zu handeln, die an sehr kleine Teilchen von Materie gebunden ist, wahrscheinlich sind diese Partikel in oder auf dem Holz des Tisches angehäuft und die ihnen anhaftende Energie wird von den Operatoren gebraucht. Möglicherweise hängen diese Partikel mit dem Nervensystem des Mediums zusammen.

Der Aufbau der Struktur scheint von dem unteren Teil der Beine des Mediums auszugehen. Diese Energiepartikel können durch die Hände zurückkehren. Es mag eine Art positiven Drucks in den Beinen und Füßen vorhanden sein und eine Art negativen Drucks in den Armen und Händen, so dass eine Tendenz für die Partikel vorhanden ist, in den Körper des Mediums durch Hand und Arme zurückzufließen, wenn ein leitendes Material sie unterstützt. Um eine Analogie aus der Elektrizität zu gebrauchen, es besteht eine höhere Spannung in der Nähe der Fußgelenke als der Hände.

Während der physikalischen Phänomene der Telekinese gehen zwei essentielle Prozesse vor sich:

1. Die Projektionen von Ruten, Armen oder Strukturen sind nur temporäre Schöpfungen. Sie kehren am Schluss der Sitzung in den Körper des Mediums zurück, woher sie kamen, oder genauer, sie gehen vom Medium aus je nachdem, wie sie während der Sitzung gebraucht werden. Wahrscheinlich sind sie zusammengesetzt oder teilweise zusammengesetzt aus Materie, die dem Körper des Mediums entstammt. Das Gewicht dieser Materie kann im äußersten Falle 18—24,5 kg betragen. Am Schluss der Sitzung kehrt das Gebilde und mit ihm alle Materie in den Körper des Mediums zurück. Daher hat diese Art von Materie nur eine temporäre Existenz und das Me-

dium verliert am Schluss der Sitzung nichts an Gewicht.

2. Die Abgabe einer Art von Energie, welche gebraucht wird, um die Gebilde für ihre Aufgabe nämlich zur Levitation des Tisches u. dgl. geeignet zu machen.

Diese Energie scheint ebenfalls an Substanz gebunden zu sein, aber nicht mit jener spezifischen Materie, welche zum Aufbau der Struktur benutzt wird; denn diese mit der Energie verbundene Materie bedeutet einen permanenten Verlust. Sie ist auch an Qualität viel geringer als die Strukturmaterie. C. hat nach langer Erfahrung Grund zu glauben, dass ein physikalisches Medium eine Person ist, deren Organismus es befähigt, temporär Quantitäten der Strukturmaterie abzugeben und dass ein guter Zirkelteilnehmer eine Person ist, welche eine Quantität von Energiematerie liefern kann.

Mit anderen Worten, die Funktion des Mediums besteht darin, Materie aus seinem Körper zu leihen; die Funktion der Sitzenden aber ist es, psychische Energie zu liefern. Der Leser wird somit die Notwendigkeit verstehen, im Zirkel eine Anzahl von Personen zu haben, damit eine genügende Menge dieser psychischen Energie verfügbar wird.

Bei jenen Erscheinungen, in welchen der Tisch fällt, wenn das Medium mit der Hand ihn berührt, haben wir es also wahrscheinlich mit Vorgängen, wie sie vorstehend unter 2. erwähnt sind, zu tun. Energiematerie ist wahrscheinlich in das Holz gedrungen, so dass sie den Operatoren zur Verfügung steht. Die Sitzenden haben sie geliefert, aber sie ist in irgendeiner Weise mit dem Organismus des Mediums verbunden.

Hier haben wir das, was die Spiritisten leichthin „Magnetismus" nennen und diese Kraft scheint eine besondere Vorliebe für Gegenstände aus Holz zu besitzen; d. h., auf Holz hat sie nicht die Neigung, sich zu zerstreuen, daher wird die Levitation nicht beeinträchtigt, wenn das Medium den Tisch mit einem Stück Holz berührt.

Crawford weist dann noch auf die Zusammenstellung der Gewichtsverluste der Teilnehmer nach einer Sitzung hin und fügt eine neue Liste hinzu.

Zum Vergleich hat Crawford drei Freunde gewogen, welche Karten spielten, und zwar vor und nach dem Spiel. Es zeigte sich nicht die geringste Differenz!

Auf einer Blitzlichtphotographie, welche Crawford von dem Medium während der Sitzungen gemacht hatte, fanden sich schwache Spuren dieser dunklen Substanz, welche aus jedem Finger tritt, während die Hände auf den Knien lagen. Diese Spuren scheinen die Prolongationen ihrer Finger, die nach abwärts zu laufen, von ihrem Schoß zu den Fußgelenken.

Es ist auch bekannt, dass am Anfang der Sitzung von den Fingerspitzen eine besondere Art von gasartiger Substanz auszugehen scheint, deren Austritt ganz deutlich gefühlt wird. Die Finger werden gewöhnlich während dieses Vorganges ganz kalt.

Zu häufige Sitzungen haben eine ungünstige Wirkung auf die Gesundheit mancher Personen; denn sie scheinen vitale oder Nervenenergie zu verlieren, ein Verlust, der sich nach geraumer Zeit erst wieder ausgleicht.

Alles in allem, es kann kaum ein Zweifel darüber bestehen, dass in oder auf dem emporgehobenen Tisch eine Menge von psychischer Energie angehäuft wird, dass diese Energie mit Partikeln von Materie verbunden ist, welche die Tendenz besitzt, in den Körper des Mediums zu gehen. Ohne diese Energie sind Phänomene nicht möglich.

Die Natur psycho-physikalischer Phänomene.

Zur Beurteilung des physikalischen Mediumismus.

Die gesamten Phänomene der physikalischen Mediumität bestehen in für unsere Sinne wahrnehmbaren Manifestationen, Handlungen und Bildungen, welche durch eine Emanation oder Projektion vitaler Energien über die Grenzen des menschlichen Organismus hinaus zustande kommen. Für unser heutiges Wissen erscheint eine solche Exteriorisation oder Transformation biopsychischer Kräfte unerklärlich und unbegreiflich.

Morselli, Ochorowicz und Crawford vertreten den Standpunkt, dass das Medium durch die Körperberührung der Anwesenden (Kettenbildung) die Fähigkeit besitzt, einen Teil der Energie jedem Teilnehmer zu entnehmen und an sich zu ziehen, so dass man auch von kollektiven physio-psychischen Schöpfungen sprechen könnte.

Bei den Crawfordschen Feststellungen beträgt die Gewichtszunahme des auf der Waage sitzenden Mediums bei völlig in die Luft erhobenem, unberührten Tisch im Durchschnitt 97,3 %, d. h. 3 % weniger als das Gewicht des Tisches, eine Differenz, die von ihm den Teilnehmern zugeschrieben wird.

Andererseits wies aber der Zeiger in mehreren Fällen eine über das Gewicht des Tisches hinausgehende Zunahme auf, in einem Falle 101, in einem andern Falle 106.

Die französische Untersuchungskommission, welche den Waageversuch bereits 10 Jahre vor Crawford mit Eusapia Paladino ausgeführt hatte, konstatierte einen Gewichtsüberschuss von 3 kg, im Ganzen nämlich 10 kg, während der Tisch nur 7 kg wog, und erklärte denselben durch die Einwirkung der lebendigen Kraft auf die Waage. Nun zeigte Eusapia allerdings während der Phänomene eine besondere große motorische Unruhe und synchrone Muskelaktionen, während Frl. Goligher, das Medium Crawfords, sich offenbar ruhiger verhielt, obwohl

auch bei ihr eine intensive physiologische Beteiligung des Muskelsystems nachgewiesen ist. Immerhin bleibt bei der Crawfordschen Berechnung keine Ziffer mehr für die lebendige Kraft übrig; geringe Schwankungen der Waage sind bei solchen Versuchen unvermeidlich.

Auch die durch den Verfasser am 1. April 1920 vorgenommene Nachprüfung des Crawfordschen Versuches (S. 82 ff. dieser Arbeit) zeigte fast bei allen Resultaten eine über das Gewicht des Tisches hinausgehende Vermehrung des Gewichts auf der Waage (und zwar bis zu 4 kg). Sobald sich jedoch bei einer ohne Berührung des Tisches stattfindenden Elevation das Medium möglichst ruhig auf der Waage verhielt, gingen die Ausschläge nur unbedeutend über das Tischgewicht hinaus; im letzten Experiment entsprach sogar die Vermehrung des Gewichtes auf der Waage fast genau demjenigen des Tisches. Die übrigen Anwesenden waren gänzlich unbeteiligt, so dass man in Übereinstimmung mit der Auffassung der Pariser Kommission den Gewichtsüberschuss auf die lebendige Kraft zurückführen kann.

Der englische Forscher erhielt aber auch, sobald er einen Teilnehmer auf die Waage und das Medium in den Zirkel setzte, eine leichte Gewichtszunahme von 0,056 kg und behauptet, dass auch in diesem Fall der Zeiger sich synchron mit den Schwankungen des schwebenden Tisches bewegt habe, und zwar in wiederholten Fällen. Wenn das Resultat auch merkwürdig erscheint, so dürfte die erzielte Gewichtsdifferenz bei Berücksichtigung der möglichen Fehlerquellen doch zu gering sein, um weitgehende Schlüsse zu erlauben. Auch der nach der Sitzung von Crawford berechnete Gesamtgewichtsverlust von 531 g bei 7 Teilnehmern lässt sich nicht ohne weiteres für eine Energieentnahme zugunsten des Mediums verwerten, weil der physiologische Verlust durch die natürlichen Funktionen des Organismus (Hauttätigkeit, Respiration usw.) nicht mitberücksichtigt ist und unter Umständen namentlich bei heißem Wetter (Sommerabend), bei stark angespannter psychischer Teilnahme usw. erheblich sein kann. Zur Entscheidung dieser wichtigen Frage wären genaue Stoffwechseluntersuchungen bei jedem Teilnehmer vor und nach der Sitzung notwendig.

Zur Stützung seiner Auffassung beruft sich Crawford auf die Äußerungen einer Hellseherin, welche die Verbindungskraftlinien der einzelnen Teilnehmer in der schematischen Vorstellungsweise von Schnüren und Bändern wahrgenommen haben will! Diese möglicherweise durch Gedankenlesen zustande gekommenen Visionen lassen sich nicht als Beweismoment verwerten.

Morselli untersuchte die Differenz der Muskelkraft der an den Sitzungen mit Eusapia Paladino beteiligten Personen vor und nach den Sitzungen dynamometrisch und konstatierte, dass im Durchschnitt alle in einer Sitzung Anwesenden am Ende derselben an Muskelkraft verloren hatten. So zeigte sich z. B. nach einer Sitzung, an der 10 Personen teilnahmen, eine Druckdifferenz von durchschnittlich 105 K., mit Ausnahme eines Teilnehmers, der, obwohl überzeugter Spiritist, an Kraft zugenommen hatte. Der Verfasser wandte bei seinen Untersuchungen mit Eusapia Paladino dasselbe Verfahren an und stellte fest, dass die Muskelkraft einer Reihe von Personen nach der Sitzung eine Zunahme erfahren hatte, feiner, dass die Art, wie der Druck auf den Dynamometer betätigt wird, sich nicht kontrollieren lässt. Manche Personen üben denselben nur lässig aus, andere drücken mit aller Kraft. Die Unmöglichkeit einer Ausschaltung der willkürlichen Faktoren hindert eine zuverlässige und exakte Feststellung. Außerdem müsste in jedem Fall der natürliche Erschöpfungseffekt bekannt sein, bevor man die immerhin mögliche Abgabe vitaler Energie der Zirkelteilnehmer an das Medium in Rechnung zieht.

Wie die Erfahrung lehrt, sind die von den Teilnehmern und besonders den Versuchsleitern ausgehenden Intentionen und Vorstellungsrichtungen trotz des bei manchen Medien, z. B. bei Eusapia bestehenden Monöideismus, welcher ihre Leistungen fixiert und systematisiert, d. h. auf bestimmte Gruppen von Manifestationen durch Übung in einseitiger monotoner Weise einschränkt, imstande suggestiv auf das Medium und die Art seiner Leistungen einzuwirken. Die subliminale Sphäre,

aus welcher heraus mit Hilfe eines unbekannten automatisch wirksamen Dynamismus die Phänomene produziert werden, empfängt, wie Morselli richtig bemerkt. Anregungen durch das Wachbewusstsein und den Willen der Versuchsperson. So wirken Perzeptionen und Vorstellungen des Mediums beim Zustandekommen seiner Leistungen beständig mit. Von der gesamten Mentalität, dem individuellen Temperament, von dem Charakter, der dissoziativen Anlage und vielleicht auch von unbekannten körperlichen Dispositionen hängt es ab, ob ein Medium rein intellektuell oder physikalisch wirkt.

Bildungsgrad und Intelligenz der einzelnen Versuchsperson bestimmt seine onirischen Leistungen und Schöpfungen. Weil beispielsweise Eusapia Paladino die Phantasmata sich als Schatten und Larven vorstellt, projiziert und exteriorisiert sie solche. Ihre ganze Phänomenologie entspricht nach Morselli ihrer geistigen Armseligkeit. So sind die phantastischen Erzeugnisse, die lineare Morphologie und das wunderliche Aussehen medialer Formschöpfungen der Gestaltungsfähigkeit und Mentalität ihrer Autoren adäquat. Dieser ganze unbekannte Zeugungs- und Transformationsprozess hat nach Morselli nichts mit dem Eingreifen okkulter Kräfte zu tun, sondern bedeutet nur einen Konsum und eine Transformation vitaler Energie des Mediums selbst.

Die Spontaneität der Phänomene wird eingeschränkt durch den Zwang der einseitigen Vorstellungsrichtungen der Medien (meist mit spiritistischem Inhalt), durch ihre psychosensorischen und psychomotorischen Monoideismen. Mode, Zeitepoche, Erinnerungsvorstellungen, religiöse und abergläubische Überzeugungen, wie z. B. die traditionellen Dogmen des Spiritismus, Erziehungseinfluss, suggestive Einwirkung der Zirkelteilnehmer, vorgefasste Theorien und Meinungen der Versuchsleiter können auf das Medium und die Qualität der produzierten Phänomene einen weitgehenden Einfluss ausüben.

Nur unter Berücksichtigung dieser äußerst wichtigen Gesichtspunkte wird die Variabilität der Manifestationen bei den verschiedenen Medien erklärlich, so die teleplastischen Schöpfungen der Eva C.[49], welche offenbar beeinflusst sind durch die künstlerische Phantasie der

---

[49] Vgl. Verf. „Materialisationsphänomene", S. 519.

als Bildhauerin tätigen und seit länger als einem Jahrzehnt mit dem Medium arbeitenden Madame Bisson, so die Entdeckung der fluidalen Fasern (= starre Strahlen) durch Professor Ochorowicz (vgl. S. 3 ff. dieses Werkes), welche die ideoplastische Realisierung einer durch frühere ähnliche Beobachtungen gewonnenen theoretischen Überzeugung des Versuchsleiters auf dem Wege der Suggestion darstellen.

Allerdings bietet die von Ochorowicz mit Erfolg durchgeführte und vom Verfasser nachgeprüfte Verlegung des Versuchsraumes aus der allgemeinen räumlichen Umgebung des Mediums auf den Tisch des Laboratoriums, wie sie die Untersuchung der Aufhebung kleiner Gegenstände erfordert, große Vorteile für die methodische Beobachtung dar. Mit der Erzeugung der bald sichtbaren, bald unsichtbaren rigiden Handeffloreszenzen in Fadenform ist ein Elementarversuch möglich geworden, an welchen die experimentelle Erforschung des physikalischen Mediumismus anknüpfen kann, um von dort aus weiter vorzudringen in das biologische Problem der telekinetischen Vorgänge.

Auch die von dem 16jährigen Arbeiterssohn Willy S. hervorgebrachten und vom Verfasser photographierten teleplastischen Erzeugnisse entsprechen ganz seinem kindlichen Bildungsgrad, wofür die an einen Schneemann erinnernde primitive von ihm geschaffene Gesichtsform ein beredtes Zeugnis ablegt. Man erinnere sich an das erstmalige Auftreten von Schnüren bei diesem Medium in direktem Anschluss an eine vor Beginn der Sitzung stattgefundene Konversation des Verfassers über Kraftlinien (Seite 106 dieses Werkes).

Einen typischen Fall dieser Art lieferte das polnische Medium Stanislawa P. Am Nachmittag vor der betreffenden Sitzung zeigte der Verfasser demselben eine gerade aus Paris eingetroffene Photographie der Eva 0 mit drei materialisierten Fingern im Kopfhaar. Abends erschienen während der Sitzung drei Fingerformen im Haar der Stanislawa.

Die experimentellen Untersuchungen Crawfords lassen sich nur in ihrer praktischen Tragweite und in ihrer theoretischen Deutung dann richtig verstehen und beurteilen, wenn man beim Studium derselben sich stets daran erinnert, dass hier die Auffassungen eines Professors der Physik (an der Universität Belfast) wiedergegeben werden, der die telekinetischen Vorgänge bei Miss Goligher von seinem vielleicht zu einseitigen Standpunkt aus zu erklären sucht. So erscheint schon seine ganze der Physik entlehnte Art des Ausdrucks für diese außerordentlich feinen und komplizierten Prozesse zu grob schematisch und zu materialistisch. Andererseits hat diese Vorstellungsweise eine gewisse Berechtigung, da die physiologischen Vorgänge im menschlichen Organismus ebenfalls teilweise physikalischer und chemischer Natur sind. Aber dabei darf man nicht aus den Augen lassen, dass es sich hier stets um lebende Materie, nicht um totes Material des physikalischen Laboratoriums handelt, und dass sich diese zum größten Teil der direkten Wahrnehmung gar nicht zugänglichen biologischen Prozesse theoretisch nicht in ein einseitiges physikalisches Schema einzwängen lassen. Die Anwendung der physikalischen Methoden auf diese Untersuchung selbst ist etwas anderes und bedeutet einen besonderen Vorzug der Crawfordschen Studien.

In diesem Sinne sind die ganzen Crawfordschen Auffassungen von der Errichtung einer „vertikalen Säule" zum Heben des Tisches, die Anwendung der „Tragbalken" als Bezeichnung für die unsichtbare erstarrte Gliedform des Mediums, die Benutzung der Bezeichnung „Rute" mit den Eigenschaften solider „Körper" für die rigiden Effloreszenzen, ferner die „röhrenartigen" Kraftlinien, der „federnde Arm", die „Struktur-" und „Energiesubstanz", die „X- und Y-Materie" usw. der Terminologie des physikalischen Laboratoriums entlehnt, und geben zweifellos kein ganz richtiges Bild von dem Charakter der Phänomene. So ist auch die Rutentheorie zur Erklärung der Klopftöne allzu schematisch und vielleicht nur für gewisse Klassen dieses akustischen Phänomens als Arbeitshypothese zweckmäßig.

Die physikalische Präokkupation des Experimentators konnte natürlich ihren unbewusst suggestiven Einfluss auf die Denkweise des Mediums nicht verfehlen und hat möglicherweise auch das Ihrige zur Gestaltung der Phänomene selbst beigetragen. Die unsichtbaren Geister des Spiritismus, die dramatisierte symbolische Personifikation der unterbewussten Kräfte des Mediums, der „John King" Eusapias, die „Olga" des Willy S., treten uns in den Sitzungen Crawfords in der Bolle von „Operatoren" entgegen, d. h. werktätigen, bis zu einem gewissen Grade physikalisch geschulten Technikern, die trotz ihrer Unsichtbarkeit dafür sorgen, dass die bandartigen Kraftlinien (analog den Telegraphendrähten) zweckentsprechend gelegt werden, dass der Balken richtig gestützt sei, dass die Kräfte des Mediums nicht überspannt werden. Sie zeigen sich wie tüchtige Handwerker, im Allgemeinen mit Arbeiten dieser Art vertraut, wenn ihnen auch die höhere Einsicht in die physikalische Theorie des Ganzen mangelt. Trotzdem aber sind sie imstande, Fehler des „Baumeisters" Crawford zu erkennen und stets behilflich solche zu korrigieren; sie ergänzen Mängel und Lücken, erkennen die Erklärung Crawfords als richtig an und wahren das Interesse des Mediums. Wenn z. B. der Tisch durch einen darauf sitzenden Mann zu schwer wird, so stützen sie vorsichtshalber den Träger auf den Boden, um das Medium zu entlasten.

Wie wir sehen, kann sich der gelehrte Autor trotz seiner gründlichen physikalischen Bildung nicht aus der primitiven anthropomorphen Vorstellungsweise freimachen; während bei anderen Versuchsleitern die spiritistische Arbeitshypothese sich lediglich auf die Sitzungen selbst und den Verkehr mit dem Medium beschränkt, wird sie bei Crawford zu einem Glaubenssatz, der bei der theoretischen Würdigung der Phänomene seine kritische Besonnenheit beeinflusst.

Von dieser Einseitigkeit aber abgesehen, bedeutet doch das positive Ergebnis der Crawfordschen Untersuchungen neben der Entdeckung von Ochorowicz einen großen Fortschritt in der Erforschung des physikalischen Mediumismus.

Durch die Experimente der beiden Autoren und diejenigen des Verfassers wurde der im wesentlichen mechanische Charakter der telekinetischen Kraftäußerungen erwiesen. So ergänzen sich ebenfalls die dieses Prinzip bestätigenden Erfahrungen an Eusapia Paladino mit denjenigen bei Stanislawa Tomczyk und Miss Goligher.

Es handelt sich also bei jenen rätselhaften Vorgängen nicht um Strahlungen des menschlichen Körpers, wie Ochorowicz vermutete, nicht um elektrische Ströme, nicht um Schwingungen oder Wellen kleinster Partikelchen, sondern um relativ starre Kraftlinien oder fadenar-

tige Effloreszenzen, deren Wesen und Zusammensetzung noch unbekannt ist. Die Eigenart dieser in erster Linie mechanischen Erscheinungen rechtfertigt die Anwendung physikalischer Methoden. Wegen des primitiven Stadiums, in welchem sich noch gegenwärtig die bisher erreichten vorläufigen Resultate befinden, lässt sich heute noch nicht übersehen, wie weit etwa sekundär andere physikalische Gesetze (Wärme, Elektrizität, Radiographie usw.) an denselben beteiligt sein mögen.

Den mechanischen Phänomenen der Projektion oder Exteriorisation vitaler Kräfte entspricht regelmäßig ein physiologisches Äquivalent im Körper des Mediums. Besonders bezeichnend hierfür ist die Gewichtsabnahme der Miss Goligher um 24,5 kg während des Niederlegens der projizierten „Rute" auf den Boden.

Der Waageversuch Crawfords wurde, wie erwähnt, bereits im Jahre 1905 und 1906 durch die französische Untersuchungskommission bei Eusapia Paladino zum erstenmal angewendet, aber in seiner weittragenden Bedeutung damals noch nicht erkannt.

Die zahlreichen Wiederholungen desselben durch den englischen Forscher in fast jeder einzelnen Sitzung während der Zeitdauer von $2\frac{1}{2}$ Jahren lassen wohl kaum noch an der Richtigkeit seines Ergebnisses einen Zweifel aufkommen, so wünschenswert es auch erscheint, mit anderen Versuchspersonen baldigst eine Nachprüfung vorzunehmen, wie sie dem Verfasser mit dem Medium Sch. am 1. April 1920 gelungen ist.

Der demnach als erwiesen zu betrachtende Fundamentalsatz der Crawfordschen experimentellen Untersuchungen lautet:

„Bei völligen Tischerhebungen ohne körperliche Berührung (weder durch das Medium noch durch die Anwesenden) nimmt das auf der Waage sitzende Medium regelmäßig annähernd um das Gewicht des Tisches zu.

Das für die Levitation benötigte unsichtbare mit dem unglücklichen Namen „Rute" bezeichnete Organ ist nichts anderes als die bei Eusapia, Stanislawa und anderen konstatierte protoplasmaartige Prolongation oder Effloreszenz, d. h. als ein medianimes Glied. Hier ergänzen sich die Beobachtungen an Eusapia Paladino, Stanislawa

Tomczyk und anderen Medien mit denjenigen Crawfords zu einem einheitlichen Gesamtbilde.

Die „Ruten" oder „Träger" sind nach dieser Lehre aus projizierten fluidalen Fäden, wie sie in der Einzeluntersuchung auf den mit St. T. vom Verfasser erzielten Negativen hervortraten, zusammengesetzt. Diese aber entsprechen ihrerseits wiederum den Fäden, Streifen und Schnüren in der teleplasmatischen Substanz bei Eva C, worauf Crawford auch aufmerksam macht.

Demnach scheint ein einheitliches biologisches Grundprinzip für diese auf verschiedene Weise zustande kommenden organischen Emanationen der Medien zu bestehen. Die Resultate bei Eva C, bei Eusapia Paladino, bei Miss Goligher, bei Stanislawa T., ebenso wie bei Willy S. ergaben übereinstimmend die Selbstbeweglichkeit dieser Fäden sowie der teleplastischen Substanz. Allerdings sind es ephemere rasch auftauchende und rasch verschwindende Gebilde, deren weitere Ausbildung zur Erscheinung der Phantasmata und ideoplastischen Bildwerke führt. Die sie erzeugende mediumistische Kraft ist rasch erschöpft, wirkt aber automatisch impulsiv, ohne Ordnung und ohne System (außer der durch die Vorstellungen von Medium und Experimentator bestimmten) und sie zeigt, wenigstens soweit die heutigen Erfahrungen reichen, keinen nutzbaren Effekt (Morselli). Diese scheinbar autonomen Projektionen hängen aber auch da, wo ein Zusammenhang nicht erweisbar ist, wo sie scheinbar getrennt vom Medium wirken, vom Mutterorganismus der Versuchsperson ab, sind sogar teilweise mit ihm nabelschnurartig verbunden und werden regelmäßig wieder von demselben resorbiert.

Die Rigidität und relative Widerstandsfähigkeit, sei es der fluidalen Fäden selbst, sei es der bis zur Gliedform entwickelten Effloreszenzen, ist gleichmäßig bei den Untersuchungen an den verschiedenen Medien konstatiert worden. Schon das Fortschieben kleiner Objekte durch einen angenäherten Finger oder die Levitation derselben, das Niederdrücken des Waagebalkens am Alruz-Apparat, der Ferndruck auf die Waagschale von oben wären gar nicht denkbar ohne konsistente drahtartige Versteifung der Fäden.

Derselbe Vorgang der Versteifung wiederholt sich in den rüsselartigen Gebilden, die von Miss Goligher ausge-

hend mit schwerem Gewicht belastete Tische zu heben imstande sind. Dieselbe Gleichförmigkeit des Geschehens spielt sich hier im Kleinen wie im Großen ab.

Auch die Abhängigkeit der Substanzfarbe (ihr Weißwerden) vom Grade der zunehmenden Dichtigkeit, ihre Lichtempfindlichkeit, ihre körnchenartige organische Grundbeschaffenheit, die häutige Ausgestaltung des Endorganes der „Rute" oder des medianimen Gliedes (Papillarlinien bei Eindrücken in Mastix und Glaserkitt), die Tendenz zum Übergang in biologische Formen von rohen, verzeichneten, flachen, schatten- und larvenartigen Umrissen bis zu völlig materialisierten palpablen und schließlich sichtbaren Gliedern (materialisierte Teilbildungen) — alle diese Einzelheiten und Entwicklungstendenzen einer animistischen Phänomenologie wiederholen sich in der einen oder anderen Art mehr oder minder deutlich ausnahmslos bei allen physikalischen Medien.

Im Allgemeinen findet man bei den telenergetischen Transformationen zu telekinetischen Zwecken, wie bei ideoplastischen Phänomenen eine gesetzmäßige Beschränkung der Entfernung für die Wirkung, also das psychophysiologische Prinzip des kleinsten Kraftmaßes gewahrt.

Über einer bestimmten Entfernung vom Körper des Mediums (in der Regel 2 m, selten mehr) hört die Möglichkeit zu wirken auf; ferner entsteht z. B. die räumliche Bildung von Händen oder sonstigen organartigen Projektionen da, wo sie sich im Geiste des Mediums darstellen und wo es die betreffende Handlung erfordert (Morselli). Zur Erfüllung bestimmter Aufgaben, z. B. Druck auf einen elektrischen Kontaktknopf bei mobilem Untergestell, Spielen auf einer Handharmonika sind dynamisch bilateral gebildete, also zum mindesten gabelförmige Enden der Ruten oder Prolongationen oder aber mehrere Glieder nötig, um einerseits den Gegenstand in feste Ruhelage zu bringen, wozu der eine Teil erforderlich ist und um andererseits die eigentliche Wirkung hervorzurufen. Dass das Medium mit den animistischen Prolongationen die physikalische Eigenschaft der Materie wahrnimmt, wurde bereits in Übereinstimmung mit Morselli hervorgehoben.

Die telekinetischen Vorgänge und teleplastischen Phänomene sind nur verschiedene Gradstufen desselben animistischen Prozesses und hängen letzten Endes von psychischen Vorgängen in der unterbewussten Sphäre des Mediums ab. Die sogenannten okkulten Intelligenzen, welche sich in den Sitzungen äußern und materialisieren, zeigen keine höheren geistigen Kräfte als diejenigen des Mediums und der Teilnehmer; sie sind personifizierte Traumtypen, welche den Erinnerungsfragmenten, den Glaubensrichtungen, den Vorstellungsinhalten von Medium und Zirkel entsprechen, also lediglich das symbolisieren, was in der Seele der Beteiligten schlummert. Sicht in solchen hypostasierten außerkörperlichen Wesen liegt das Geheimnis der psychodynamischen Phänomenologie solcher Versuchspersonen begründet, sondern vielmehr in der bis heute unbekannten Transformation biopsychischer Kräfte des medialen Organismus.

ANHANG

Dr. Gustave Geley (Paris) über seine Beobachtungen an Eva C. (1918.)

In einem Vortrag[50] über die „supranormale Physiologie und die Phänomene der Ideoplastie" beschäftigt sich der bekannte Psychologe und Arzt Dr. Gustave Geley (Paris) mit den metapsychischen Phänomenen, d. h. mit ihrer physiologischen Seite. Nach seiner Auffassung stammt unsere Unwissenheit über dieselbe aus unserer Unkenntnis der ursprünglichen und wesentlichen Naturgesetze. Auch die normale Physiologie ist voller Geheimnisse. So ist z. B. der ganze Lebensmechanismus und die Tätigkeit der sogenannten Funktionen noch ungeklärt. Die Konstitution des Organismus selbst und alles, was sich anschließt, die Geburt, das Wachstum, die embryonale und postembryonale Entwicklung, die Erhaltung der Persönlichkeit während des Lebens, die organischen Wiederherstellungen (bei gewissen Tieren geht dieselbe bis zur Regeneration von Gliedmaßen und selbst Eingeweiden) sind ebenso viele unlösbare Rätsel, wenn man den wissenschaftlichen Begriff der Individualität gelten lässt und diese Tätigkeitsformen nicht bloß als einen Komplex einzelner Elemente und ihrer Funktionen auffasst. Warum der Zellenkomplex durch die Tatsache der Assoziation seiner Bildungselemente diese vitale und individualisierende Kraft in sich hat, das ist ein unergründliches Geheimnis. Ebenso unerklärlich ist das Wiederauftreten der in der früheren Entwicklung durchlaufenden Stadien im embryonalen Leben, der Reihen von Metamorphosen, welche schließlich zur ausgewachsenen Form führen, also einem Endzweck zustreben.

Zu den geheimnisvollen Prozessen dieser Art gehört bei gewissen Insekten der Zustand der Verpuppung. In der schützenden Hülle der Puppe, welche das Tier den störenden Einflüssen und dem Lichte entzieht, dematerialisiert sich der Körper des Insektes. Er löst sich in seine Bestandteile auf und bildet eine gleichmäßige Masse, eine einheitliche amorphe Substanz, in welcher die organischen und spezifischen Unterschiede mehr oder weniger verschwinden. Die Muskeln, der größte Teil der Eingeweide und die Nerven reduzieren sich auf die ursprüngliche Grundsubstanz, die Basis des Lebens. Dann plötzlich organisiert sich die Substanz und eine neue Materialisation vollzieht sich auf ihre Kosten. Das ausgewachsene Tier ist gebildet vollkommen verschieden von der primitiven Larvenform. Analoge Tatsachen bietet die supranormale Physiologie mit den teleplastischen Bildungen bei gewissen Versuchspersonen. Nur überschreitet hier der physiologische Mechanismus die Grenzen des Organismus, trennt sich von demselben und wirkt außerhalb desselben (ektoplastisch). Auch bei diesem Prozess werden aus der Grundsubstanz organische Formen oder „neue Repräsentanten" rekonstruiert. Geley hat nun die Materialisationen an einer gewissen Anzahl von Medien studiert, behandelt aber in seinem Vortrage lediglich seine Beobachtungen mit Eva C.

Diese Resultate wurden tatsächlich unter Kontrollbedingungen erhalten, welche vollauf befriedigten. Sie sind weniger wertvoll durch ihren transzendenten Charakter, als durch die genauen Hinweise, welche sie über die Genese und den primordialen Charakter der Materialisation gestatten. Geley fährt in seinen Erörterungen fort wie folgt:

„Eva C. wurde erzogen und für die Untersuchung vorbereitet durch Madame Bisson.

---

[50] Gehalten am 28. Januar 1918 im großen medizinischen Hörsaal des College de France für die Mitglieder des Psychologischen Instituts. Ausführliche deutsche Übersetzung desselben in Psychische Studien, Maiheft 1920.

130

In den von ihr und von Dr. v. Schrenck-Notzing veröffentlichten Werken findet man zahlreiche Einzelheiten über das Wesen der Materialisation.

Während das Buch der Madame Bisson eine gewissenhafte Sammlung von Tatsachen darstellt, bietet das umfassende Werk des Dr. v. Schrenck-Notzing eine methodische wissenschaftliche und vollständige Untersuchung über seine Beobachtungen an Eva C., welche mit aller Genauigkeit und Klarheit und auch mit künstlerischem Verständnis angestellt wurden. Ferner enthält es Erfahrungen mit einem anderen Medium, dessen Begabung eine ganz ähnliche war wie diejenige von Eva. C.

Dr. Geley hatte nun das Glück, diese Untersuchungen mit Madame Bisson in einjähriger Zusammenarbeit fortsetzen zu dürfen, und zwar in zwei Sitzungen pro Woche, welche teilweise bei ihr, teilweise (3 Monate hindurch) in seinem eigenen Laboratorium stattfanden.

Außer dem Versuchsleiter hatten mehr als 100 Männer der Wissenschaft speziell Ärzte, Gelegenheit, an Eva C. dieselben Tatsachen zu konstatieren, und er kann nur sein Zeugnis dem ihrigen hinzufügen. Endlich gelang es ihm auch mit ganz neuen Versuchsobjekten Materialisationserscheinungen, wenn auch primitiverer Art als diejenige bei Eva C., zu erzielen.

Die Materialisationen, um welche es sich hier handelt, konnte er sehen und berühren. Das Zeugnis seiner Sinne wurde durch registrierende Instrumente und durch die Photographie verstärkt.

Geley ist manchmal dem Phänomen von seinem Entstehen bis zum Ende gefolgt, denn es bildete und entwickelte sich und verschwand vor seinen Augen.

„Wie unerwartet," führt er weiter aus, „wie seltsam, wie unmöglich auch solche Manifestation scheint, ich habe nicht mehr das Recht einen Zweifel über ihre Wirklichkeit zu äußern.

Ehe ich weiter gehe, muss ich bestätigen, dass das Medium in meiner Gegenwart immer Beweise absoluter Ehrlichkeit bei den Versuchen gegeben hat. Die intelligente Resignation, mit der es sich allen Bedingungen unterwirft und die wirklich peinlichen Prüfungen seiner Mediumität erduldet, verdient seitens der Männer der Wissenschaft, die dieses Samens würdig sind, aufrichtige Anerkennung und Dankbarkeit.

Man bringt Eva in hypnotischen Zustand bis zum Vergessen ihrer normalen Persönlichkeit; dann lässt man sie sich in ein schwarzes Kabinett setzen. Das schwarze Kabinett für Materialisation hat keinen anderen Zweck, als das eingeschläferte Medium den störenden Einflüssen der Umgebung, speziell der Wirkung des Lichtes zu entziehen. Es ist auf diese Weise ermöglicht, im Sitzungszimmer eine Beleuchtung zu erhalten, welche genügt, um das erschienene Phänomen gut zu beobachten.

Eva bleibt immer zum Teil außerhalb des Kabinetts; ihre beiden Hände sind außerhalb der Vorgänge und diese Aufsicht über die Hände gibt eine große Sicherheit."

Die Phänomene entstehen nach verschiedener Zeit, manchmal sehr bald, manchmal sehr spät, nach einer Stunde oder mehr. Sie kommen immer unter schmerzlichen Empfindungen des Mediums zustande. Es seufzt, jammert dazwischen und erinnert ganz an eine Frau in Geburtswehen. Die Klagen erreichen ihren Paroxysmus im Moment, in dem das Phänomen zu erscheinen beginnt. Sie mindern sich oder hören auf, sobald die Materialisation beendet ist.

Das Phänomen kann man so zusammenfassen: Vom Körper des Mediums geht eine Substanz aus, exteriorisiert sich, eine Substanz, welche zuerst amorph oder polymorph ist. Diese Substanz bildet sich in verschiedenen Formen, im Allgemeinen zeigt sie mehr oder weniger zusammengesetzte Organe.

Man kann sie also sukzessiv betrachten:

1.   Die Substanz als Substrat der Materialisationen.

2.   Die organisierten Bildungen derselben.

Ihr Erscheinen wird im Allgemeinen angekündet durch die Gegenwart von flüssigen weißen und leuchtenden Flocken, von der Dimension einer Erbse bis zu einem Fünffrankstück, da und dort verstreut auf dem schwarzen Kleid des Mediums, hauptsächlich auf der linken Seite.

Diese Manifestation bildet ein Ankündigungsphänomen (Phenomene premonitoire) ziemlich lange Zeit vorher, manchmal dreiviertel Stunden bis zu einer Stunde vor den anderen Erscheinungen. Manchmal fehlt es und mitunter kommt es auch vor, dass keine andere Manifestation folgt. Die Substanz im eigentlichen Sinne geht aus dem ganzen Körper des Mediums, aber speziell aus den natürlichen Öffnungen und den Extremitäten, dem Scheitel des Kopfes, den Brustwarzen und den Fingerspitzen. Der häufigste Austritt, der am bequemsten zu beobachten ist, ist jener aus dem Munde: Man sieht dann die Substanz von der inneren Fläche der Wangen, dem Gaumensegel und dem Zahnfleisch aus sich exteriorisieren.

Die Substanz tritt in verschiedener Form auf; bald als streckbarer Teig, bald eine veritable protoplastische Masse; bald als zahlreiche dünne Fäden; bald als Schnüre von verschiedener Stärke, als schmale und starre Strahlen, bald als breites Band, bald als Membran, bald als Stoff und als dünnes Gewebe mit unbestimmten und unregelmäßigen Umrissen. Am sonderbarsten ist das Aussehen einer weit ausgelegten Membrane, die mit Fransen und Wülsten versehen ist und deren Aussehen ganz an ein Netz erinnert. In summa, die Substanz ist im wesentlichen amorph oder vielmehr wesentlich polymorph.

Die Menge der exteriorisierten Materie ist sehr verschieden: bald schwach, bald beträchtlich, mit allen Übergängen. In gewissen Fällen bedeckt sie das Medium vollständig wie ein Mantel.

Die Materie kann drei verschiedene Farben zeigen: weiß, schwarz und grau. Die weiße Farbe ist die häufigste, vielleicht weil sie am leichtesten zu beobachten ist. Manchmal erscheinen die drei Farben zugleich. Die Sichtbarkeit der Substanz ist sehr verschieden. Sie kann sich langsam verschiedene Male verstärken oder vermindern. Bei der Berührung macht sie verschiedenen Eindruck. Gewöhnlich ist sie feucht und kalt, manchmal klebrig und zäh, seltener trocken und hart. Der Eindruck, den man erhält, hängt von der Form ab. Sie scheint weich und ein wenig elastisch, wenn sie sich ausbreitet, hart, knotig und faserig, wenn sie Schnüre bildet.

Manchmal gibt sie das Gefühl eines Spinnengewebes, das die Hand des Beobachters streift. Die Fäden derselben sind zugleich starr und elastisch.

Die Substanz ist mobil. Manchmal bewegt sie sich langsam, steigt, fällt und bewegt sich auf dem Medium, auf seinen Schultern, seiner Brust, auf seinen Knien, mit der Bewegung des Kriechens, welche an ein Reptil erinnert. Dann wieder sind die Bewegungen brüsk und schnell. Sie erscheint und verschwindet wie ein Blitz und ist außerordentlich empfindlich; ihre Empfindlichkeit vermischt sich mit der des hyperästhetischen Mediums. Jede Berührung wirkt schmerzhaft auf das Medium zurück. Wenn die Berührung ein wenig stark ist oder länger dauert, so klagt das Medium über einen Schmerz, der vergleichbar ist demjenigen, den ein Schock auf den gesunden Körper ausüben würde.

Die Substanz ist für Lichtstrahlen empfindlich. Starkes Licht, besonders wenn es plötzlich und unerwartet kommt, ruft eine schmerzhafte Erschütterung des Subjektes hervor. Gleichwohl ist nichts variabler als die Wirkung des Lichtes. In gewissen Fällen erträgt sie selbst das volle Tageslicht. Das Blitzlicht des Magnesiums wirkt wie ein plötzlicher Schlag auf das Medium, aber es wird ertragen und gestattet das Photographieren.

Die Substanz hat eine unmittelbare, unwiderstehliche Neigung zur Organisation. Sie bleibt nicht lange im ursprünglichen Zustand. Es kommt häufig vor, dass die Organisation so rapid ist, dass sie die primordiale Substanz nicht sehen lässt. Ein anderes Mal sieht man gleichzeitig die amorphe Substanz und mehr oder weniger vollständige in ihrer Masse verschmolzene Formen oder Bildungen, z. B. einen Daumen in Franzen der Substanz hängend. Man sieht sogar Köpfe und Gesichter, eingehüllt von der Materie.

Geley kommt dann zu den dargestellten Bildungen.

Sie sind sehr verschieden. Manchmal sind es unbestimmte nichtorganische Bildungen; aber am häufigsten sind es organische Formationen, wechselnd in ihrer Zusammensetzung und Vollendung.

Wenn das materialisierte Organ vollendet ist, so hat es das vollkommene Aussehen und alle die biologischen Eigenschaften eines lebenden Organs.

Der Autor hat Finger wahrgenommen, welche bewunderungswürdig modelliert waren, samt den Nägeln, vollständige Hände bemerkt, mit Knochen und Gelenken; eine lebende Hirnschale gesehen, deren Knochen unter dichtem Haar von ihm berührt wurden. Er konstatierte wohlgebildete, lebende menschliche Gesichter.

Diese Bildungen sind in zahlreichen Fällen vollständig unter seinen Augen geschaffen und entwickelt worden, vom Anfang bis zum Ende des Phänomens. G. konnte z. B. mitunter beobachten, wie von der Substanz Finger ausgingen, welche die Finger der Hand des Mediums verbanden; wenn Eva ihre Hände entfernte, verlängerte sich die Substanz, formte dichte Schnüre, breitete sich aus und bildete Fransen, ähnlich einem Netzwerk. Schließlich sah er inmitten dieser Fransen in fortschreitender Bildung Finger, eine Hand oder ein vollständig organisiertes Gesicht erscheinen.

In anderen Fällen war er nach dem Austritt der Substanz aus dem Munde Zeuge einer analogen Organisation.

Nachstehend ein Beispiel, das Geley seinem Notizbuch entnommen hat: „Aus dem Munde geht langsam eine Schnur von weißer Substanz bis auf die Knie Evas herab, etwa von der Breite zweier Finger; dieses Band nimmt vor unseren Augen die verschiedensten Formen an: Bald breitet es sich in Form eines breiten, membranös durchbrochenen Gewebes aus, mit leeren Stellen und Aufbauschungen, bald rafft es sich zusammen und zieht sich ein, dann quillt es auf und streckt sich aufs Neue aus. Da und dort gehen von der Masse Verlängerungen aus, eine Art Pseudopodien, und diese nehmen mitunter einige Sekunden lang die Form von Fingern an, die erste Anlage von Händen, und kehren wieder in die Masse zurück. Schließlich zieht sich die Schnur in sich selbst zusammen und verlängert sich auf den Knien Evas; dann erhebt sich ihr Ende, entfernt sich vom Medium und kommt auf mich zu. Ich sehe nun, wie sich dieses Ende in Form eines Wulstes, einer Endknospe verdichtet, und diese entfaltet sich zu einer vollkommen modellierten Hand. Ich berühre diese Hand; sie fühlt sich normal an; ich fühle die Knochen, die Finger, mit ihren Nägeln versehen. Darauf zieht sich die Hand zurück, wird kleiner und verschwindet am Ende der

Schnur. Diese macht noch einige Bewegungen, zieht sich zusammen und kehrt in den Mund des Mediums zurück."

Häufig geht die Substanz beim Medium von der Oberfläche seines Körpers in unsichtbarer und unfühlbarer Form aus, ohne Zweifel durch die Maschen der Kleidung hindurch und verdichtet sich darauf. Man sieht dann, dass ein weißer Flecken sich auf dem schwarzen Kittel des Mediums bildet, in Schulterhöhe oder in Höhe der Brust oder der Knie. Der Flecken vergrößert sich, breitet sich aus und nimmt dann die Umrisse oder das Relief einer Hand oder eines Gesichts an. Wie auch die Art der Bildung ist, das Phänomen bleibt nicht immer in Kontakt mit dem Medium. Man beobachtet es oft gänzlich getrennt von demselben.

Folgendes Beispiel ist in dieser Beziehung typisch: „Ein Kopf erscheint plötzlich, ungefähr 75 cm vom Kopfe des Mediums entfernt, über demselben oder zu seiner Rechten. Es handelt sich um einen menschlichen Kopf von normaler Dimension, wohlgebildet, mit seinem gewöhnlichen Relief. Der Scheitel des Schädels und die Stirne sind vollkommen materialisiert. Die Stirne ist breit und hoch; das Haar ist kurz geschnitten und üppig, kastanienbraun oder schwarz. Unter den Augenbrauenbogen verwischen sich die Konturen: Man sieht nur Stirne und Schädel gut.

Der Kopf zieht sich einen Augenblick hinter den Vorhang, dann erscheint er wieder in demselben Zustand, aber das Gesicht, unvollständig materialisiert, ist mit einem Vorhang aus weißer Substanz maskiert. Ich streckte meine Hand aus und lasse meine Finger durch die buschigen Haare streichen und berühre die Knochen des Schädels . . . einen Augenblick später und alles ist verschwunden."

Die Bildungen bekunden also eine gewisse Selbständigkeit.

Die materialisierten Organe sind nicht ohne Lebenskraft, sondern biologisch lebend. Eine wohlgebildete Hand z. B. hat die funktionellen Fähigkeiten einer normalen Hand. G. ist mannigfach von einer Hand berührt oder von Fingern erfasst worden.

Die wohlentwickelten organischen Bildungen, die den vollen Anschein des Lebens haben, sind ziemlich selten bei Eva. Sehr oft handelt es sich um unvollständige Formationen. Das Relief fehlt häufig und die Formen sind flach. Es kommt vor, dass sie teilweise flach und teilweise in Relief sind. Geley hat in gewissen Fällen eine Hand oder ein Gesicht flach erscheinen und dann unter seinen Augen die drei Dimensionen, teilweise oder vollständig annehmen sehen. Die Ausmaße sind im Falle der unvollständigen Gebilde manchmal kleiner als in Natur. Es sind mitunter wirkliche Miniaturen.

„Dr. v. Schrenck-Notzing," fährt er fort, „beobachtete mit Hilfe von Stereoskopbildern sowie durch seitlich im Kabinett angebrachte photographische Apparate, dass die Rückseite der Materialisationen aus einer Masse amorpher Substanz bestand, also das völlige Fehlen ausgebildeter organischer Formen sowie das Vorhandensein leerer Stellen. Ich konnte diese Tatsache bestätigen. Die phantomartigen Bildungen zeigen oft genug Mängel, Fehler und Lücken in ihren neugeformten Organen."

Es gibt alle möglichen Übergänge zwischen den vollständigen und unvollständigen organischen Gebilden, und der Wechsel, wie gesagt, vollzieht sich oftmals unter den Augen der Beobachter.

Neben diesen vollständigen und unvollständigen Formationen muss man nach Geley eine bizarre Kategorie der Bildungen berücksichtigen. Dabei handelt es sich weniger um Organe als um Imitationen, die mehr oder weniger gelungen oder mehr oder weniger vergrößert erscheinen. Es sind richtige Scheinbilder. So kann man beobachten: Scheinbilder von Fingern, welche von diesem Organ nichts haben als die allgemeine Form, keine Wärme, keine Biegsamkeit und keine Gelenke; Scheinbilder von Gesichtern, welche Bilder, Ausschnitte oder Masken zu sein scheinen, ferner Büschel von Haaren, welche an unbestimmten Formen hängen usw.

Die Scheinbilder, deren metapsychische Echtheit unleugbar ist (und dieser Punkt erscheint äußerst wichtig), haben manche Beobachter außer Fassung gebracht und verwirrt. „Man könnte sagen," rief M. de Fontenay aus, „dass eine Art böswilligen Genies sich über die Beobachter lustig macht."

In Wirklichkeit erklären sich nach Geley diese Scheinbilder leicht (? der Ref.). Sie sind nach seiner Anschauung das Erzeugnis einer Kraft, deren metapsychisches Raffinement gering ist und die über noch geringere Mittel zur Ausführung verfügt, aber aufbietet, was sie kann. Sie hat keinen Erfolg, eben weil ihre Aktivität, aus dem gewohnten Geleise gebracht, nicht die Sicherheit besitzt, welche der normale biologische Fluss im physiologischen Akt verleiht. Man muss übrigens, um wohl zu verstehen, was hier vorgeht, bemerken, dass die normale Physiologie ebenfalls mitunter solche Trugbildungen zeigt. Neben wohlgelungenen organischen Formationen, vollendeten fötalen Erzeugnissen, gibt es Fehlgeburten, Monstrositäten, abweichende Bildungen. Es gibt nichts Merkwürdigeres in dieser Hinsicht, als die bizarren Neoplasmen, Dermoidzysten, Teratome genannt, in welchen man Haare findet, Zähne, verschiedene Organe, Eingeweide und selbst mehr oder weniger vollständige fötale Gebilde. Wie die normale Physiologie hat die sogenannte supranormale Physiologie ihre wohlgelungenen Produkte und ihre Fehlschläge, ihre Monstrositäten und ihre Dermoidbildungen.

Ein Phänomen, mindestens so merkwürdig wie die Erscheinung der materialisierten Formen, ist ihr Verschwinden. Dasselbe ist manchmal augenblicklich oder quasi augenblicklich. In weniger als einer Sekunde verschwindet das Gebilde, dessen Anwesenheit durch Gesichts- und Tastsinn festgestellt ist.

In anderen Fällen geht das Verschwinden gradweise vor sich, man beobachtet die Rückkehr der ursprünglichen Substanz und dann die Resorption derselben im Körper des Mediums, wie sie daraus ausgetreten ist, und zwar mit denselben Modalitäten. In anderen Fällen endlich sieht man das Verschwinden allmählich vor sich gehen, nicht durch die Rückkehr der Substanz, sondern durch progressive Abnahme ihrer sensiblen Eigenschaften. Die Sichtbarkeit des Gebildes nimmt langsam ab; die Konturen des Ektoplasmas werden blässer, verlöschen und alles ist verschwunden.

Während der ganzen Zeit des Phänomens der Materialisation ist das gebildete Produkt im offenbaren physiologischen und psychologischen Rapport mit dem Medium. Der physiologische Rapport ist mitunter bemerkbar unter der Form einer dünnen Schnur, welche das Gebilde mit dem Medium verbindet und die man mit der Nabelschnur vergleichen kann, die den Embryo mit der Mutter verbindet. Selbst wenn man die Schnur nicht sieht, der physiologische Rapport ist immer eng. Jeder durch das Teleplasma empfangene Eindruck wirkt auf das Medium zurück und umgekehrt. Der äußerste Empfindungsreflex der gebildeten Form mischt sieh eng mit jenem des Mediums. Mit einem Wort, alles beweist, dass „das Ektoplasma das teilweise exteriorisierte Medium selbst ist."

Geley spricht hier nur vom physiologischen Standpunkt, denn er zieht die rein psychologische Seite der Frage nicht in Betracht und fährt fort wie folgt:

„Die normale und supranormale Physiologie[51] streben dahin, den Begriff der Einheit der organischen Substanz festzustellen. In unseren Experimenten haben wir vor allem beobachtet, dass sich vom Körper des Mediums eine einheitliche, amorphe Substanz exteriorisiert, aus welcher dann die verschiedenen ideoplastischen Formen entstehen. Wir haben gesehen, wie sich diese einheitliche Substanz unter unseren Augen organisierte und transformierte. Wir sahen eine Hand aus der Masse der Substanz hervorgehen; eine weiße Masse wird zum Gesicht; wir haben gesehen, wie in wenigen Augenblicken das Gebilde eines Kopfes der Form einer Hand Platz macht; wir konnten durch das übereinstimmende Zeugnis von Gesicht und Getast den Übergang der amorphen, nicht organisierten Substanz zu einem organisch gestalteten Gebilde bemerken, das momentan alle Attribute des Lebens hatte, eine vollständige Bildung, in Fleisch und Bein, um populär zu sprechen.

Wir haben diese Formen verschwinden sehen, zurücksinken in die ursprüngliche Substanz und dann beobachtet, wie sie in einem Augenblick durch den Körper des Mediums resorbiert wurden. Es gibt also in der supranormalen Physiologie als Substrat der verschiedenen organischen Bildungen nicht verschiedene Substanzen, wie z. B. eine Knochensubstanz, eine muskuläre, viszerale, nervöse usw.; es ist einfach die Substanz vorhanden,

die einzige Substanz, die Basis, das Substrat des organischen Lebens.

In der normalen Physiologie ist es genau dasselbe; aber dies ist weniger in die Augen fallend. Dennoch erscheint das in gewissen Fällen ganz klar. Dasselbe Phänomen, das sich im schwarzen Kabinett der Sitzungen abspielt, geht, wie bereits erwähnt, in der Verpuppung des Insektes vor sich. Die Gewebeauflösung führt einen großen Teil ihrer Organe und ihrer verschiedenen Teile auf eine einzige Substanz zurück, nämlich auf jene Substanz, welche bestimmt ist, die Organe und verschiedenen Teile der erwachsenen Form zu materialisieren. Wir haben also in beiden Physiologien dieselbe Erscheinung."

Geley erörtert dann den Begriff der Einheit der organischen Substanz, welcher in der supranormalen Physiologie ebenso vorkomme wie in der normalen. Sie erscheint Geley als wichtigster Punkt des biologischen Problems. Weiterhin nimmt er einen Dynamismus an, der organisiert, zentralisiert und dirigiert.

Hyslop[52], der allerdings Geleys Methode als wissenschaftliche anerkennt, bestreitet die Berechtigung zu seiner etwas willkürlichen Einteilung. Man kann ihm darin beistimmen, dass unsere Wissbegierde, unser Erklärungsbedürfnis nicht befriedigt werden, kann durch einen Hinweis auf das auch in den Vorgängen der normalen Physiologie und Biologie vorkommenden Mysteriums oder durch Einführung der Bezeichnung „supranormal". Der Auffassung Geleys, es gebe nichts Unerkennbares oder Unerklärliches, wird man kaum beistimmen können. Allerdings darf man die Glaubhaftigkeit einer Tatsache nicht von ihrer Unerklärbarkeit abhängig machen. Dagegen lässt sich die Meinung Hyslops, Klassifikation bedeute schon eine Art Erklärung, nicht rechtfertigen. Übrigens ist auch die einseitig biologische Auffassung der Materialisationsphänomene nicht ausreichend; denn der Materialisationsprozess betrifft nicht neue Aggregate und Bildungen mit organischer Grundlage, sondern Textilprodukte (Gewebe, Schleier) mit dem äußeren Anzeichen maschinentechnischer Herstellung

---

[51]   Nähere Ausführungen in Geleys Werk: De L'inconsient en Conscient. Paris 1919.

[52]   Hyslop, Supernormal Physiology and the Phenomenon of Ideoplastie. Journal of the American Soc. f. Psych. Res. XIII, May 1919.

sowie anorganischer Stoffe. Ferner muss die Mitwirkung gänzlich unbekannter physikalischer Gesetze berücksichtigt werden, wie sie z. B. für das optische Auftauchen und Verschwinden von Gegenständen und Bildern für die Apparate sowie für die telekinetischen Phänomene notwendigerweise vorausgesetzt werden müssen; endlich der psychogene Charakter des ganzen Mediumismus; ob die ideoplastische Hypothese sich als fruchtbar und hinreichend erweisen wird, lässt sich heute noch nicht beurteilen. Aber alle Autoren, welche die Erscheinungen der Materialisation als tatsächlich anerkennen, stimmen darin mit Geley überein, dass wie Hegel sagt, die Idee, der Geist als letzte Quelle anzusehen ist, aus der alle Erscheinungen fließen.

Zur Erläuterung der in seinem Vortrag gemachten Ausführungen reproduzierte Dr. Geley in seiner Schrift eine Anzahl von ihm selbst im Pariser Laboratorium 1918 aufgenommener Photographien von Materialisationserscheinungen bei Eva G.

Beim Zustandekommen dieser interessanten Dokumente waren außer Madame Bisson beteiligt Herr Calmette, Generalinspektor des Krankenhauses von Paris und Jules Courtier, Professor der physiologischen Psychologie an der Sorbonne.

Die zwei ersten Bilder demonstrieren die amorphe Substanz, die vor den Augen Geleys sich entwickelte. Die übrigen Abbildungen betreffen Darstellungen von Gesichtern und Köpfen aus dieser Substanz; die Entstehung derselben wurde bei völlig geöffnetem Vorhang vom Anfang bis zu Ende genau beobachtet. Teilweise bildeten sie sich aus einer festen Schnur der aus dem Körper tretenden Materie oder aus einer nebelartigen Substanz, deren Verdichtung man beobachten konnte. Auf den fertig materialisierten Gebilden blieben bedeutende Rudimente der Originalschnur und der primordialen Materie zurück. Geley überzeugte sich durch das Auge, durch Berührung und durch Stereoskopaufnahmen von dem dreidimensionalen Charakter dieser Formationen.

Die einzelnen Gesichtsaufnahmen zeigen in der Größe, in der Physiognomie sowohl im Laufe einer wie in mehreren Sitzungen ebenso wohl große Analogien wie auch Verschiedenheiten. Der Grad der Vollendung ist un-

gleich, wahrscheinlich infolge der unvollendeten Materialisationsstufe. Die Rudimente der Substanz deuten nach Geley auf eine metapsychische Empryologie infolge ihrer Bedeutung für die Genese der Bildungen. Je besser die Formen materialisiert sind, um so größer ist ihre Selbständigkeit; sie bewegen sich um Eva C. oder zeigen sich in natürlicher Größe mit dem Anschein, merkwürdigen Lebens und großer Schönheit an der Vorhangöffnung. Die gewöhnlichen Vorsichtsmaßregeln wurden in dem Laboratorium des Dr. Geley streng durchgeführt. Derselbe entkleidete Eva C. beim Eintritt in das Sitzungszimmer, in welchem sich der Versuchsleiter und das Medium allein befanden. Sie zog dann einen Kittel an, der auf dem Rücken vernäht wurde. Es erfolgte Untersuchung des Haares und der Mundhöhle durch Geley oder einen seiner Mitarbeiter. Eva nahm darauf in dem Weidenkorbstuhl des Kabinetts Platz. Ihre Hände blieben immer sichtbar und wurden außerhalb der Vorhänge gehalten. Genügendes Licht erhellte stets das Sitzungszimmer.

Geley schließt seine Ausführungen mit den Worten: „Ich sage nicht: Es wurde in diesen Sitzungen nicht betrogen! Sondern: Die Möglichkeit zu einem Betrug war überhaupt nicht vorhanden. Ich kann es nicht oft genug wiederholen: Die Materialisationen haben sich immer vor meinen Augen gebildet, ich habe ihre ganze Entstehung und Entwicklung mit eigenen Augen beobachtet."

Mit Erlaubnis des Dr. Geley hat der Verfasser aus der Sammlung desselben 9 Aufnahmen nachfolgend reproduziert, aus denen die völlige Übereinstimmung der 5 Jahre nach den in seinem Werk niedergelegten Untersuchungen mit den unter anderen Verhältnissen und vielleicht noch strengeren Versuchsbedingungen zustandegekommenen Resultaten des Pariser Forschers mit Eva C. über jeden Zweifel deutlich hervorgeht.

Teleplasmafetzen mit und ohne bildartige Kopfformen sind auf der Versuchsperson photographisch wiedergegeben. Der schöpferische Bildungstrieb ist in beiden Beobachtungsreihen derselbe geblieben mit den ausführlich geschilderten für Eva C. charakteristischen Eigentümlichkeiten. Ausdrucksvolle — wie es scheint größtenteils flache Frauengesichter in verschiedenen Größen und Stellungen, drapiert mit schleierartigen Geweben und herabhängenden Fetzen werden auf den Ne-

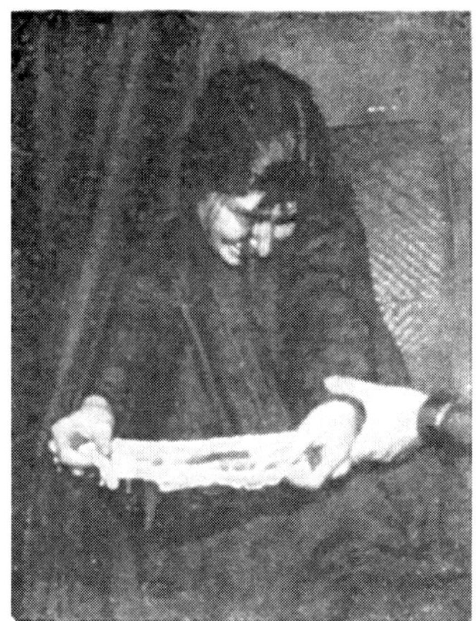

Abb. 22: Entwicklung der Substanz aus den Händen.

Abb. 23: Heraustreten der Substanz aus Mund und Nase.

Abb. 24: Gesichtsbildung aus einer Nebelmasse an der rechten Schulter des Mediums. Die Lippen sind modelliert in dem sonst flachen Antlitz.

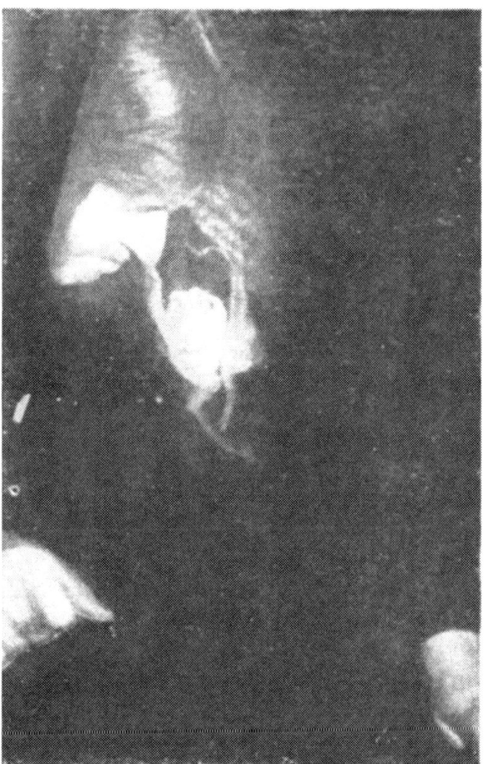

Abb. 25: Die Entwicklung dieses Gebildes und der Schleier fand vor den Augen Geleys aus einer Wolke statt.

Abb. 26: Der Kopf aus Abb. 25 auf einer höheren Materialisationsstufe.

Abb. 27: Dasselbe Gesicht rechts vom Medium.

Abb. 28: Dasselbe Antlitz in anderer Stellung, teilweise verdeckt durch den Kopf eines Mitarbeiters.

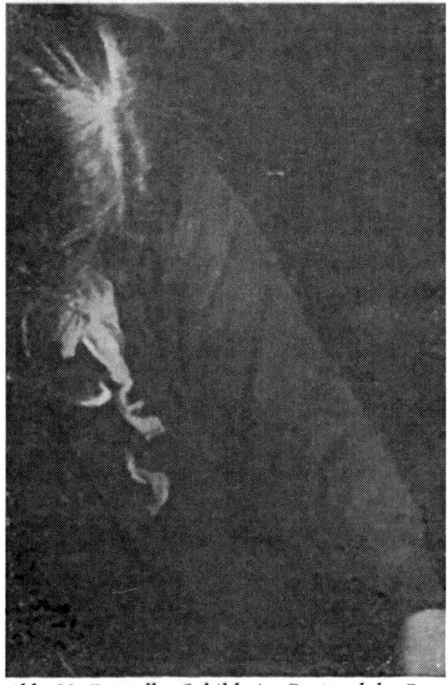

Abb. 29: Dasselbe Gebilde im Zustand der Dematerialisierung.

Abb. 30: Derselbe Kopf im Zustand der De-materialisierung in anderer Stellung, in vergrößertem Maßstab.

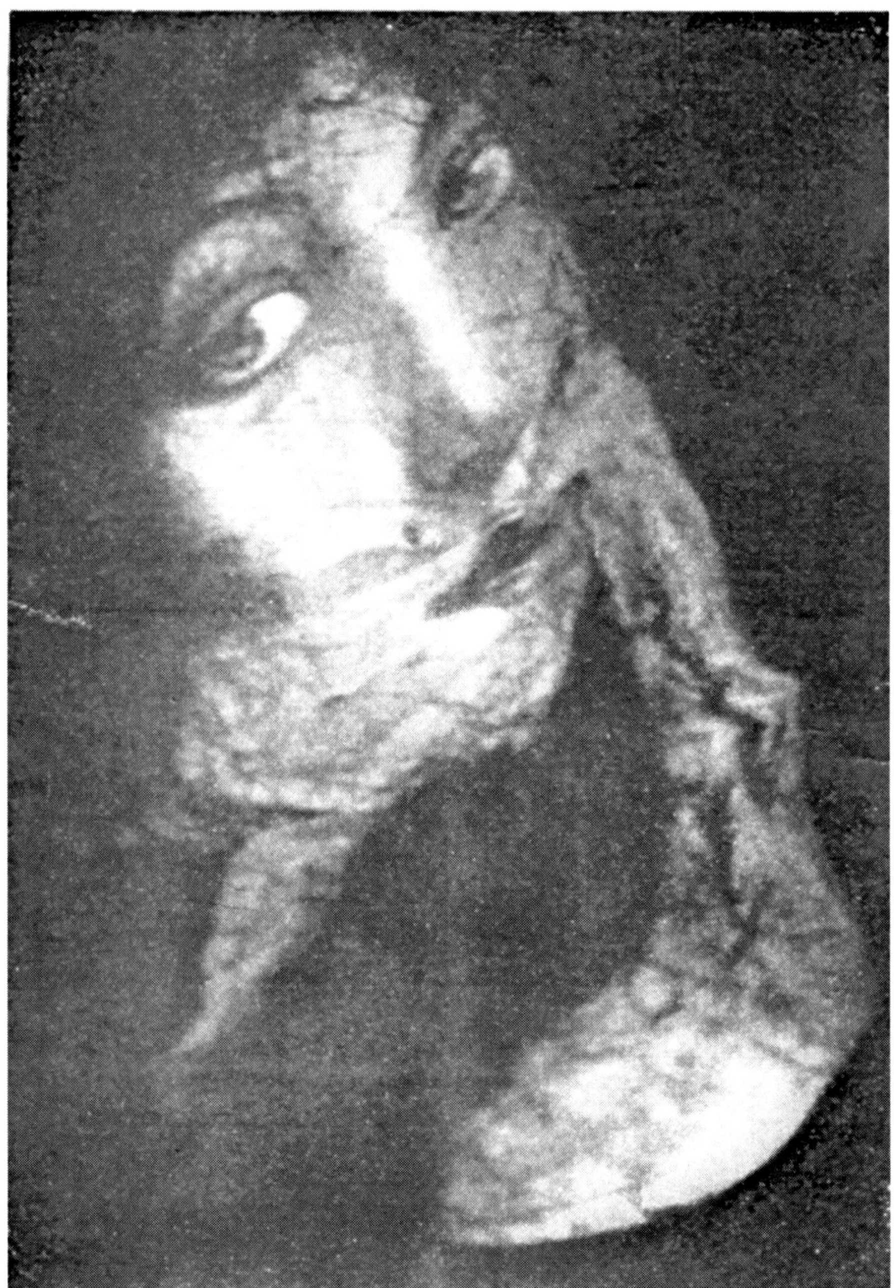

Abb. 31: Dieser Kopf (in vergrößertem Maßstab) ist das Entwicklungsprodukt einer Masse, die aus dem Munde Evas strömte. Genaue Beobachtung des ganzen Vorganges durch Geley. Die obere Gesichtshälfte ist besser materialisiert. Zahlreiche Knickungen, Querfaltungen und Passe sichtbar (vgl. Abb. 119, 125, 137 u. Tafel XX des Werkes: Mat. Phaen.)

gativen sichtbar. Die wiederum geschickt angeordneten dekorativen Ornamente verschmelzen zu einem künstlerischen Gesamteindruck, der auf das Auge des Beschauers eingestellt ist. Die Missverhältnisse in den Gesichtsformen, die merkwürdigen Verbiegungen, Verzeichnungen, die Unfertigkeit in der Ausführung, die skizzenhafte Art der Darstellung, mit einem Worte die künstlerische Technik ist Punkt für Punkt dieselbe geblieben, wie bei den Ergebnissen des Verfassers. Risse, Brüche und Knikkungen, jene befremdlichen und für den Anschein des Betrugs verwerteten Darstellungsmängel fehlen auch bei den Geleyschen Bildern nicht und sind in der nachfolgend reproduzierten vergrößerten Aufnahme eines teleplastischen Frauenantlitzes (Abb. 31), namentlich in den Querlinien des unteren Teiles, ebenso wie der an Papier erinnernde Stoffcharakter deutlich zu sehen. Wir haben sowohl in positiver wie in negativer Beziehung identische Resultate vor uns, die eine äußerst wertvolle Bestätigung für die Richtigkeit der Untersuchungen des Verfassers darbieten.

Stichwortverzeichnis

Verzeichnis der Photographien

Dieses Sachbuch beschreibt konkret und glaubwürdig die Dinge jenseits der Erfahrungswissenschaft und der physischen Welt. Es ist eine Manifestation für den naturwissenschaftlich interessierten Leser.

Klaus-Dieter Sedlacek: Unsterbliches Bewusstsein
ISBN 978-3-8370-4351-8
Gebundene Ausgabe 148 Seiten, € 18,95

CPSIA information can be obtained at www.ICGtesting.com
Printed in the USA
LVOW130008050112

262371LV00002B/161/P